JN193870

◆応用数学基礎講座◆

微分幾何

細野　忍

[著]

朝倉書店

本書は，応用数学基礎講座 第9巻『微分幾何』（2001年刊行）を再刊行したものです．

応用数学基礎講座
刊行の趣旨

　現在，若者の数学離れが問題になっている．多くの原因が考えられるが，数学が嫌いな大人や，数学を利用するあるいは専門とする研究者にも責任があるように思える．数学は本来「実証科学」としての性格をもっていた．自然・社会・工学・経済・生命などにおけるさまざまな現象に素朴な疑問を抱くことが大切である．

　応用数学の目的は，諸現象に付随する専門的な問題，あるいは諸現象に抱く素朴な疑問を解決するだけではない．それを調べるプロセスから新しい問題を自ら探し，そこから数学の応用的な分野においても，さらに数学の理論的な分野においても，新しい研究分野を開拓していくことである．

　その際，「理論」を応用することに重点がある「理論から現象」の順問題としての姿勢と，「現象」を数学的に定式化することに重点がある「現象から理論」の逆問題としての姿勢がある．応用分野の研究者が数学の理論を用いて諸現象の問題・疑問を解決できないあるいは説明できないとき，その理論は単なる数学の理論であると一蹴されることがある．数学者がその批判に答えるには，その研究者の姿勢が上記のどちらにあるにせよ，適用する理論の前提条件を検証するというステップを踏むことが必要である．それが論理の真髄であり，数学の文化であるからである．数学を諸現象の解明に応用する立場からは，単に解決の方法を学ぶだけでなく，現象の背後にある原理自身を数学的にとらえ，定式化することが重要である．その意味で，「現象から理論」・「理論から現象」の両方の姿勢が欠かせない．「実証科学」としての数学は，現象を解決する結果も大切であるが，そこに至るプロセスも同じように大切にしているのである．

　この応用数学基礎講座では，理工系の学生に必要な数学の中核部分を，数学者あるいは数学利用者の立場から丁寧に解説する．「理論が先にあるのではなく，現象が先にあり，現象から理論を学ぶ」という謙虚な姿勢を強調したい．そうしてこそ初めて，実践に裏付けされ生き生きした理論が構築できるだけでなく，未知の現象の解明に繋がる発見と，そこから形あるものの発明あるいは建設ができると考えている．

　この応用数学基礎講座では，理工系の学生が数学の考え方を十分理解して，応用力を身に付けることを第一の目的とする．さらに，数学者が応用分野の研究の大切さを知り，数学利用者が数学の真の文化を知ることができることを願っている．それによって，若者のみならず大人の数学離れが少しでも解消することになれば，この応用数学基礎講座の目的は達成されたことになる．

編集委員

まえがき

　ユークリッド空間の中の曲線や，曲面を記述する数学は曲線論・曲面論などと呼ばれ，総じて古典微分幾何学と呼ばれている．これらの幾何学は 19 世紀にリーマン (Riemann) によって一般化され，現在ではリーマン幾何学と呼ばれる体系に整備され様々な数理科学へ応用されている．一方で，リーマン幾何学はある下部構造に "計量" と呼ばれる長さを決める基本量を付加した幾何学として考えられ，上部構造を取り去ったものは可微分多様体と呼ばれている．本書は，数学を数学以外の分野に応用し，あるいは応用する中から新しい数理の発見を志す初学者を念頭に，曲線論・曲面論，リーマン幾何学，多様体の幾何学の解説を試みた書である．

　このような "応用向け" の書としては，証明はともかく結果とその使い方を手っ取り早く解説するのが 1 つのスタイルであろう．一方で，題材を "応用向け" にとって重要であるものに限って，証明や理論の構築の過程を省略しないで解説するスタイルも可能であると思われる．本書は，後者のスタイルを目指した書である．その理由は，"応用系" の人々にとっても，数学の考え方に接しておくことは大切だと考えるからである．20 世紀に起こった現代数学の抽象化の流れの中で "応用系" の人々と "純粋数学" の人々が大きく離れてしまっている現状で，それぞれの分野で得られた成果をお互いに眺めてみることには大きな意味があるように思われるのである．そんな気持ちがあって,「"応用系" の初学者が多様体論について書かれた "数学" の書を拾い読みできるようになること」を執筆にあたってつねに念頭においた．このような意味で，読者の対象は必ずしも "応用系" の初学者に限られず，数学の他の分野を志す初学者にも拡がるようにも思われる．

　というわけで，本書では取り上げる題材を絞って詳しい解説を加えるよう

にした．本書の構成は次のようである．第1章では曲線論・曲面論の基礎を解説した．曲線論・曲面論は歴史が長いだけに題材も多く，また極小曲面など現代の話題も含まれるが，これらは巻末に挙げる参考書にすべて委ねた．第2章では曲面論から可微分多様体とリーマン幾何学を導入し，その後の題材として測地線と，曲面のリーマン幾何学で最も美しいガウス・ボンネの定理を取り上げた．これらは，どちらも応用という観点からも重要であると思われる．第3章では，可微分多様体上のベクトル場，テンソル場，それらのリー微分など基本的な諸演算を取り扱う．その後，外微分形式とそれらが定義するド・ラーム複体を考える．複体のホモロジー・コホモロジーを定義し，可微分多様体の三角形分割を用いて，ド・ラームのコホモロジーに対するド・ラームの定理を証明する．微分形式に関するド・ラームのコホモロジーは，数理科学の様々な局面で具体的に現れるもので応用の側面からも大変重要である．また，ド・ラーム複体などの複体の理論は，幾何学を代数的な手法で記述する1つの手段として現代数学で不可欠な道具であるが，本書では初等的な記述に止め，現代的なアプローチについては巻末の参考文献に委ねることにした．

　本書では，全体を通して大学教養課程で学ぶ微積分学と線形代数学の知識だけで，読み進められるように心掛けた．一部で，位相空間論の知識が必要となるが，簡単な定義と考え方はまとめてあるので，あまり細部にはとらわれないで読み進んでいただきたい．

　微分幾何学に関する良書が数多く出版されている昨今において，上述のような意図で執筆された本書が，何らかの存在意義をもてば幸いである．また，本書が上述の意図をいくらかでも成し遂げているかどうか，読者のご批判を請いたい．

　最後に，編集者の方々，特に米谷民明先生には原稿を仕上げる段階で有益なコメントをしていただきました．ここに心から感謝の意を表したいと思います．また，本書の完成に至るまで朝倉書店編集部の方々に大変お世話になりました．ここに厚く感謝致します．

　2001年8月

　　　　　　　　　　　　　　　　　　　　　　　　　　細野　忍

目　　次

1

曲線・曲面の幾何学

空間の中で "なめらか" な曲線や曲面を考えるとき，日常的にもそれらが多様に曲がった様子をイメージするであろう．ここでは，「空間の曲線や曲面がどのように曲がっているか？」それを数学的に表現することを考える．

1.1 ベクトルの内積と外積

日常的に平面とか空間といっているものの性質を整理しておこう．線形代数でおなじみのように，n 個の実数を縦に並べた縦ベクトル全体は，n 次元実ベクトル空間 $\mathbb{R}^n$ を成す．具体的に書けば，

$$\mathbb{R}^n = \left\{ \begin{pmatrix} x_1 \\ x_2 \\ \vdots \\ x_n \end{pmatrix} \middle| x_1, x_2, \cdots, x_n \in \mathbb{R} \right\}$$

ということである．以下では，混乱のない限り縦ベクトルは横ベクトルとして，$(x_1, x_2, \cdots, x_n)$ と書いてスペースを節約することにしよう．また，このようなベクトルを $\boldsymbol{a}, \boldsymbol{b}, \boldsymbol{c}, \cdots, \boldsymbol{x}, \boldsymbol{y}, \cdots$ のように太文字で表して，成分をもたないスカラー量と区別する．さて，ベクトルの内積を一般次元で考えよう．

内積：2つの n 次元ベクトル $\boldsymbol{a}, \boldsymbol{b}$ について，それらの内積を

$$\boldsymbol{a} \cdot \boldsymbol{b} = a_1 b_1 + a_2 b_2 + \cdots + a_n b_n$$

で定める．このとき，$\boldsymbol{a} \cdot \boldsymbol{a} \geq 0$ であり，また等号成立は $\boldsymbol{a} = \boldsymbol{0}$ のときに限るのでベクトルの長さを $\|\boldsymbol{a}\| = \sqrt{\boldsymbol{a} \cdot \boldsymbol{a}}$ によって定義することができる．ベク

トルにこの長さを定義して考えるとき，ベクトル空間 $\mathbb{R}^n$ を特に n 次元ユークリッド (Euclid) 空間といい $\mathbb{E}^n$ で表す.

さて，代数的に示される不等式（シュワルツ (Schwarz) の不等式）

$$-||\boldsymbol{a}|| \, ||\boldsymbol{b}|| \leq \boldsymbol{a} \cdot \boldsymbol{b} \leq ||\boldsymbol{a}|| \, ||\boldsymbol{b}||$$

に基づいて，2 つの零でないベクトルの成す角を次の関係

$$\boldsymbol{a} \cdot \boldsymbol{b} = ||\boldsymbol{a}|| \, ||\boldsymbol{b}|| \cos\theta$$

によって定めよう. 平面のベクトルあるいは空間のベクトルの場合，この定義が幾何学的な角と一致することは，余弦定理

$$2||\boldsymbol{a}|| \, ||\boldsymbol{b}|| \cos\theta = ||\boldsymbol{a}||^2 + ||\boldsymbol{b}||^2 - ||\boldsymbol{b} - \boldsymbol{a}||^2$$

によって確かめられる.

問 1.1 シュワルツの不等式を示せ.

空間のベクトルの場合，この内積のほかに，外積と呼ばれる演算を考えることができ，以下で見るように空間図形の幾何学を調べるときに極めて便利である.

外積: 空間のベクトル $\boldsymbol{a} = (a_1, a_2, a_3), \boldsymbol{b} = (b_1, b_2, b_3)$ に対して，第 3 のベクトル $\boldsymbol{a} \times \boldsymbol{b}$ を次のように定め $\boldsymbol{a}$ と $\boldsymbol{b}$ の外積という:

$$\boldsymbol{a} \times \boldsymbol{b} = \left(\begin{vmatrix} a_2 & b_2 \\ a_3 & b_3 \end{vmatrix}, \quad -\begin{vmatrix} a_1 & b_1 \\ a_3 & b_3 \end{vmatrix}, \quad \begin{vmatrix} a_1 & b_1 \\ a_2 & b_2 \end{vmatrix} \right)$$

ここで，$\begin{vmatrix} a_2 & b_2 \\ a_3 & b_3 \end{vmatrix}$ などは，行列式を表し，具体的に $a_2 b_3 - a_3 b_2$ などの値をとる.

空間の 2 つのベクトルから第 3 のベクトルを決めるので，外積はベクトル積とも呼ばれる. 3×3 行列の行列式が 2×2 行列の行列式を用いて

$$\begin{vmatrix} c_1 & a_1 & b_1 \\ c_2 & a_2 & b_2 \\ c_3 & a_3 & b_3 \end{vmatrix} = c_1 \begin{vmatrix} a_2 & b_2 \\ a_3 & b_3 \end{vmatrix} - c_2 \begin{vmatrix} a_1 & b_1 \\ a_3 & b_3 \end{vmatrix} + c_3 \begin{vmatrix} a_1 & b_1 \\ a_2 & b_2 \end{vmatrix}$$

と書かれることを思い出すと，外積の定義は基本ベクトル i, j, k を用いて

$$a \times b = \begin{vmatrix} i & a_1 & b_1 \\ j & a_2 & b_2 \\ k & a_3 & b_3 \end{vmatrix}$$

と表すことができる．外積の演算について，次の諸性質を示すのは容易である．

1) $a \times b = -b \times a$
2) $\lambda(a \times b) = \lambda a \times b = a \times \lambda b$
3) $a \times (b + c) = a \times b + a \times c$
4) $(a + b) \times c = a \times c + b \times c$
5) $(a \times b) \cdot c = (b \times c) \cdot a = (c \times a) \cdot b$

特に，1) は外積が積の順序に関して反対称であることを示し，これから直ちに $a \times a = 0$ であることがわかる．これは外積の演算の顕著な性質である．

問 1.2 上の等式 1) 〜 5) を示せ．

さて，外積の幾何学的な性質を調べておこう．

命題 1.1 空間のベクトル a, b の外積 $a \times b$ は，a と b が決める平行四辺形の面積をその大きさにもち，また向きは 2 つのベクトルに垂直で，かつ a から b の方向に回す右ねじが進む向きを向いている（図 1.1 参照）．

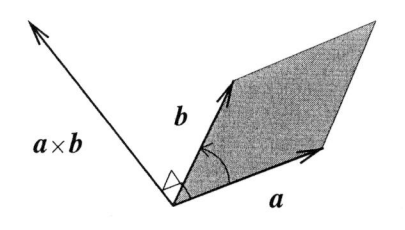

図 1.1 空間ベクトル a と b の外積

証明） $\boldsymbol{a} \times \boldsymbol{b}$ の大きさは，

$$||\boldsymbol{a} \times \boldsymbol{b}||^2 = (a_2 b_3 - a_3 b_2)^2 + (a_1 b_3 - a_3 b_1)^2 + (a_1 b_2 - a_2 b_1)^2$$
$$= ||\boldsymbol{a}||^2 ||\boldsymbol{b}||^2 - (\boldsymbol{a} \cdot \boldsymbol{b})^2 = ||\boldsymbol{a}||^2 ||\boldsymbol{b}||^2 \sin^2 \theta$$

と計算されることから，$||\boldsymbol{a} \times \boldsymbol{b}|| = $ (平行四辺形の面積) が直ちにわかる．次に等式 5) $(\boldsymbol{a} \times \boldsymbol{b}) \cdot \boldsymbol{c} = (\boldsymbol{c} \times \boldsymbol{a}) \cdot \boldsymbol{b}$ と，外積の性質 $\boldsymbol{a} \times \boldsymbol{a} = \boldsymbol{0}$ を使うと $(\boldsymbol{a} \times \boldsymbol{b}) \cdot \boldsymbol{a} = (\boldsymbol{a} \times \boldsymbol{a}) \cdot \boldsymbol{b} = 0$ となり $\boldsymbol{a} \times \boldsymbol{b}$ が $\boldsymbol{a}$ と直交することがわかる．$\boldsymbol{b}$ と直交することも同様である．さて，残された向きを確定するために，特別な場合 $\boldsymbol{a} = (1, 0, 0)$, $\boldsymbol{b} = (0, 1, 0)$ を考えてみる．このとき，定義にしたがって $\boldsymbol{a} \times \boldsymbol{b} = (0, 0, 1)$ であるが，これは確かに $\boldsymbol{a}$ から $\boldsymbol{b}$ に回す右ねじが決める向きである．一般の $\boldsymbol{a}, \boldsymbol{b}$ の場合，外積 $\boldsymbol{a} \times \boldsymbol{b}$ のベクトルの成分がそれぞれのベクトルの成分の多項式で書かれているから，$\boldsymbol{a}, \boldsymbol{b}$ の成分を連続的に変化させるとき，ベクトル $\boldsymbol{a} \times \boldsymbol{b}$ も連続的に変化する．一般の位置にある $\boldsymbol{a}$ と $\boldsymbol{b}$ を，上で調べた特別なベクトルに連続的に変化させることはつねに可能で，かつ条件 $||\boldsymbol{a} \times \boldsymbol{b}|| \neq 0$ を保って変化させることができる．このことから，一般の場合も右ねじの決める向きであることが結論される．　　　　□

　零ベクトルでないベクトル $\boldsymbol{a}, \boldsymbol{b}$ について，$\boldsymbol{a} \times \boldsymbol{b} = \boldsymbol{0}$ ならば，一方は他方の定数倍である．すなわち，それぞれが定める原点を通る直線は一致する（これを，2つのベクトルは"平行"であるといっても誤解は生じないであろう）．

　内積がベクトルの直交性を調べるのに便利な演算であったことに対して，外積はベクトルが平行であるか否かを調べるのに大変有効な演算であることが理解されるであろう．この2つの演算を手掛かりに，平面あるいは空間の曲線や曲面の幾何学を探っていくことにしよう．

1.2　平面および空間の曲線

定義 1.1　実数 $\mathbb{R}$ の区間 I から平面 $\mathbb{E}^2$ への連続写像を $\Gamma : \boldsymbol{x}(t) = (x(t), y(t))$ と表すとき，次の 1), 2) を満たす Γ を**平面曲線**という．

1）$x(t)$, $y(t)$ は C^∞ 級

2）$dx(t)/dt$, $dy(t)/dt$ がともに零になることはない.

図 1.2 からわかるように，微分

$$\dot{\boldsymbol{x}}(t) = \frac{d\boldsymbol{x}(t)}{dt} = \left(\frac{dx(t)}{dt}, \frac{dy(t)}{dt}\right)$$

は，Γ に点 $\boldsymbol{x}(t)$ で接する接ベクトルを与える．パラメーター t を時間と思い Γ が平面内の質点の運動を表していると見なせば，$\dot{\boldsymbol{x}}(t)$ は質点の速度ベクトルにほかならない．また，このとき条件 2) は速度ベクトルが零となって質点が "停留" したり "折り返す" 場合を考えないということである.

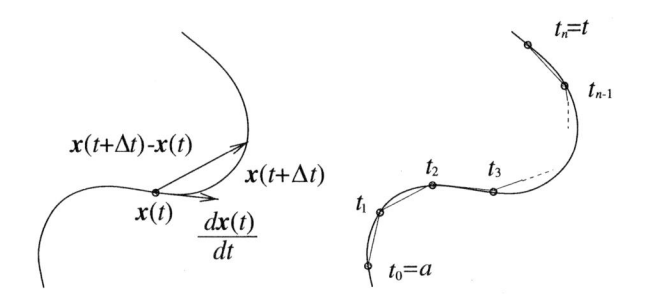

図 1.2　平面曲線 $\boldsymbol{x}(t)$ の "速度ベクトル"(左) と長さの近似 (右)

　平面曲線 Γ を表すパラメーター t はいく通りもありうるが，その中で Γ に "固有" な取り方がある．それは Γ 上の 1 点 $\boldsymbol{x}(a)$ から測った曲線の長さ

$$s(t) = \int_a^t \sqrt{\left(\frac{dx}{dt}\right)^2 + \left(\frac{dy}{dt}\right)^2}\, dt \tag{1.1}$$

である．変数 $s = s(t)$ は曲線 Γ の**弧長**と呼ばれる．式 (1.1) より時間のパラメーター t と弧長 s の関係について

$$\frac{ds}{dt} = \left\|\frac{d\boldsymbol{x}(t)}{dt}\right\| = \sqrt{\frac{d\boldsymbol{x}(t)}{dt} \cdot \frac{d\boldsymbol{x}(t)}{dt}} \tag{1.2}$$

が成り立つことがわかるが，平面曲線の条件（定義 1.1, 2)）より $ds/dt \neq 0$ である.

例題 1.1　曲線の長さを表す式 (1.1) を導出せよ.

解)　図 1.2 に示すように閉区間の分割

$$\Delta : a = t_0 < t_1 < t_2 < \cdots < t_{n-1} < t_n = t$$

を考え，Δ の幅 $d(\Delta) = \mathrm{Max}\{t_i - t_{i-1} | i = 1, \cdots, n\}$ を小さくすることによって曲線の長さとすることができる．このとき，式 (1.1) は次のように導かれる.

$$\lim_{d(\Delta)\to 0} \sum_{i=1}^{n} \|\boldsymbol{x}(t_i) - \boldsymbol{x}(t_{i-1})\| = \lim_{d(\Delta)\to 0} \sum_{i=1}^{n} \sqrt{\dot{x}(\xi_i)^2 + \dot{y}(\eta_i)^2}(t_i - t_{i-1})$$

$$= \lim_{d(\Delta)\to 0} \sum_{i=1}^{n} \sqrt{\dot{x}(\xi_i)^2 + \dot{y}(\xi_i)^2}(t_i - t_{i-1}) = \int_a^t \|\dot{\boldsymbol{x}}(t)\| dt \qquad (1.3)$$

ここで，第 1 の等式では，x, y 各成分について平均値の定理 $x(t_i) - x(t_{i-1}) = \dot{x}(\xi_i)(t_i - t_{i-1})$, $y(t_i) - y(t_{i-1}) = \dot{y}(\eta_i)(t_i - t_{i-1})$ $(t_{i-1} < \xi_i, \eta_i < t_i)$ を用い，第 2 の等式では，$d(\Delta) \to 0$ であるとき $|y(\eta_i) - y(\xi_i)|$ はいくらでも小さくできることを用いる.　　　　　　　　　　　　　　□

　Γ を弧長 s をパラメーターにとって表すとき，接ベクトル $\boldsymbol{e}_1(s) = d\boldsymbol{x}(s)/ds$ が，さらに単位ベクトルになっていることがわかる．実際，式 (1.2) を使うと，

$$\|\frac{d\boldsymbol{x}(s)}{ds}\| = \|\frac{d\boldsymbol{x}(s(t))}{dt}\|\frac{dt}{ds} = \|\frac{d\boldsymbol{x}(s(t))}{dt}\|\left(\frac{ds}{dt}\right)^{-1} = 1$$

が得られるからである．$\boldsymbol{e}_1(s)$ に対して，単位法線ベクトル $\boldsymbol{e}_2(s)$ を $\boldsymbol{e}_1(s)$ を正の向きに 90° 回転したベクトルとして定義する．$\boldsymbol{e}_1(s), \boldsymbol{e}_2(s)$ は Γ の各点ごとに平面 $\mathbb{E}^2$ の正規直交基底を定めるが，これを平面曲線 Γ の**フレネー (Frenet) 標構**という.

例題 1.2　平面曲線 Γ のフレネー標構 $\boldsymbol{e}_1(s), \boldsymbol{e}_2(s)$ について，

$$\frac{d}{ds}\begin{pmatrix} \boldsymbol{e}_1(s) \\ \boldsymbol{e}_2(s) \end{pmatrix} = \begin{pmatrix} 0 & \kappa(s) \\ -\kappa(s) & 0 \end{pmatrix}\begin{pmatrix} \boldsymbol{e}_1(s) \\ \boldsymbol{e}_2(s) \end{pmatrix} \qquad \textbf{フレネー・セレの公式}$$

が成立することを示せ. ここで, $\kappa(s)$ はあるスカラー関数で Γ の**曲率**と呼ばれる.

解）$e_1(s) \cdot e_1(s) = 1$ であるから, これを微分して $(de_1(s)/ds) \cdot e_1(s) = 0$ を得る. したがって, $de_1(s)/ds$ と $e_1(s)$ が直交し, $de_1(s)/ds = \kappa(s)e_2(s)$ と書かれることがわかる. 同様に, $e_2(s) \cdot e_2(s) = 1$ について調べると, $de_2(s)/ds = \lambda(s)e_1(s)$ と書かれることがわかる. 最後に, $e_1(s) \cdot e_2(s) = 0$ を微分すると, $de_1(s)/ds \cdot e_2(s) + e_1(s) \cdot de_2(s)/ds = 0$ となり, 関係式 $\kappa(s) + \lambda(s) = 0$ が得られる. 以上の結果を行列表示したものが, フレネー・セレ (Frenet-Serret) の公式である. □

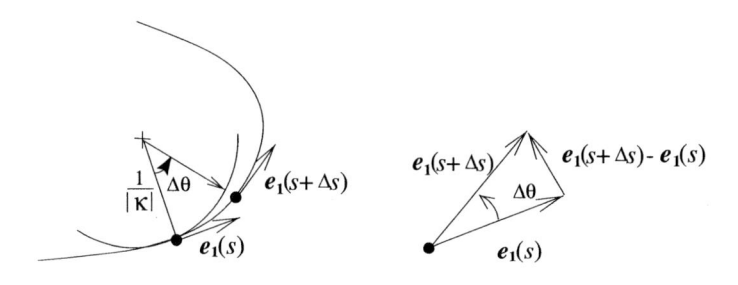

図 1.3 単位接ベクトル $e_1(s)$ の変化率と曲率円周

接ベクトル $e_1(s)$ を成分を用いて表すと, これが単位ベクトルであったことから, $e_1(s) = (\cos\theta(s), \sin\theta(s))$ と書くことができる. このとき, 正の向きに $90°$ 回転した単位法線ベクトルは $e_2(s) = (-\sin\theta(s), \cos\theta(s))$ と書かれるので, 関係式 $de_1(s)/ds = \kappa(s)e_2(s)$ は, $\kappa(s) = d\theta(s)/ds$ に等価であることがわかる (図 1.3 参照). $\theta(s)$ が接ベクトルの傾きを表し, その微分で書かれる曲率 $\kappa(s)$ が曲線の曲がり具合を表現する様子が理解される. $\kappa(s) > 0$ のとき曲線は左に曲がり, 逆に $\kappa(s) < 0$ のとき曲線は右に曲がり, 逆数 $1/|\kappa(s)|$ が曲がり具合を最もよく近似する円周の半径を与えることが図から読み取れるであろう. このとき, 円周は**曲率円周**と呼ばれ, またその半径 $1/|\kappa(s)|$ は**曲率半径**と呼ばれる.

例題 1.3 楕円 $\Gamma : (a\cos t, b\sin t)$ $(a \geq b > 0)$ についてフレネー標構, 曲率を求めよ.

解) $t = 0$ で表される点 $(a, 0)$ から測った曲線の長さを $s = s(t)$ とする. 式 (1.2) より

$$\frac{ds}{dt} = \sqrt{\left(\frac{dx}{dt}\right)^2 + \left(\frac{dy}{dt}\right)^2} = \sqrt{a^2 \sin^2 t + b^2 \cos^2 t}\ . \qquad (1.4)$$

この式を積分して, $s(t) = \int_0^t \sqrt{a^2 \sin^2 t + b^2 \cos^2 t}\,dt$ が得られるがこの積分を初等関数で表すことはできない. しかし, 以下の計算でわかるように関数形 $s(t)$ の表示は必ずしも必要でない. 実際, 単位接ベクトルは ds/dt の表式を用いて

$$e_1(s) = \frac{dx(t)}{dt}\frac{dt}{ds} = \left(\frac{-a\sin t}{\sqrt{a^2\sin^2 t + b^2\cos^2 t}}, \frac{b\cos t}{\sqrt{a^2\sin^2 t + b^2\cos^2 t}}\right)$$

と計算され, さらに $e_1(s)$ を微分し, 少し整理すると

$$\begin{aligned}
\frac{de_1(s)}{ds} &= \frac{dt}{ds}\frac{de_1}{dt} \\
&= \left(\frac{-ab^2\cos t}{(a^2\sin^2 t + b^2\cos^2 t)^2}, \frac{-a^2 b\sin t}{(a^2\sin^2 t + b^2\cos^2 t)^2}\right) \\
&= \frac{ab}{(a^2\sin^2 t + b^2\cos^2 t)^{3/2}}\left(\frac{-b\cos t}{\sqrt{a^2\sin^2 t + b^2\cos^2 t}}, \frac{-a\sin t}{\sqrt{a^2\sin^2 t + b^2\cos^2 t}}\right)
\end{aligned} \qquad (1.5)$$

が得られる. ここで最後の等式では, 単位法線ベクトル e_2 の向きに注意して $de_1/ds = \kappa(s)e_2$ の形に整理した. 以上より, フレネー標構は

$$e_1(s) = \frac{1}{\sqrt{a^2\sin^2 t + b^2\cos^2 t}}(-a\sin t, b\cos t)$$

$$e_2(s) = \frac{1}{\sqrt{a^2\sin^2 t + b^2\cos^2 t}}(-b\cos t, -a\sin t)$$

と決まり, また曲率は

$$\kappa(s) = \frac{ab}{(a^2\sin^2 t + b^2\cos^2 t)^{3/2}}$$

と求められる. □

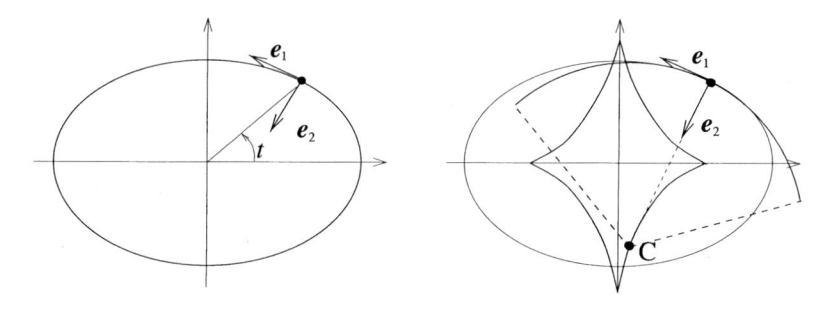

図 **1.4** 楕円のフレネー標構 (左) と曲率円周の中心 (右)

例題 1.3 で $a = b$ の場合, $e_1 = (-\sin t, \cos t)$, $e_2 = (-\cos t, -\sin t)$, $\kappa = 1/a$ となり, 半径 a の円周のフレネー標構と曲率となる. 円周の場合, 曲率半径 $1/|\kappa| = a$ は半径と一致し, したがって曲率円周の中心はつねに原点となる. 一般の a, b の値について曲率円周の中心を求めてみると,

$$\boldsymbol{x}(s) + \frac{1}{|\kappa(s)|}\boldsymbol{e}_2(s) = \left(\frac{a^2 - b^2}{a}\cos^3 t, -\frac{a^2 - b^2}{b}\sin^3 t\right) \tag{1.6}$$

となり, t が動くときの軌跡は**星芒形** (asteroid) と呼ばれる曲線

$$(A\cos^n t, B\sin^n t) \quad (0 \le t < 2\pi)$$

で与えられることがわかる. ただし, $A = (a^2 - b^2)/a$, $B = (b^2 - a^2)/b$, $n = 3$ とする. 図 1.4 ではこの曲率円周の中心の軌跡が図示されている.

さて, 次に曲線を空間 $\mathbb{E}^3$ で考えてみよう. 空間では曲率のほかに, 捩 (ねじ) れ具合を表す第 2 の量が新たに登場する.

定義 1.2 実数 $\mathbb{R}$ の区間 I から空間 $\mathbb{E}^3$ への連続写像を

$$\Gamma : \boldsymbol{x}(t) = (x(t), y(t), z(t)) \quad (t \in I)$$

と表すとき, 次の 1), 2) を満たす Γ を**空間曲線**という.
 1) $x(t)$, $y(t)$, $z(t)$ は C^∞ 級
 2) $dx(t)/dt$, $dy(t)/dt$, $dz(t)/dt$ がともに零になることはない.

平面曲線のときと同様に"速度"ベクトル

$$\dot{\boldsymbol{x}}(t) = \left(\frac{dx(t)}{dt}, \frac{dy(t)}{dt}, \frac{dz(t)}{dt} \right)$$

は曲線の接ベクトルを与える。また，Γ 上の点 $\boldsymbol{x}(a)$ から測った曲線の長さは

$$s(t) = \int_a^t \sqrt{\left(\frac{dx(t)}{dt} \right)^2 + \left(\frac{dy(t)}{dt} \right)^2 + \left(\frac{dz(t)}{dt} \right)^2} = \int_a^t ||\dot{\boldsymbol{x}}(t)|| dt \quad (1.7)$$

となり，$s = s(t)$ を Γ の弧長と呼ぶ。弧長をパラメーターにとるとき

$$||\frac{d\boldsymbol{x}(s)}{ds}|| = ||\frac{d\boldsymbol{x}(s(t))}{dt}||\frac{dt}{ds} = 1$$

が示されるから，接ベクトル $\boldsymbol{e}_1(s) = d\boldsymbol{x}(s)/ds$ は単位ベクトルになっていることがわかる。ところが，平面曲線の場合と違って接ベクトル $\boldsymbol{e}_1(s)$ に直交する単位ベクトルは，接ベクトルに垂直な平面内にいくらでも存在するから，どれかを1つ決めなければならない。そこで，曲線の曲率を $\kappa(s) = ||d\boldsymbol{e}_1(s)/ds||$ によって定義し，関係式

$$\frac{d\boldsymbol{e}_1(s)}{ds} = \kappa(s)\boldsymbol{e}_2(s)$$

によって $\boldsymbol{e}_1(s)$ に垂直な単位ベクトル $\boldsymbol{e}_2(s)$ を定めることにしよう。平面曲線の場合に導いた式と似ているが，$\boldsymbol{e}_2(s)$ を決めるために，曲率はつねに $\kappa(s) \geq 0$ となるようにした点が異なっている。また，$\kappa(s) = 0$ となってしまうところでは，$\boldsymbol{e}_2(s)$ は定義されないが，$\kappa(s) = 0$ となるのはいくつかの s の値（変曲点），あるいは曲線が真っ直ぐな直線になっている区間であるので，以下では除外して考えることにする。単位ベクトル $\boldsymbol{e}_2(s)$ を**主法線ベクトル**という。また，残されたもう1つの単位ベクトルを $\boldsymbol{e}_3(s) = \boldsymbol{e}_1(s) \times \boldsymbol{e}_2(s)$ として，これを**従法線ベクトル**という。$\boldsymbol{e}_1(s), \boldsymbol{e}_2(s), \boldsymbol{e}_3(s)$ が空間曲線の**フレネー標構**である。次の例題は空間曲線の場合のフレネー・セレ (Frenet-Serret) の公式を与える。

例題 1.4 空間曲線 Γ のフレネー標構について

$$\frac{d}{ds} \begin{pmatrix} \boldsymbol{e}_1(s) \\ \boldsymbol{e}_2(s) \\ \boldsymbol{e}_3(s) \end{pmatrix} = \begin{pmatrix} 0 & \kappa(s) & 0 \\ -\kappa(s) & 0 & \tau(s) \\ 0 & -\tau(s) & 0 \end{pmatrix} \begin{pmatrix} \boldsymbol{e}_1(s) \\ \boldsymbol{e}_2(s) \\ \boldsymbol{e}_3(s) \end{pmatrix}$$

を示せ．ここで，$\kappa(s)$ を**曲率**，$\tau(s)$ を**捩率**（れいりつ）と呼ぶ．

解） 関係式 $e_2(s) \cdot e_2(s) = 1$ から，$(de_2(s)/ds) \cdot e_2(s) = 0$ が得られる．同様にして，関係式 $e_3(s) \cdot e_3(s) = 1$ から $(de_3(s)/ds) \cdot e_3(s) = 0$ が導かれるので

$$\frac{de_2(s)}{ds} = \alpha(s)e_1(s) + \beta(s)e_3(s), \qquad \frac{de_3(s)}{ds} = \gamma(s)e_1(s) + \delta(s)e_2(s)$$

と表すことができる．関係式 $e_1(s) \cdot e_2(s) = e_1(s) \cdot e_3(s) = e_2(s) \cdot e_3(s) = 0$ を微分して得られる式に，定義式 $de_1(s)/ds = \kappa(s)e_2(s)$ と上の結果を代入すると

$$\alpha(s) = -\kappa(s), \qquad \gamma(s) = 0, \qquad \beta(s) + \delta(s) = 0$$

が得られる．$\beta(s)$ を $\tau(s)$ と書くことにすればフレネー・セレの公式が導かれたことになる． □

例題 1.5 空間曲線 $\Gamma : \boldsymbol{x}(t) = (a\cos t, a\sin t, bt)$ について，フレネー標構 e_1, e_2, e_3，曲率 κ，捩率 τ を求めよ（図 1.5）．

解） 曲線の長さ s とするとき，式 (1.2) を用いて $ds/dt = \sqrt{a^2 + b^2}$ が得られる．このとき，単位接ベクトルについて

$$e_1 = \frac{dt}{ds}\frac{d\boldsymbol{x}}{dt} = \frac{1}{\sqrt{a^2 + b^2}}(-a\sin t, a\cos t, b)$$

$$\frac{de_1}{ds} = \frac{dt}{ds}\frac{de_1}{dt} = \frac{1}{a^2 + b^2}(-a\cos t, -a\sin t, 0)$$

と求められ，主法線ベクトルは

$$e_2 = \frac{1}{||de_1/ds||}\frac{de_1}{ds} = (-\cos t, -\sin t, 0)$$

と決められる．また従法線ベクトルは外積を用いた定義によって

$$e_3 = e_1 \times e_2 = \frac{1}{\sqrt{a^2 + b^2}}(b\sin t, -b\cos t, a)$$

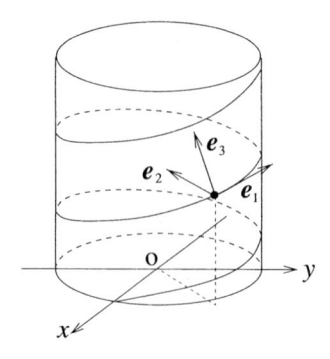

図 1.5 空間曲線 $\Gamma : \boldsymbol{x}(t) = (a\cos t, a\sin t, bt)$ のフレネー標構

と決められる. さらに, 曲率 κ と捩率 τ はフレネー・セレの公式,

$$\frac{d\boldsymbol{e}_1}{ds} = \kappa\boldsymbol{e}_2 = \frac{a}{a^2 + b^2}(-\cos t, -\sin t, 0)$$

$$\frac{d\boldsymbol{e}_3}{ds} = -\tau\boldsymbol{e}_2 = -\frac{b}{a^2 + b^2}(-\cos t, -\sin t, 0)$$

から, それぞれ定数 $\kappa = a/(a^2 + b^2)$, $\tau = b/(a^2 + b^2)$ で与えられることがわかる. □

　フレネー・セレの公式をフレネー標構 $\boldsymbol{e}_1(s), \boldsymbol{e}_2(s), \boldsymbol{e}_3(s)$ に関する 1 階の連立常微分方程式と見なすことができる. 常微分方程式に関する解の存在と一意性に関する定理 (付録 A.2, p.188 参照) を使えば, 曲率 $\kappa(s)$ と捩率 $\tau(s)$ が与えられたとき, 初期条件を満たすフレネー標構が, 少なくとも $|s|$ が十分小さな s について一意的に決まることがわかる. こうして $\boldsymbol{e}_1$ が決まったとして, 定義関係式

$$\frac{d\boldsymbol{x}(s)}{ds} = \boldsymbol{e}_1(s)$$

を $\boldsymbol{x}(s) = (x(s), y(s), z(s))$ に関する微分方程式と思えば, 初期条件 (曲線の始点) を決めるとき, その解は十分小さな $|s|$ について一意的に決まる. すなわち, 曲率 $\kappa(s)$ と捩率 $\tau(s)$ を勝手に与えるとき, そのような曲がり具合をもつ曲線が少なくとも十分小さな $|s|$ に対して構成されるのである.

　曲線が与えられたときフレネー・セレの公式が書き下され, さらにそれから曲率 $\kappa(s)$ と捩率 $\tau(s)$ が読み取られる一方で, 逆に, 曲率 $\kappa(s)$ と捩率 $\tau(s)$

を与えたときも，フレネー・セレの公式をもとに，曲線を決めることができるのである．このようにフレネー・セレの公式は空間の曲線を決定してしまうので，**曲線の構造方程式**と呼ばれている．

1.3 空間の曲面

二変数連続関数 $z = f(x, y)$ のグラフを考えると，これが多様に曲がった曲面になることは解析学でよく経験して知っている．ここでは，このような空間の曲面を記述することを考えよう．

曲面を表すのには 2 つのパラメーターが必要である．そこでこれらのパラメーターを u, v として，uv 平面 $\mathbb{R}^2$ の領域を D と表すことにする．

定義 1.3 $\mathbb{R}^2$ の領域 D から空間 $\mathbb{E}^3$ の部分集合への 1 対 1 連続写像 S：$\boldsymbol{x}(u, v) = (x(u, v), y(u, v), z(u, v))$ が次の条件 1), 2) を満たすとき S を（空間）**曲面**という．

1) $x(u, v), y(u, v), z(u, v)$ は C^∞ 級
2) $\partial\boldsymbol{x}(u, v)/\partial u, \partial\boldsymbol{x}(u, v)/\partial v$ は一次独立．

条件 1) は単に曲面 S が十分なめらかであることをいっているだけであるが，条件 2) について少し説明を加えておこう．平面および空間の曲線の場合対応する条件は速度ベクトルが零ではない，あるいは曲線の接ベクトルが零ベクトルではないという意味をもっていた．曲面の場合，曲面を表すパラメーターが u, v 2 つあるので u, v のそれぞれに対する接ベクトル

$$\frac{\partial\boldsymbol{x}(u, v)}{\partial u} = \left(\frac{\partial x(u, v)}{\partial u}, \frac{\partial y(u, v)}{\partial u}, \frac{\partial z(u, v)}{\partial u}\right)$$

$$\frac{\partial\boldsymbol{x}(u, v)}{\partial v} = \left(\frac{\partial x(u, v)}{\partial v}, \frac{\partial y(u, v)}{\partial v}, \frac{\partial z(u, v)}{\partial v}\right)$$

が考えられ，これらのベクトルが互いに一次独立であるという条件である（図 1.6 参照）．

条件 2) が満たされるとき，2 つのベクトル $\partial\boldsymbol{x}(u, v)/\partial u, \partial\boldsymbol{x}(u, v)/\partial v$ は，

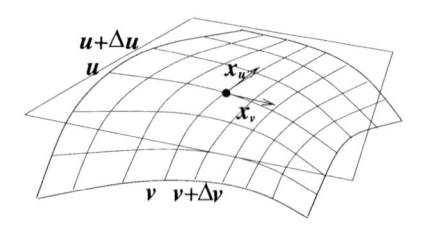

図 1.6 曲面 $\boldsymbol{x}(u,v)$ の接平面が決まる様子

図 1.6 が示すように曲面 S の点 $\boldsymbol{x}(u,v) = (x(u,v), y(u,v), z(u,v))$ における接平面を決める.

1.3.1　第 1 基本形式

さて，上述の曲面 S 上になめらかな曲線が描かれたとき，その曲線の長さはどのように表されるであろうか．いま，具体的に曲面 S を，$S : \boldsymbol{x}(u,v) = (x(u,v), y(u,v), z(u,v))$ と表し固定しよう．この曲面上の曲線とは，パラメーター t を用いて

$$\Gamma_S : \boldsymbol{x}(u(t), v(t)) = (x(u,v), y(u,v), z(u,v))\big|_{u=u(t), v=v(t)}$$

と表される．ここで，関数 $u(t)$, $v(t)$ を微分が同時に零にならない t についての C^∞ 級の関数とすれば，Γ_S は曲面 S 上のなめらかな曲線となる．これは平面曲線を拡張して一般の曲面 S の上で考えようというものである．曲線の接ベクトルは合成関数の微分によって

$$\frac{d}{dt}\boldsymbol{x}(u(t), v(t)) = \frac{\partial \boldsymbol{x}(u,v)}{\partial u}\frac{du}{dt} + \frac{\partial \boldsymbol{x}(u,v)}{\partial v}\frac{dv}{dt} \tag{1.8}$$

と表されるから，曲線の $t = a$ で表される点から測った長さは式 (1.1) にならって

$$s(t) = \int_a^t \left\|\frac{d\boldsymbol{x}}{dt}\right\|dt = \int_a^t \sqrt{\frac{d\boldsymbol{x}}{dt} \cdot \frac{d\boldsymbol{x}}{dt}}\,dt$$

となる．平面曲線の場合と同様に，このことを

$$ds = \sqrt{\frac{d\boldsymbol{x}}{dt} \cdot \frac{d\boldsymbol{x}}{dt}}\,dt$$

$$= \sqrt{\boldsymbol{x}_u \cdot \boldsymbol{x}_u \left(\frac{du}{dt}\right)^2 + 2\boldsymbol{x}_u \cdot \boldsymbol{x}_v \left(\frac{du}{dt}\right)\left(\frac{dv}{dt}\right) + \boldsymbol{x}_v \cdot \boldsymbol{x}_v \left(\frac{dv}{dt}\right)^2} \, dt$$

と表現する. ここで, $\boldsymbol{x}_u, \boldsymbol{x}_v$ は接ベクトル

$$\boldsymbol{x}_u = \frac{\partial \boldsymbol{x}(u, v)}{\partial u}, \quad \boldsymbol{x}_v = \frac{\partial \boldsymbol{x}(u, v)}{\partial v}$$

を表す. 上の式をさらに形式的に無限小を表す記号 ds, du, dv を用いて

$$(ds)^2 = \boldsymbol{x}_u \cdot \boldsymbol{x}_u (du)^2 + 2\boldsymbol{x}_u \cdot \boldsymbol{x}_v (du)(dv) + \boldsymbol{x}_v \cdot \boldsymbol{x}_v (dv)^2 \tag{1.9}$$

と表すことも可能である. この曲線の長さの形式的な表現を**第 1 基本形式**と呼んでいる. 2×2 行列 g を

$$g = \begin{pmatrix} g_{uu} & g_{uv} \\ g_{vu} & g_{vv} \end{pmatrix} = \begin{pmatrix} \boldsymbol{x}_u \cdot \boldsymbol{x}_u & \boldsymbol{x}_u \cdot \boldsymbol{x}_v \\ \boldsymbol{x}_v \cdot \boldsymbol{x}_u & \boldsymbol{x}_v \cdot \boldsymbol{x}_v \end{pmatrix}$$

によって定義すれば, これは明らかに対称行列となり第 1 基本形式はこの対称行列に対する二次形式として理解される ;

$$(ds)^2 = (du \ \ dv) \begin{pmatrix} g_{uu} & g_{uv} \\ g_{vu} & g_{vv} \end{pmatrix} \begin{pmatrix} du \\ dv \end{pmatrix}$$

また, g を用いると曲線の長さは

$$s(t) = \int_a^t \sqrt{g_{uu} \left(\frac{du}{dt}\right)^2 + 2g_{uv} \left(\frac{du}{dt}\right)\left(\frac{dv}{dt}\right) + g_{vv} \left(\frac{dv}{dt}\right)^2} \, dt$$

と書かれる. このような書き換えを行うのは, 後に曲面の曲がり具合などの基本的な性質が第 1 基本形式を用いて表されることが示されるからである.

次に, 曲面 S の面積を考えてみよう. S の定義から, 2 つの接ベクトル $\boldsymbol{x}_u, \boldsymbol{x}_v$ は一次独立であるとしたので, その外積 $\boldsymbol{x}_u \times \boldsymbol{x}_v$ は零でないベクトルで, かつその大きさは曲面上の 4 点

$$\boldsymbol{x}, \quad \boldsymbol{x} + \boldsymbol{x}_u du, \quad \boldsymbol{x} + \boldsymbol{x}_v dv, \quad \boldsymbol{x} + \boldsymbol{x}_u du + \boldsymbol{x}_v dv$$

が描く微小な平行四辺形の面積に等しい. このことから, 曲面 S の面積 $A(S)$ を

$$A(S) = \iint_D \|\boldsymbol{x}_u \times \boldsymbol{x}_v\| du dv$$

と定義しよう. 少し計算することによって

$$\|\boldsymbol{x}_u \times \boldsymbol{x}_v\| = \sqrt{g_{uu}g_{vv} - (g_{uv})^2} = \sqrt{\det g} \tag{1.10}$$

であることが示されるので, 結局, 面積は第 1 基本形式 (対称行列 g の行列式) を用いて

$$A(S) = \iint_D \sqrt{\det g}\ dudv \tag{1.11}$$

と簡明に表される.

問 1.3 $\det g > 0$ を示せ.

問 1.4 式 (1.10) を導出せよ.

次に, 曲面の曲がり具合はどのように表現することができるであろうか? それを調べるために第 2 基本形式を導入する.

1.3.2 第 2 基本形式

xy 平面のある領域 D で定義された, なめらかな二変数関数 $f(x, y)$ のグラフ $\{(x, y, f(x, y)) \mid (x, y) \in D\}$ は, 曲面の特別な場合と考えられる. 実際, 曲面 $S : \boldsymbol{x}(u, v) = (u, v, f(u, v))$ がこれを表している. 二変数関数については, 解析学でその極値問題として関数の凹凸や鞍点についての調べ方を学んでいる. そこで, それを手掛かりにして一般の曲面の曲がり具合を調べよう.

準備として, ここで再び外積 $\boldsymbol{x}_u \times \boldsymbol{x}_v$ を考えよう. 外積の性質からこのベクトルは, 2 つの接ベクトル $\boldsymbol{x}_u, \boldsymbol{x}_v$ に直交していることがわかる. そこで単位ベクトル

$$\boldsymbol{n} = \frac{\boldsymbol{x}_u \times \boldsymbol{x}_v}{\|\boldsymbol{x}_u \times \boldsymbol{x}_v\|}$$

を定義し, これを**単位法ベクトル**と呼ぶ. 単位法ベクトルは曲面の各点で接平面に垂直で, 曲面の "外" に向かう向きをもつ単位ベクトルである. ここで "外向き" とは外積 $\boldsymbol{x}_u \times \boldsymbol{x}_v$ が曲面上の各点で決める向きとする (メビウ

スの帯のように外向きという表現が意味をもたない曲面もあるが，それについては後に 2.1.1 項で考察する）.

　関数の極大極小問題では，関数 $f(x, y)$ の値の大きさ，すなわち z 軸方向へのグラフの高さを調べた．一般の曲面では z 軸方向に高さという特別な意味がなくなるので，何らかの方法で高さを定義する必要がある．そこで，曲面 S 上の点 $P_0 : \boldsymbol{x}(u_0, v_0)$ を 1 つ固定し，この点の単位法ベクトルの方向を点 P_0 での高さの方向としよう．このとき，P_0 の近くの他の点 $P : \boldsymbol{x}(u, v)$ の高さを式で表現すれば

$$F(u, v) = (\boldsymbol{x}(u, v) - \boldsymbol{x}(u_0, v_0)) \cdot \boldsymbol{n}(u_0, v_0) \tag{1.12}$$

と書かれる．ここで $\boldsymbol{n}(u_0, v_0)$ は点 P_0 における単位法ベクトルである．こうして定義する二変数関数 $F(u, v)$ は，2 つのベクトル $\boldsymbol{x}_u(u_0, v_0)$, $\boldsymbol{x}_v(u_0, v_0)$ が $\boldsymbol{n}(u_0, v_0)$ に垂直であるから，値 (u_0, v_0) でつねに

$$F_u(u_0, v_0) = F_v(u_0, v_0) = 0$$

を満たしていることがわかる．したがって，解析学で学んだ極大極小あるいは鞍点の判定条件がそのまま適用され，それによって点 $P_0 : \boldsymbol{x}(u_0, v_0)$ の近くでの曲面の曲がり具合の様子を調べることができるというわけである（図 1.7 参照）.

　二変数関数 $F(u, v)$ を点 P_0 のまわりでテイラー展開して

$$F(u_0 + \Delta u, v_0 + \Delta v) \tag{1.13}$$
$$= \frac{1}{2} \left\{ F_{uu}(P_0)(\Delta u)^2 + 2F_{uv}(P_0)(\Delta u)(\Delta v) + F_{vv}(P_0)(\Delta v)^2 \right\} + \cdots$$

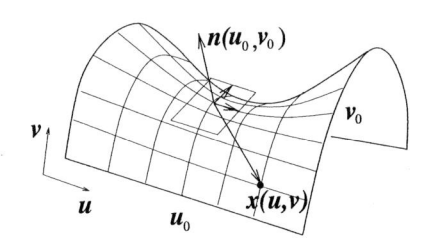

図 1.7　曲面上の点 $\boldsymbol{x}(u_0, v_0)$ での接平面と単位法線ベクトル $\boldsymbol{n}(u_0, v_0)$

と表しその微分係数の成すヘッセ行列 (Hessian) を

$$Hess(u,v) = \begin{pmatrix} h_{uu} & h_{uv} \\ h_{vu} & h_{vv} \end{pmatrix}$$
$$= \begin{pmatrix} (\partial^2 \boldsymbol{x}(u,v)/\partial u^2) \cdot \boldsymbol{n}(u,v) & (\partial^2 \boldsymbol{x}(u,v)/\partial u\partial v) \cdot \boldsymbol{n}(u,v) \\ (\partial^2 \boldsymbol{x}(u,v)/\partial v\partial u) \cdot \boldsymbol{n}(u,v) & (\partial^2 \boldsymbol{x}(u,v)/\partial v^2) \cdot \boldsymbol{n}(u,v) \end{pmatrix}$$

と表すことにしよう. 式 (1.13) を無限小を表す記号 du, dv を用いて形式的に

$$\mathrm{II}(du,dv) = h_{uu}(u,v)(du)^2 + 2h_{uv}(u,v)(du)(dv) + h_{vv}(u,v)(dv)^2$$

と書き**第2基本形式**と呼ぶ. 第1基本形式と同様に, 第2基本形式は対称行列ヘッシアン $Hess(u,v)$ によって表される二次形式のことである.

命題 1.2 曲面 S の点 P_0 において
　1) $\det Hess(P_0) > 0$ ならば, 曲面は P_0 の近傍で凸または凹である.
　2) $\det Hess(P_0) < 0$ ならば, 曲面は P_0 で鞍点である.

　この命題は解析学の極大極小問題と同じなので, ここで, その証明を繰り返すことはしない. また, $Hess(P_0) = 0$ の場合が述べられていないが, 極大極小問題のときと同様に, この場合はヘッシアンからは何もいうことができない. 凸, 凹 または鞍点を判定するのには, 関数 $F(u,v)$ のテイラー展開の高次の項を調べなければならないのである.

1.3.3 曲面の曲率

　曲面が, ある点で凸または凹であるか, あるいは鞍点になっているかという定性的な性質は, 式 (1.12) の関数 $F(u,v)$ を調べればわかる. ここでは曲がり具合を曲率を用いて定量的に表現することを考える. 考え方は, 平面曲線の曲率を用いるものである.

　曲面 S 上の点 P において, 2つの微分 $\boldsymbol{x}_u(P)$ と $\boldsymbol{x}_v(P)$ は互いに一次独立で点 P での接平面上の任意のベクトルを表現することができる. そこで, 勝手な零でない接ベクトル $\xi\boldsymbol{x}_u(P)+\eta\boldsymbol{x}_v(P)$ を考えて, この接ベクトルと単位

法ベクトル $\boldsymbol{n}(P)$ が決める平面を考えよう. 点 P の近くでは, この平面と曲面 S の交わりは平面曲線を定義する. この平面曲線を $\Gamma_{\xi,\eta}(P) : \boldsymbol{x}(u(t), v(t))$ と書くことにしよう. 曲線のパラメーターを長さ $s(t)$ にとるとき, この曲線の **法曲率** を

$$\kappa_n = \frac{d^2\boldsymbol{x}(s)}{ds^2} \cdot \boldsymbol{n}(u(s), v(s))$$

によって定義する. 曲面の単位法ベクトル $\boldsymbol{n}(u, v)$ と, 平面曲線 $\Gamma_{\xi,\eta}(P)$ の単位法線ベクトル $\boldsymbol{e}_2$ には一般に食い違が生じるが, 定義から点 P では両者は一致している (図 1.8 参照). したがって, 点 P での法曲率 $\kappa_n(P)$ は平面曲線 $\Gamma_{\xi,\eta}(P)$ の曲率に等しい (フレネー・セレの公式により, $d\boldsymbol{e}_1/ds = d^2\boldsymbol{x}/ds^2 = \kappa(s)\boldsymbol{e}_2$).

法曲率は直交関係 $\boldsymbol{x}_u \cdot \boldsymbol{n} = \boldsymbol{x}_v \cdot \boldsymbol{n} = 0$ を用いて計算すると

$$\begin{aligned}
\kappa_n &= \frac{d}{ds}\left(\frac{d\boldsymbol{x}}{ds}\right) \cdot \boldsymbol{n} = \frac{d}{ds}\left(\boldsymbol{x}_u \frac{du}{ds} + \boldsymbol{x}_v \frac{dv}{ds}\right) \cdot \boldsymbol{n} \\
&= \boldsymbol{x}_{uu} \cdot \boldsymbol{n}\left(\frac{du}{ds}\right)^2 + 2\boldsymbol{x}_{uv} \cdot \boldsymbol{n}\frac{du}{ds}\frac{dv}{ds} + \boldsymbol{x}_{vv} \cdot \boldsymbol{n}\left(\frac{dv}{ds}\right)^2 \\
&= h_{uu}\left(\frac{du}{ds}\right)^2 + 2h_{uv}\left(\frac{du}{ds}\right)\left(\frac{dv}{ds}\right) + h_{vv}\left(\frac{dv}{ds}\right)^2
\end{aligned}$$

と第 2 基本形式を用いて表される. 特に定義から点 P では, 単位接ベクト

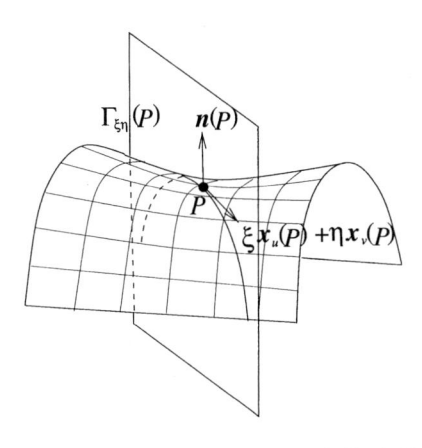

図 **1.8** 接ベクトルと単位法線ベクトルが決める平面と平面曲線 $\Gamma_{\xi,\eta}(P)$

ル $(d\boldsymbol{x}/ds)(P)$ について

$$\frac{d\boldsymbol{x}}{ds}(P) = \frac{\xi\boldsymbol{x}_u(P) + \eta\boldsymbol{x}_v(P)}{||\xi\boldsymbol{x}_u(P) + \eta\boldsymbol{x}_v(P)||}$$

が成り立っている. 合成関数の微分則からしたがう関係

$$\frac{d\boldsymbol{x}}{ds} = \boldsymbol{x}_u\frac{du}{ds} + \boldsymbol{x}_v\frac{dv}{ds}$$

と合わせると

$$\frac{du}{ds} = \frac{\xi}{||\xi\boldsymbol{x}_u + \eta\boldsymbol{x}_v||}, \quad \frac{dv}{ds} = \frac{\eta}{||\xi\boldsymbol{x}_u + \eta\boldsymbol{x}_v||}$$

であることがわかる. また, 第1基本形式の定義式を用いて得られる関係式

$$||\xi\boldsymbol{x}_u + \eta\boldsymbol{x}_v||^2 = g_{uu}\xi^2 + 2g_{uv}\xi\eta + g_{vv}\eta^2$$

を使うと, 結局, 点 P では法曲率が

$$\kappa_n(P) = \frac{h_{uu}(P)\xi^2 + 2h_{uv}(P)\xi\eta + h_{vv}(P)\eta^2}{g_{uu}(P)\xi^2 + 2g_{uv}(P)\xi\eta + g_{vv}(P)\eta^2} \tag{1.14}$$

と表されることになる.

命題 1.3 法曲率 (1.14) は, 接ベクトルを表す ξ,η が $(\xi,\eta) \neq (0,0)$ の範囲で動くとき, 最大値・最小値をもち, それらは二次式

$$\begin{vmatrix} h_{uu} - \lambda g_{uu} & h_{uv} - \lambda g_{uv} \\ h_{vu} - \lambda g_{vu} & h_{vv} - \lambda g_{vv} \end{vmatrix} = 0 \tag{1.15}$$

の解で与えられる.

証明） 法曲率を表す式 (1.14) は ξ,η を同時に定数倍しても分母と分子で相殺するので, 変数 ξ,η に

$$g_{uu}\xi^2 + 2g_{uv}\xi\eta + g_{vv}\eta^2 = 1$$

という条件を課して考えてもよい. これは接ベクトル $\xi\boldsymbol{x}_u + \eta\boldsymbol{x}_v$ を単位ベクトルに制限したことにほかならない. 法曲率 κ_n はこうして, ξ,η が決める

単位円周上の関数と考えられるが，解析学で学んだように単位円周のような有界閉集合で定義された連続関数には最大値・最小値が存在する.

また，式 (1.14) を

$$h_{uu}\xi^2 + 2h_{uv}\xi\eta + h_{vv}\eta^2 - \kappa_n(g_{uu}\xi^2 + 2g_{uv}\xi\eta + g_{vv}\eta^2) = 0$$

と表し，極値の条件 $\partial\kappa_n/\partial\xi = \partial\kappa_n/\partial\eta = 0$ を使って，両辺を偏微分すると

$$(h_{uu} - \kappa_n g_{uu})\xi - (h_{uv} - \kappa_n g_{uv})\eta = 0$$
$$(h_{vu} - \kappa_n g_{vu})\xi - (h_{vv} - \kappa_n g_{vv})\eta = 0$$

が得られるが，これが $(\xi, \eta) = 0$ 以外の解をもつための必要十分条件が示すべき二次式を与える. また，前半の考察からこの二次式の 2 つの解が κ_n の最大値と最小値を与えることがわかる. □

行列式 (1.15) を

$$(g_{uu}g_{vv} - g_{uv}^2)\lambda^2 - (g_{uu}h_{vv} + g_{vv}h_{uu} - 2g_{uv}h_{uv})\lambda + h_{uu}h_{vv} - h_{uv}^2 = 0$$

と書き直すとき，解と係数の関係から 2 つの解（したがって最大値と最小値）κ_1, κ_2 は

$$\kappa_1\kappa_2 = \frac{h_{uu}h_{vv} - h_{uv}^2}{g_{uu}g_{vv} - g_{uv}^2}, \qquad \frac{\kappa_1 + \kappa_2}{2} = \frac{g_{uu}h_{vv} + g_{vv}h_{uu} - 2g_{uv}h_{uv}}{2(g_{uu}g_{vv} - g_{uv}^2)}$$

を満たすことが分るが，それぞれを

$$K = \kappa_1\kappa_2, \qquad H = \frac{\kappa_1 + \kappa_2}{2} \tag{1.16}$$

と書き，順に点 P でのガウス曲率 (Gaussian curvature) および平均曲率 (mean curvature) と呼んでいる. また，曲率 κ_1, κ_2 を主曲率 (principal curvature) と呼び，それぞれの値を与える単位ベクトル $\xi\boldsymbol{x}_u + \eta\boldsymbol{x}_v$ を主方向 (principal direction) という.

問 1.5 ガウス曲率が $K = \det h/\det g$，平均曲率が $H = (1/2)\mathrm{Tr}(g^{-1}h)$ と，それぞれ書かれることを示せ.

例題 1.6 半球面 $S : \boldsymbol{x}(u,v) = (u, v, \sqrt{R^2 - u^2 - v^2})\ (u^2 + v^2 \leq R^2)$ について，ガウス曲率 K および平均曲率 H を求めよ．

解）定義に基づいて第 1 基本形式は

$$g_{uu} = \boldsymbol{x}_u \cdot \boldsymbol{x}_u = \frac{R^2 - v^2}{R^2 - u^2 - v^2}, \qquad g_{uv} = \boldsymbol{x}_u \cdot \boldsymbol{x}_v = \frac{uv}{R^2 - u^2 - v^2}$$

$$g_{vv} = \boldsymbol{x}_v \cdot \boldsymbol{x}_v = \frac{R^2 - u^2}{R^2 - u^2 - v^2}$$

と求められる．また，単位法ベクトルは

$$\boldsymbol{x}_u \times \boldsymbol{x}_v = \left(\frac{u}{\sqrt{R^2 - u^2 - v^2}}, \frac{v}{\sqrt{R^2 - u^2 - v^2}}, 1 \right)$$

を用いて

$$\boldsymbol{n}(u,v) = \frac{\boldsymbol{x}_u \times \boldsymbol{x}_v}{\|\boldsymbol{x}_u \times \boldsymbol{x}_v\|} = \left(\frac{u}{R}, \frac{v}{R}, \frac{\sqrt{R^2 - u^2 - v^2}}{R} \right) \tag{1.17}$$

と求められる．これから第 2 基本形式が

$$h_{uu} = \boldsymbol{x}_{uu} \cdot \boldsymbol{n} = -\frac{1}{R}\frac{R^2 - v^2}{R^2 - u^2 - v^2}, \qquad h_{uv} = \boldsymbol{x}_{uv} \cdot \boldsymbol{n} = -\frac{1}{R}\frac{uv}{R^2 - u^2 - v^2}$$

$$h_{vv} = \boldsymbol{x}_{vv} \cdot \boldsymbol{n} = -\frac{1}{R}\frac{R^2 - u^2}{R^2 - u^2 - v^2}$$

と決められる．ここで，関係

$$h_{uu} = -\frac{1}{R}g_{uu}, \qquad h_{uv} = -\frac{1}{R}g_{uv}, \qquad h_{vv} = -\frac{1}{R}g_{vv}$$

に注意すると式 (1.16) より直ちに

$$K = \kappa_1 \kappa_2 = \frac{1}{R^2}, \qquad H = \frac{\kappa_1 + \kappa_2}{2} = \frac{1}{R}$$

と決められる（このことから，2 つの主曲率は等しく $\kappa_1 = \kappa_2 = 1/R$ であることがわかる．実際，式 (1.14) は方向を決めるベクトル ξ, η によらないことがわかる）．   □

 ガウス曲率 K の正負に応じて曲面の点を次のように呼んでいる．

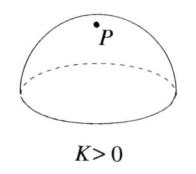 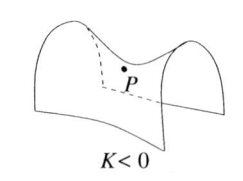 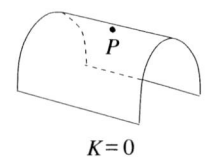

$K>0$　　　　　　$K<0$　　　　　　$K=0$

図 1.9　ガウス曲率と曲面

1)　$K>0$ である曲面の点を**楕円点**

2)　$K<0$ である曲面の点を**双曲点**

3)　$K=0$ である曲面の点を**放物点**

ガウス曲率 K を表す式を見ると

$$K(u,v) = \frac{\det \, Hess(u,v)}{\det \, g(u,v)}$$

のように第 1 基本形式を表す対称行列 g と第 2 基本形式を表すヘッシアン $Hess$ の行列式の比で表されていることがわかる（問 1.5）．第 1 基本形式を表す対称行列 g については $\det g > 0$ であるから，ガウス曲率 K の正負はヘッシアンの行列式の正負に一致する．このことから次のことがわかる．

命題 1.4　ガウス曲率 K が正である点では曲面は凸または凹，また K が負である点では曲面は鞍点である．

1.3.4　曲面の構造方程式

　平面曲線や空間曲線の曲がり具合はフレネー・セレの公式によって表現され，またこの公式は曲線の構造を決定する構造方程式となっていた．特に空間曲線のフレネー・セレの公式は，単位接ベクトル $e_1(s)$ と 2 つの法線ベクトル $e_2(s)$, $e_3(s)$ から成るフレネー標構が曲線上の点が動くとき，その変化の様子を表す微分方程式として導かれた．そこで，この考え方にならって曲面の構造方程式を導出しよう．

　u, v をパラメーターとする曲面 $S : x(u,v)$ について，曲面の各点に対して接平面の基底を $x_u(u,v)$, $x_v(u,v)$ とし，単位法ベクトルを $n(u,v)$ としよう．そこで，これらのベクトルの曲面上での変化の様子を調べるために，点

P で u, v の 2 方向への微小変化

$$\boldsymbol{x}_{uu}, \quad \boldsymbol{x}_{uv}, \quad \boldsymbol{x}_{vv}, \quad \boldsymbol{n}_u, \quad \boldsymbol{n}_v$$

を考えよう．これらの微分は空間のベクトルとして，一次独立な 3 つのベクトル $\boldsymbol{x}_u(u, v), \boldsymbol{x}_v(u, v), \boldsymbol{n}(u, v)$ の一次結合として書かれるから，それらを

$$\begin{aligned}
\boldsymbol{x}_{uu} &= \Gamma_{u\,u}^{\ u}\boldsymbol{x}_u + \Gamma_{u\,u}^{\ v}\boldsymbol{x}_v + h_{uu}\boldsymbol{n} \\
\boldsymbol{x}_{uv} &= \Gamma_{u\,v}^{\ u}\boldsymbol{x}_u + \Gamma_{u\,v}^{\ v}\boldsymbol{x}_v + h_{uv}\boldsymbol{n} \\
\boldsymbol{x}_{vv} &= \Gamma_{v\,v}^{\ u}\boldsymbol{x}_u + \Gamma_{v\,v}^{\ v}\boldsymbol{x}_v + h_{vv}\boldsymbol{n}
\end{aligned} \tag{1.18}$$

$$\begin{aligned}
\boldsymbol{n}_u &= A\boldsymbol{x}_u + B\boldsymbol{x}_v + Q\boldsymbol{n} \\
\boldsymbol{n}_v &= C\boldsymbol{x}_u + D\boldsymbol{x}_v + R\boldsymbol{n}
\end{aligned} \tag{1.19}$$

と表すことができる．ここで，$\Gamma_{u\,u}^{\ u}, \Gamma_{u\,u}^{\ v}, \cdots, \Gamma_{v\,v}^{\ v}$ と A, B, C, D, Q, R は，u, v の関数である．また，式 (1.18) 中の係数 h_{uu}, h_{uv}, h_{vv} は第 2 基本形式として前節ですでに定義されている量に一致する．係数 $\Gamma_{u\,u}^{\ u}, \Gamma_{u\,u}^{\ v}, \cdots \Gamma_{v\,v}^{\ v}$ はクリストッフェル (Christoffel) の記号と呼ばれ，次の例題 1.7 で第 1 基本形式を用いて表されることが示される．また，第 2 の式 (1.19) の係数 Q, R については，$\boldsymbol{n} \cdot \boldsymbol{n} = 1$ であることから，これを微分して $Q = \boldsymbol{n}_u \cdot \boldsymbol{n} = 0$, $R = \boldsymbol{n}_v \cdot \boldsymbol{n} = 0$ であることが直ちにわかる．

　表式 (1.18), (1.19) を簡明に表すために，少し記号を用意しよう．これまで曲面を表すパラメーターとして u, v を用いてきたが，これを順に u^1, u^2 と表し変数 u, v を表す記号を添字 $i, j, k, \cdots$ などを用いて表現しよう．たとえば，第 1 基本形式を表す 2×2 行列 g の成分を

$$g_{ij} = \frac{\partial \boldsymbol{x}}{\partial u^i} \cdot \frac{\partial \boldsymbol{x}}{\partial u^j} \quad (1 \leq i, j \leq 2)$$

と書き，$g_{12} = (\partial \boldsymbol{x}/\partial u^1) \cdot (\partial \boldsymbol{x}/\partial u^2) = (\partial \boldsymbol{x}/\partial u) \cdot (\partial \boldsymbol{x}/\partial v) = g_{uv}$ などと理解するのである．変数を u^1, u^2 と表すのは u の 1 乗，2 乗などとも読めて紛らわしいが，後に導入するテンソル解析での約束（添字の縮約規則）に合わせるためである．この表記法を用いるとクリストッフェルの記号は $\Gamma_{ij}^k = \Gamma_{u^i u^j}^{\ \ k}$

$(1 \leq i, j, k \leq 2)$ とまとめて書くことができて便利である. さらに, 式 (1.18), (1.19) はそれぞれ

$$\frac{\partial^2 \boldsymbol{x}}{\partial u^i \partial u^j} = \sum_{k=1}^{2} \Gamma_{ij}^{\ k} \frac{\partial \boldsymbol{x}}{\partial u^k} + h_{ij} \boldsymbol{n} \qquad (1.20)$$

$$\frac{\partial \boldsymbol{n}}{\partial u^i} = \sum_{k=1}^{2} C_i^{\ k} \frac{\partial \boldsymbol{x}}{\partial u^k} \qquad (1.21)$$

と表される. ただし $C_1^1 = A$, $C_1^2 = B$, $C_2^1 = C$, $C_2^2 = D$ とする. ここで, $\partial^2 \boldsymbol{x} / \partial u^i \partial u^j = \partial^2 \boldsymbol{x} / \partial u^j \partial u^i$ であるから, $\Gamma_{ij}^{\ k} = \Gamma_{ji}^{\ k}$ であることに注意する. また係数 $C_i^{\ k}$ については, $(\partial \boldsymbol{x} / \partial u^i) \cdot \boldsymbol{n} = 0$ を微分して得られる関係式 $-h_{ij} = -\partial^2 \boldsymbol{x} / \partial u^i \partial u^j \cdot \boldsymbol{n} = (\partial \boldsymbol{x} / \partial u^i) \cdot (\partial \boldsymbol{n} / \partial u^j) = \sum_{k=1}^{2} C_i^{\ k} g_{kj}$ を解いて,

$$C_i^{\ k} = -\sum_{j=1}^{2} h_{ij} g^{jk} \qquad (1.22)$$

と決められる. ここで, g^{jk} は行列 (g_{ij}) の逆行列 $(1/\det g) \begin{pmatrix} g_{22} & -g_{12} \\ -g_{21} & g_{11} \end{pmatrix}$ の jk 成分である. 同様にして, クリストッフェルの記号 $\Gamma_{ij}^{\ k}$ の具体形が次のように決定される.

例題 1.7 クリストッフェルの記号 $\Gamma_{ij}^{\ k}$ が

$$\Gamma_{ij}^{\ k} = \frac{1}{2} \sum_{l=1}^{2} g^{kl} \left(\frac{\partial g_{lj}}{\partial u^i} + \frac{\partial g_{li}}{\partial u^j} - \frac{\partial g_{ij}}{\partial u^l} \right)$$

と表されることを示せ. ここで, g^{ij} は第1基本形式を表す行列 $g = (g_{ij})$ の逆行列 $g^{-1} = (g^{ij})$ の行列成分である.

解) 定義より

$$\frac{\partial^2 \boldsymbol{x}}{\partial u^i \partial u^j} = \sum_{k=1}^{2} \Gamma_{ij}^{\ k} \frac{\partial \boldsymbol{x}}{\partial u^k} + h_{ij} \boldsymbol{n}$$

であるから, 直ちに

$$\frac{\partial^2 \boldsymbol{x}}{\partial u^i \partial u^j} \cdot \frac{\partial \boldsymbol{x}}{\partial u^l} = \sum_{k=1}^{2} \Gamma_{ij}^{\ k} \frac{\partial \boldsymbol{x}}{\partial u^k} \cdot \frac{\partial \boldsymbol{x}}{\partial u^l} = \sum_{k=1}^{2} \Gamma_{ij}^{\ k} g_{kl}$$

が得られる. 他方で, 第 1 基本形式を表す行列 $g_{ij} = (\partial \boldsymbol{x}/\partial u^i) \cdot (\partial \boldsymbol{x}/\partial u^j)$ について

$$\frac{\partial g_{jl}}{\partial u^i} = \frac{\partial^2 \boldsymbol{x}}{\partial u^i \partial u^j} \cdot \frac{\partial \boldsymbol{x}}{\partial u^l} + \frac{\partial \boldsymbol{x}}{\partial u^j} \cdot \frac{\partial^2 \boldsymbol{x}}{\partial u^i \partial u^l}$$

$$\frac{\partial g_{il}}{\partial u^j} = \frac{\partial^2 \boldsymbol{x}}{\partial u^i \partial u^j} \cdot \frac{\partial \boldsymbol{x}}{\partial u^l} + \frac{\partial \boldsymbol{x}}{\partial u^i} \cdot \frac{\partial^2 \boldsymbol{x}}{\partial u^j \partial u^l}$$

$$\frac{\partial g_{ij}}{\partial u^l} = \frac{\partial^2 \boldsymbol{x}}{\partial u^i \partial u^l} \cdot \frac{\partial \boldsymbol{x}}{\partial u^j} + \frac{\partial \boldsymbol{x}}{\partial u^i} \cdot \frac{\partial^2 \boldsymbol{x}}{\partial u^j \partial u^l}$$

であるから, これらを足し引きして

$$\frac{\partial^2 \boldsymbol{x}}{\partial u^i \partial u^j} \cdot \frac{\partial \boldsymbol{x}}{\partial u^l} = \frac{1}{2} \left(\frac{\partial g_{jl}}{\partial u^i} + \frac{\partial g_{il}}{\partial u^j} - \frac{\partial g_{ij}}{\partial u^l} \right)$$

が得られ, 式 (1.20) を用いると

$$\sum_{k=1}^{2} \Gamma_{i\,j}^{\ k} g_{kl} = \frac{1}{2} \left(\frac{\partial g_{jl}}{\partial u^i} + \frac{\partial g_{il}}{\partial u^j} - \frac{\partial g_{ij}}{\partial u^l} \right)$$

となる. ここで, 逆行列 (g^{kl}) を用いると

$$\Gamma_{i\,j}^{\ k} = \frac{1}{2} \sum_l g^{kl} \left(\frac{\partial g_{jl}}{\partial u^i} + \frac{\partial g_{il}}{\partial u^j} - \frac{\partial g_{ij}}{\partial u^l} \right)$$

が得られる.　　　　　　　　　　　　　　　　　　　　　　　　　　　□

　以上によって, $\boldsymbol{x}_{uu}, \boldsymbol{x}_{uv}, \boldsymbol{x}_{vv}; \boldsymbol{n}_u, \boldsymbol{n}_v$ すべてが第 1 基本形式と第 2 基本形式を用いて表されたことになる. 接ベクトル $\boldsymbol{x}_u, \boldsymbol{x}_v$ と単位法ベクトル $\boldsymbol{n}$ の曲面上での変化の様子を表現する式 (1.20), (1.21) は, 曲線のフレネー・セレの公式に対応するものであるが, 次に示すように曲線にはなかった新しい条件がこれらの式に付加される.

例題 1.8　第 1 基本形式 $(g_{ij}) = ((\partial \boldsymbol{x}/\partial u^i) \cdot (\partial \boldsymbol{x}/\partial u^j))$ と第 2 基本形式 $(h_{ij}) = ((\partial^2 \boldsymbol{x}/\partial u^i \partial u^j) \cdot \boldsymbol{n})$ は次の関係式を満たすことを示せ.

　1) ガウス (Gauss) の方程式:

$$\frac{\partial \Gamma_{i\,j}^{\ m}}{\partial u^k} - \frac{\partial \Gamma_{i\,k}^{\ m}}{\partial u^j} + \sum_{l=1}^{2} \left(\Gamma_{i\,j}^{\ l} \Gamma_{l\,k}^{\ m} - \Gamma_{i\,k}^{\ l} \Gamma_{l\,j}^{\ m} \right) = \sum_{l=1}^{2} \left(h_{ij} h_{kl} - h_{ik} h_{jl} \right) g^{lm}$$

2）マイナルディ・ゴダッチ (Mainardi-Codazzi) の方程式：

$$\frac{\partial h_{ij}}{\partial u^k} - \frac{\partial h_{ik}}{\partial u^j} + \sum_{l=1}^{2} \left(\Gamma_{i\,j}^{\ l} h_{lk} - \Gamma_{i\,k}^{\ l} h_{lj} \right) = 0$$

解） 定義式 (1.20), (1.21) にしたがって $(\partial/\partial u^k)(\partial^2 \boldsymbol{x}/\partial u^i \partial u^j)$ を計算すると，

$$\frac{\partial}{\partial u^k} \frac{\partial^2 \boldsymbol{x}}{\partial u^i \partial u^j}$$

$$= \sum_m \frac{\partial \Gamma_{i\,j}^{\ m}}{\partial u^k} \frac{\partial \boldsymbol{x}}{\partial u^m} + \sum_l \Gamma_{i\,j}^{\ l} \frac{\partial^2 \boldsymbol{x}}{\partial u^l \partial u^k} + \frac{\partial h_{ij}}{\partial u^k} \boldsymbol{n} + h_{ij} \frac{\partial \boldsymbol{n}}{\partial u^k}$$

$$= \sum_m \Big\{ \frac{\partial \Gamma_{i\,j}^{\ m}}{\partial u^k} + \sum_l (\Gamma_{i\,j}^{\ l} \Gamma_{l\,k}^{\ m} - h_{ij} h_{kl} g^{lm}) \Big\} \frac{\partial \boldsymbol{x}}{\partial u^m} + \Big\{ \frac{\partial h_{ij}}{\partial u^k} + \sum_l h_{lk} \Gamma_{i\,j}^{\ l} \Big\} \boldsymbol{n}$$

が得られる．ここで，微分の順番を入れ換えても結果は等しいことから

$$\frac{\partial}{\partial u^k} \frac{\partial^2 \boldsymbol{x}}{\partial u^i \partial u^j} - \frac{\partial}{\partial u^j} \frac{\partial^2 \boldsymbol{x}}{\partial u^i \partial u^k} = \boldsymbol{0}$$

である．上に求めた計算結果を用いてこの関係を書くと，一次独立なベクトル $\partial \boldsymbol{x}/\partial u^m$ と $\boldsymbol{n}$ の係数に求めるべき関係式 1), 2) が現れる．　　　　□

　ガウスの方程式とマイナルディ・ゴダッチの方程式は，曲面 $\boldsymbol{x}(u,v)$ の第1 基本形式と第 2 基本形式が独立ではないことを表している．この 2 つの関係式と定義式 (1.18), (1.19) を合わせて**曲面の構造方程式**と呼んでいる．空間曲線の構造方程式であるフレネー・セレの公式が曲率 $\kappa(s)$ と捩率 $\tau(s)$ によって書かれるに対応して，曲面の場合は第 1 基本形式と第 2 基本形式によって構造方程式が書かれる．しかし，曲率と捩率を独立に与えて空間曲線が決められたのに対して，第 1 基本形式と第 2 基本形式はガウスの方程式とマイナルディ・ゴダッチの方程式を満たさねばならない．これは例題 1.8 で見たように，曲面を表すパラメーターの数が多い分だけ，微分の順序に関して"整合性"の条件が出てくるからである．

　さて，最後にガウスの方程式を少し具体的に書き下してみよう．そのために，$i = j = m = 1$，$k = 2$ の場合を考えてみると，

$$\frac{\partial \Gamma_{1\,1}^{\ 1}}{\partial u^2} - \frac{\partial \Gamma_{1\,2}^{\ 1}}{\partial u^1} + \sum_{l=1}^{2} \left(\Gamma_{1\,1}^{\ l} \Gamma_{l\,2}^{\ 1} - \Gamma_{1\,2}^{\ l} \Gamma_{l\,1}^{\ 1} \right) = \sum_{l=1}^{2} \left(h_{11} h_{2l} - h_{12} h_{1l} \right) g^{l1}$$

$$= (h_{11}h_{22} - h_{12}h_{12})g^{21} = -g_{12}\frac{\det(h)}{\det(g)} \quad (1.23)$$

と書かれることがわかる．ほかの場合も因子 g_{12} が行列 g の別の成分に置き換わるだけで，まったく同様な結果が得られる．ここで，ガウス曲率が $K = \det(h)/\det(g)$ と書かれていたことを思い出したい．式 (1.23) の左辺がクリストッフェルの記号，したがって第 1 基本形式だけを用いて書かれていることに注意すると，ガウス曲率が第 1 基本形式だけを用いて書かれるという，重要な結果を含んでいることがわかる．曲面の法線ベクトルという量や，それを用いて定義される第 2 基本形式は，曲面を三次元ユークリッド空間の中で考えてはじめて定義される量である．このような曲面から見て "外的な" 量を理論から排除し，曲面の上に "住む" 生物にとって定義可能な量のみで理論を構築する幾何学がリーマン幾何学の考え方である．リーマン幾何学では，第 1 基本形式を最も基本的な量として曲面の曲がり具合などの性質が記述される．上で導いた「ガウス曲率が第 1 基本形式だけで書かれる」という事実のおかげで，曲面の上に "住む" 生物は自分の住む空間が "曲がって" いることを認識することができるのである．

1.3.5 曲面上の "直線"

曲面上に曲線を考え，その長さ s をパラメーターとして，曲線を $\Gamma : \boldsymbol{x}(s) = \boldsymbol{x}(u(s), v(s))$ と表そう．長さ s をパラメーターにとるのは，接ベクトル $d\boldsymbol{x}/ds$ （"速度" ベクトル）の大きさがつねに 1 になるように規格化して考えようということである．このとき曲線の法曲率は

$$\kappa_n(s) = \frac{d^2\boldsymbol{x}(s)}{ds^2} \cdot \boldsymbol{n}(s)$$

と定義された．これは式が示すように曲線の速度の変化率（加速度）を，曲面の法線方向に射影するものである．そこでより一般に，速度の変化率を

$$\frac{d^2\boldsymbol{x}(s)}{ds^2} = \boldsymbol{k}_g(s) + \kappa_n(s)\boldsymbol{n}(s) \quad (1.24)$$

と表すことにしよう．ここで，$\boldsymbol{k}_g(s)$ は**測地的曲率ベクトル**と呼ばれ，速度の変化率を接平面に射影するものである．前節で導入した添字に関する記号

を用いると,

$$\frac{d^2\boldsymbol{x}}{ds^2} = \frac{d}{ds}\left\{\sum_{i=1}^{2}\frac{du^i}{ds}\frac{\partial\boldsymbol{x}}{\partial u^i}\right\}$$

$$= \sum_{i=1}^{2}\frac{d^2u^i}{ds^2}\frac{\partial\boldsymbol{x}}{\partial u^i} + \sum_{i=1}^{2}\sum_{j=1}^{2}\frac{du^i}{ds}\frac{du^j}{ds}\frac{\partial^2\boldsymbol{x}}{\partial u^i\partial u^j}$$

$$= \sum_{i=1}^{2}\frac{d^2u^i}{ds^2}\frac{\partial\boldsymbol{x}}{\partial u^i} + \sum_{i=1}^{2}\sum_{j=1}^{2}\frac{du^i}{ds}\frac{du^j}{ds}\left\{\sum_{k=1}^{2}\Gamma_{i\,j}^{\ k}\frac{\partial\boldsymbol{x}}{\partial u^k} + h_{ij}\boldsymbol{n}\right\}$$

と計算され,測地曲率ベクトルと法曲率が次のように表されることがわかる.

$$\boldsymbol{k}_g(s) = \sum_{k=1}^{2}\left\{\frac{d^2u^k}{ds^2} + \sum_{i=1}^{2}\sum_{j=1}^{2}\Gamma_{i\,j}^{\ k}\frac{du^i}{ds}\frac{du^j}{ds}\right\}\frac{\partial\boldsymbol{x}}{\partial u^k} \qquad (1.25)$$

$$k_n(s) = \sum_{i=1}^{2}\sum_{j=1}^{2}h_{ij}\frac{du^i}{ds}\frac{du^j}{ds} \qquad (1.26)$$

曲面 $\boldsymbol{x}(u^1,u^2)$ が与えられたとき,その上の曲線 $\boldsymbol{x}(u^1(s),u^2(s))$ を決める関数 $u^1(s)$, $u^2(s)$ が微分方程式

$$\frac{d^2u^k}{ds^2} + \sum_{i=1}^{2}\sum_{j=1}^{2}\Gamma_{i\,j}^{\ k}\frac{du^i}{ds}\frac{du^j}{ds} = 0 \qquad (1.27)$$

を満たすとき,曲線は**測地線** (geodesic) と呼ばれる.微分方程式 (1.27) は測地線の微分方程式と呼ばれ,曲線の始点 $\boldsymbol{x}(u^1(0),u^2(0))$ と "初速度"

$$\frac{d\boldsymbol{x}}{ds}(u(0)) = \sum_{i}\frac{\partial\boldsymbol{x}}{\partial u^i}\frac{du^i}{ds}(0)$$

が与えられればその解が一意的に決まることが,微分方程式の解の存在と一意性に関する定理から示される.また,平面の直線を「その接ベクトルの向きがつねに一定である曲線」と考えるならば,測地線はこの性質を曲面上の曲線に一般化するものであることが理解されるであろう.すなわち,曲面上の "直線" とは単位接ベクトル $d\boldsymbol{x}/ds$ の変化がつねに曲面の法線方向のみに

現れる曲線であり，曲面上に住む者にとっての "直線" なのである．ユーク
リッド幾何学では，直線を「2点を結ぶ最短の曲線」と表現することもでき
るが，測地線が対応する性質をもつことは 2.5 節で詳しく調べられる．

問 1.6 測地線の微分方程式 (1.27) を，1階の連立微分方程式系

$$\frac{du^k}{ds} = \xi^k, \qquad \frac{d\xi^k}{ds} = -\sum_{i,j} \Gamma_{i\,j}^{\ k} \xi^i \xi^j$$

に書き直し，解の存在について調べよ．

例題 1.9 円筒面 $S : \boldsymbol{x}(u,v) = (R\cos u, R\sin u, v)$ $(0 \le u < 2\pi, -\infty < v < \infty)$ について，S 上の2点 P, Q を始点終点とする測地線を調べよ．

解） 曲面の構造方程式 (1.18) を用いて，クリストッフェルの記号を決める．
接ベクトルと単位法ベクトルは，

$$\boldsymbol{x}_u = (-R\sin u, R\cos u, 0), \qquad \boldsymbol{x}_v = (0,0,1)$$
$$\boldsymbol{n} = \frac{\boldsymbol{x}_u \times \boldsymbol{x}_v}{||\boldsymbol{x}_u \times \boldsymbol{x}_v||} (R\cos u, R\sin u, 0) = (\cos u, \sin u, 0)$$

と決められる．これらを用いて，$\boldsymbol{x}_{uu} = -R\boldsymbol{n}$，$\boldsymbol{x}_{uv} = \boldsymbol{x}_{vv} = 0$ と表され
るので，すべてのクリストッフェル記号は零に等しいことがわかる．また，
$h_{uv} = h_{vv} = 0$，$h_{uu} = -R$ である．弧長 s をパラメーターとする測地線
$\boldsymbol{x}(u(s), v(s))$ の方程式 (1.27) は

$$\frac{d^2 u}{ds^2} = \frac{d^2 v}{ds^2} = 0$$

となる．始点 P の座標を $(R, 0, 0)$ とする解は，定数 a, b を用いて，$u = as$, $v = bs$ と表される．曲線の無限小の長さを表す関係式 (1.9) は，$ds^2 = R^2 du^2 + dv^2$
と表されるので，関係式

$$1 = \sqrt{R^2 \left(\frac{du}{ds}\right)^2 + \left(\frac{dv}{ds}\right)^2}$$

が得られる．これより，$R^2a^2 + b^2 = 1$ が得られ，測地線の一般式は

$$\boldsymbol{x}(u(s), v(s)) = \left(R\cos(as), R\sin(as), \sqrt{1 - R^2a^2}\, s \right) \tag{1.28}$$

と決められる．終点 Q の座標を $Q : (R\cos u_Q, R\sin u_Q, v_Q)\ (v_Q \geq 0)$ とし，P, Q 間の距離を l とすると，$Q : \boldsymbol{x}(u(l), v(l))$ なので，n を整数として

$$l = \sqrt{R^2(u_Q + 2\pi n)^2 + v_Q^2}, \qquad a = \frac{u_Q}{l}$$

と決められる．ここで，整数 n の取り方の違いの図形的な意味は図 1.10 から容易に理解されるであろう．　　　　　　　　　　　　□

例題 1.10　球面 $S : \boldsymbol{x}(\theta, \varphi) = (R\sin\theta\cos\varphi, R\sin\theta\sin\varphi, R\cos\theta)\ (0 \leq \theta \leq \pi, 0 \leq \varphi \leq 2\pi)$ について，測地線の方程式を求めよ．

解)　例題 1.9 にならってクリストッフェルの記号が決められる．結果は，

$$\boldsymbol{x}_{\theta\theta} = -R\,\boldsymbol{n}, \qquad \boldsymbol{x}_{\theta\varphi} = \frac{\cos\theta}{\sin\theta}\,\boldsymbol{x}_\varphi, \qquad \boldsymbol{x}_{\varphi\varphi} = -\sin\theta\cos\theta\,\boldsymbol{x}_\theta - R\sin^2\theta\,\boldsymbol{n}$$

とまとめられ，$\Gamma^{\varphi}_{\theta\,\varphi} = R\cos\theta, \Gamma^{\theta}_{\varphi\,\varphi} = -R\sin\theta\cos\theta$ などが読み取れる．式 (1.27) より，測地線 $\boldsymbol{x}(\theta(s), \varphi(s))$ について

$$\frac{d^2\theta}{ds^2} - \sin\theta\cos\theta\left(\frac{d\varphi}{ds}\right)^2 = 0, \qquad \frac{d^2\varphi}{ds^2} + 2\frac{\cos\theta}{\sin\theta}\frac{d\theta}{ds}\frac{d\varphi}{ds} = 0 \tag{1.29}$$

が得られる．　　　　　　　　　　　　□

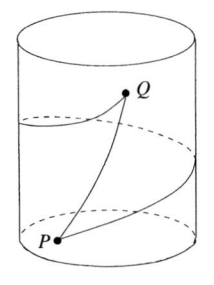 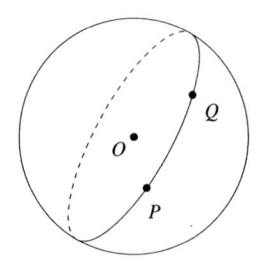

図 **1.10**　円筒上の測地線 (左) と球面上の測地線 (右)

微分方程式 (1.29) の第 2 式を

$$\frac{\varphi''}{\varphi'} = -2\frac{\cos\theta}{\sin\theta}\theta'$$

と書くと，これは $(\log\varphi')' = -2(\log(\sin\theta))'$ のように書かれるので，$\varphi' = A/\sin^2\theta(A : 定数)$ と積分される．ただし，s に関する微分を φ' などと表した．$ds^2 = R^2d\theta^2 + R^2\sin^2\theta d\varphi^2$ であるから，弧長 s に関する微分について $R^2(\theta')^2 + R^2\sin^2\theta(\varphi')^2 = 1$ が成り立つ．そこで，初期値を

$$\theta(0) = \theta_0, \quad \theta'(0) = \frac{1}{R}; \quad \varphi(0) = \varphi'(0) = 0$$

とすると，積分定数は $A = 0$ となり $\varphi'(s) = 0$ となる．このとき，式 (1.29) の第 1 式は $\theta'' = 0$ となるから，解 $\theta(s) = s/R + \theta_0$，$\varphi(s) = 0$ が得られる．これは経線を表す．球面の対称性を考えれば，球面上の 2 点 P, Q を通る測地線は 2 点を通る大円の円弧であることがわかる．また図 1.10 に示すように，2 点 P, Q を始点終点とする測地線は一意的でないことが理解される．特に，P, Q が球面の中心に関して点対称な位置にあるときは無数に存在する．

章　末　問　題

1 平面曲線が $C : \boldsymbol{x}(t) = (x(t), y(t))$ と表されるとき，曲率は

$$\kappa = \frac{\dot{x}\ddot{y} - \ddot{x}\dot{y}}{\{(\dot{x})^2 + (\dot{y})^2\}^{3/2}}$$

であることを示せ．ここで，$\dot{x} = dx/dt$，$\ddot{x} = d^2x/dt^2$ などとする．また，関数 $y = f(x)$ が表す平面曲線の曲率 κ を求めよ．

2 平面曲線 $C : \boldsymbol{x}(t) = (t - \sin t, 1 - \cos t)$ $(0 \le t \le 2\pi)$ の長さを求めよ．

3 空間曲線 $C : \boldsymbol{x}(t) = (x(t), y(t), z(t))$ の曲率 κ と捩率 τ が次で表されることを示せ．

$$\kappa(t) = \frac{||\dot{\boldsymbol{x}} \times \ddot{\boldsymbol{x}}||}{||\dot{\boldsymbol{x}}||^3}, \quad \tau(t) = \frac{(\dot{\boldsymbol{x}} \times \ddot{\boldsymbol{x}}) \cdot \dddot{\boldsymbol{x}}}{||\dot{\boldsymbol{x}} \times \ddot{\boldsymbol{x}}||^2}$$

4 捩率 $\tau(t)$ が零に等しい空間曲線は平面曲線であることを示せ．

5 曲面 S が $z = f(x, y)$ と表されるとき，S の第 1 基本形式，第 2 基本形式，ガウス曲率，平均曲率を表す式を求めよ．

6 xy 平面内の曲線 $C : c(t) = (x(t), y(t), 0)$ と平面上にないベクトル $r(t)$ を用いて定義される曲面 $S : x(u, v) = c(u) + vr(u)$ は線織面 (ruled surface) と呼ばれる．このような曲面のガウス曲率は零または負であることを示せ．

7 xz 平面内の曲線 $C : c(t) = (x(t), 0, z(t))$ $(x(t) > 0)$ を z 軸のまわりに回転させて得られる曲面 $S : x(u, v) = (x(v) \cos u, x(v) \sin u, z(v))$ のガウス曲率 K と平均曲率 H を求めよ．

8 曲面 $S : x(u, v)$ の単位法ベクトルを $n = n(u, v)$ とし，また S 上の任意の関数を $f(u, v)$ とする．このとき，曲面 S の微小変形を微小パラメーター ε によって $S_\varepsilon : x(u, v) + \varepsilon f(u, v) n(u, v)$ と表す．このとき曲面の面積 $A(S_\varepsilon)$（式 (1.11) 参照）について

$$\frac{dA(S_\varepsilon)}{d\varepsilon}\bigg|_{\varepsilon=0} = -\iint_D f H \sqrt{\det g} \, du dv$$

と表されることを示せ．ここで，H は平均曲率である．$H = 0$ である曲面は**極小曲面**と呼ばれるが，S が極小曲面であることと，任意の f について $dA(S_\varepsilon)/d\varepsilon\big|_{\varepsilon=0} = 0$ が成り立つことは同値であることを示せ．

2

曲面のリーマン幾何学

第1章では空間曲面の構造を三次元ユークリッド空間の中で調べた．ここでは，我々が曲面の上に閉じ込められ，"外の世界" については何も知らないものとして，曲面の幾何学を調べる．曲面に閉じ込められた我々にとって知りうることは，自分の位置する曲面の上の座標と，またそこでの運動方向を表すベクトル（接ベクトル），および，その長さであると考えられる．このような "内的な量" のみを用いて曲面の幾何学を論ずるのが（曲面の）リーマン幾何学である．ここでは基礎的な事項を整理した後，曲面のリーマン幾何学で最も美しいといわれるガウス・ボンネの定理を示す．

2.1 一 般 曲 面

第1章では，uv 平面の領域 D から三次元ユークリッド空間 $\mathbb{E}^3$ への C^∞ 写像：$\boldsymbol{x}(u,v) = (x(u,v), y(u,v), z(u,v))$ によって表される曲面の幾何学を考えた．しかし，実はこのような曲面の定義は少し狭すぎることがわかるので，その一般化を行う．これは多様体という考え方への準備でもある．

2.1.1 曲面の局所座標

前章で扱った曲面の定義の一般化が必要なことは，たとえば球面を1つの関数 $\boldsymbol{x}(u,v)$ で表すことは不可能で，球面全体を覆うには少なくとも2つの関数が必要であることがよく示している．そこで，定義1.3の性質をもつ曲面をいくつか（無限になってもよいとする）を用意して，それらが "貼り合わさって" 表現される曲面を考えよう．このとき，個々の曲面のことを曲面

片といい，それらの集まりとして表される曲面と区別することにする．1つ1つの曲面片を $S_\alpha : \boldsymbol{x}^{(\alpha)}(u_\alpha^1, u_\alpha^2) = (x^{(\alpha)}(u_\alpha^1, u_\alpha^2), y^{(\alpha)}(u_\alpha^1, u_\alpha^2), z^{(\alpha)}(u_\alpha^1, u_\alpha^2))$ と書き，添字によって区別することにして，またこれを省略し，曲面片のパラメーターのみを明示して $(S_\alpha, (u_\alpha^1, u_\alpha^2))$ と表すことにする．こうした曲面片の集合

$$\mathcal{S} = \{(S_\alpha, (u_\alpha^1, u_\alpha^2))\}$$

を考え，和集合 $\cup_\alpha S_\alpha$ によって一般の曲面を表す．このとき，勝手な曲面の交わり方を許すと不都合が生じることがわかるので，曲面片の "重なり方" について次の条件を課すことにする．

> 2つの曲面片 S_α, S_β が交わりをもつとき，交わり $S_\alpha \cap S_\beta$ に含まれる任意の点 p について p の近傍で接平面が一致する，すなわち
>
> $$\mathbb{R}\frac{\partial \boldsymbol{x}_\alpha}{\partial u_\alpha^1} + \mathbb{R}\frac{\partial \boldsymbol{x}_\alpha}{\partial u_\alpha^2} = \mathbb{R}\frac{\partial \boldsymbol{x}_\beta}{\partial u_\beta^1} + \mathbb{R}\frac{\partial \boldsymbol{x}_\beta}{\partial u_\beta^2} \tag{2.1}$$
>
> が成り立つ．ここで，$\mathbb{R}\partial\boldsymbol{x}/\partial u^1 + \mathbb{R}\partial\boldsymbol{x}/\partial u^2$ は $\partial\boldsymbol{x}/\partial u^1$, $\partial\boldsymbol{x}/\partial u^2$ が生成するベクトル空間 $\{c_1\partial\boldsymbol{x}/\partial u^1 + c_2\partial\boldsymbol{x}/\partial u^2 \mid c_1, c_2 \in \mathbb{R} \}$ を表す記号である．

以上を整理して一般の曲面の定義を与える．

定義 2.1 曲面片 $(S_\alpha, (u_\alpha^1, u_\alpha^2))$ の和集合 $\cup_\alpha S_\alpha$ で，上の交わり条件 (2.1) を満たすものを曲面という．また，パラメーター (u_α^1, u_α^2) を局所座標といい，$\boldsymbol{x}^{(\alpha)^{-1}}$ を局所座標関数という．

ここで，$\boldsymbol{x}^{(\alpha)}$ でなくて逆写像 $\boldsymbol{x}^{(\alpha)^{-1}}$ を局所座標関数と呼ぶのは，単に後に用いる記号と合わせるためである．

個々の曲面片 $(S_\alpha, (u_\alpha^1, u_\alpha^2))$ は定義 1.3 に述べる条件 1), 2) を満たしている．特に 2) の条件は接ベクトル $\partial\boldsymbol{x}^{(\alpha)}/\partial u_\alpha^1$, $\partial\boldsymbol{x}^{(\alpha)}/\partial u_\alpha^2$ が一次独立である

ことをいっているが，これは線形代数で学んだように行列の階数を用いて

$$\text{rank} \begin{pmatrix} \partial x_\alpha/\partial u_\alpha^1 & \partial x_\alpha/\partial u_\alpha^2 \\ \partial y_\alpha/\partial u_\alpha^1 & \partial y_\alpha/\partial u_\alpha^2 \\ \partial z_\alpha/\partial u_\alpha^1 & \partial z_\alpha/\partial u_\alpha^2 \end{pmatrix} = 2 \tag{2.2}$$

と書くことができる．

問 2.1 曲面片 $(S_\alpha, (u_\alpha^1, u_\alpha^2))$ について，陰関数定理を用いて逆写像 $x^{(\alpha)^{-1}}$ が存在して C^∞ 級であることを示せ．

　さて，曲面片の"貼り合わせ"に関して満たされている性質を以下に調べよう．そこで，$S_\alpha \cap S_\beta \neq \phi$ である 2 つの曲面片の共通部分に含まれる点 $p \in S_\alpha \cap S_\beta$ について，$p : (x, y, z) = x^{(\alpha)}(u_\alpha^1, u_\beta^2) = x^{(\beta)}(u_\beta^1, u_\beta^2)$ と 2 通りに表現する．そこで，逆写像を用いると

$$(u_\alpha^1, u_\alpha^2) = x^{(\alpha)^{-1}} \circ x^{(\beta)}(u_\beta^1, u_\beta^2)$$

のように u_α^1, u_α^2 はそれぞれ u_β^1, u_β^2 を用いて

$$u_\alpha^1 = u_\alpha^1(u_\beta^1, u_\beta^2), \qquad u_\alpha^2 = u_\alpha^2(u_\beta^1, u_\beta^2) \tag{2.3}$$

と表される（図 2.1 参照）．

　式 (2.3) は，2 つのパラメーターの関係を表しているが，その関数行列 $\begin{pmatrix} \partial u_\alpha^1/\partial u_\beta^1 & \partial u_\alpha^1/\partial u_\beta^2 \\ \partial u_\alpha^2/\partial u_\beta^1 & \partial u_\alpha^2/\partial u_\beta^2 \end{pmatrix}$ と，その行列式 $\partial(u_\alpha^1, u_\alpha^2)/\partial(u_\beta^1, u_\beta^2)$ （関数行列式，ヤコビアン）について，交わり条件 (2.1) から次のことが示される．

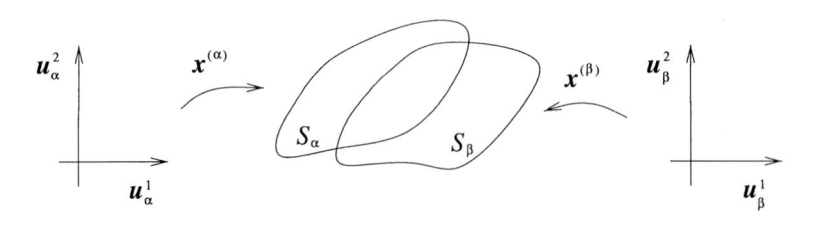

図 2.1　曲面片が貼り合う様子

例題 2.1 関数行列式 $\partial(u_\alpha^1, u_\alpha^2)/\partial(u_\beta^1, u_\beta^2) \neq 0$ である.

解） 曲面片の交わりに関する条件 (2.1) によって，$p \in S_\alpha \cap S_\beta$，のある近傍で（関数を成分とする）正則な 2×2 行列 $A(\boldsymbol{x})$ が存在して

$$\begin{pmatrix} \partial x_\alpha/\partial u_\alpha^1 & \partial x_\alpha/\partial u_\alpha^2 \\ \partial y_\alpha/\partial u_\alpha^1 & \partial y_\alpha/\partial u_\alpha^2 \\ \partial z_\alpha/\partial u_\alpha^1 & \partial z_\alpha/\partial u_\alpha^2 \end{pmatrix} = \begin{pmatrix} \partial x_\beta/\partial u_\beta^1 & \partial x_\beta/\partial u_\beta^2 \\ \partial y_\beta/\partial u_\beta^1 & \partial y_\beta/\partial u_\beta^2 \\ \partial z_\beta/\partial u_\beta^1 & \partial z_\beta/\partial u_\beta^2 \end{pmatrix} A(\boldsymbol{x})$$

と書かれる. このことから，たとえば

$$\det \begin{pmatrix} \partial x_\alpha/\partial u_\alpha^1 & \partial x_\alpha/\partial u_\alpha^2 \\ \partial y_\alpha/\partial u_\alpha^1 & \partial y_\alpha/\partial u_\alpha^2 \end{pmatrix} \neq 0 \Rightarrow \det \begin{pmatrix} \partial x_\beta/\partial u_\beta^1 & \partial x_\beta/\partial u_\beta^2 \\ \partial y_\beta/\partial u_\beta^1 & \partial y_\beta/\partial u_\beta^2 \end{pmatrix} \neq 0$$

であることがわかる. さらに，合成関数 $\boldsymbol{x}_\alpha^{-1} \circ \boldsymbol{x}_\beta$ を表す関数関係式 (2.3) は，写像 $x = x(u_\beta^1, u_\beta^2)$, $y = y(u_\beta^1, u_\beta^2)$ と $u_\alpha^1 = u_\alpha^1(x, y)$, $u_\alpha^2 = u_\alpha^2(x, y)$ の合成関数と見なされる. したがって関数行列式について

$$\frac{\partial(u_\alpha^1, u_\alpha^2)}{\partial(u_\beta^1, u_\beta^2)} = \frac{\partial(u_\alpha^1, u_\alpha^2)}{\partial(x, y)} \frac{\partial(x, y)}{\partial(u_\beta^1, u_\beta^2)} \neq 0$$

が結論される. □

　曲面片の交わり条件 (2.1) は，上の例題 2.1 の性質を見越して課す条件である. たとえば，2 つの曲面片が共通の曲線で交わりをもつようなとき，交わり条件 (2.1) は満たされない上，例題 2.1 の性質もない.

問 2.2

$$\begin{pmatrix} \partial u_\alpha^1/\partial u_\beta^1 & \partial u_\alpha^1/\partial u_\beta^2 \\ \partial u_\alpha^2/\partial u_\beta^1 & \partial u_\alpha^2/\partial u_\beta^2 \end{pmatrix}^{-1} = \begin{pmatrix} \partial u_\beta^1/\partial u_\alpha^1 & \partial u_\beta^1/\partial u_\alpha^2 \\ \partial u_\beta^2/\partial u_\alpha^1 & \partial u_\beta^2/\partial u_\alpha^2 \end{pmatrix}$$

であることを確かめよ.

定義 2.2 必要ならば局所座標の取り方を換えることによって，$S_\alpha \cap S_\beta \neq \phi$ なる**すべての** α, β について

$$\frac{\partial(u_\alpha^1, u_\alpha^2)}{\partial(u_\beta^1, u_\beta^2)} > 0$$

とできるとき，曲面は**向き付け可能** (orientable) であるという．また，そうでない曲面を**向き付け不可能** (unorientable) という．

例題 2.2 $x^2 + y^2 + z^2 = 1$ で表される球面が，向き付け可能な曲面であることを示せ.

解) 図 2.2 に示すように，球面 S から点 $(0, 0, 1)$ を除いた南半球部分は，立体射影によって平面と 1 対 1 に対応する.

$$\boldsymbol{x}^{(s)}(u', v') = \left(\frac{2v'}{1 + u'^2 + v'^2}, \frac{2u'}{1 + u'^2 + v'^2}, \frac{u'^2 + v'^2 - 1}{1 + u'^2 + v'^2} \right)$$

同様に，球面 S から点 $(0, 0, -1)$ を除いた北半球部分は

$$\boldsymbol{x}^{(n)}(u, v) = \left(\frac{2u}{1 + u^2 + v^2}, \frac{2v}{1 + u^2 + v^2}, \frac{1 - u^2 - v^2}{1 + u^2 + v^2} \right)$$

と表される．S から 2 点 $(0, 0, \pm 1)$ を除いた部分で，それぞれの曲面片は交わりをもち，

$$u' = \frac{v}{u^2 + v^2}, \qquad v' = \frac{u}{u^2 + v^2}$$

の関係がある．関数行列式を調べると

$$\frac{\partial(u', v')}{\partial(u, v)} = \frac{1}{(u^2 + v^2)^2} > 0$$

となり S が向き付け可能であることがわかる．$\boldsymbol{x}_u \times \boldsymbol{x}_v$ が決める法線方向は球面外向きであることがわかる．　　　　　　　　　　　　□

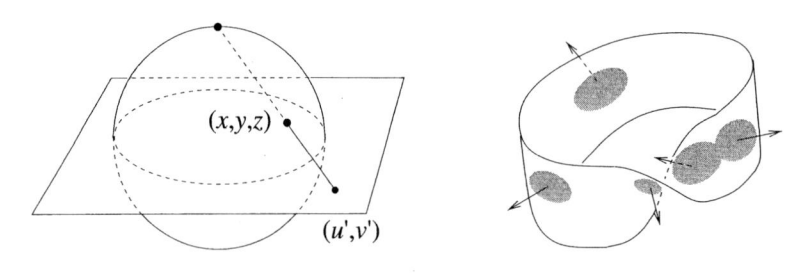

図 2.2 球面の立体射影 $\boldsymbol{x}^{(s)}(u', v')$(左) とメビウスの帯 (右)

図 2.2 に示すように，球面に対してメビウスの帯は向き付け不可能な曲面である．

2.1.2 第 1, 2 基本形式と曲面の構造方程式

第 1 章では，1 つの曲面（片）について第 1 基本形式，第 2 基本形式と曲面の構造方程式について調べた．ここでは，一般の曲面でこれらの量がどのように "貼り合って" いるか，その様子を調べよう．

曲面片の第 1 基本形式は，曲面の定義式を用いて定義される対称行列によって与えられた．そこで，第 1 基本形式が 2 つの曲面片 $(S_\alpha, (u_\alpha^1, u_\alpha^2))$, $(S_\beta, (u_\beta^1, u_\beta^2))$ について，それぞれ

$$g^{(\alpha)} = \left(g_{ij}^{(\alpha)} \right) = \left(\frac{\partial \boldsymbol{x}^{(\alpha)}}{\partial u_\alpha^i} \cdot \frac{\partial \boldsymbol{x}^{(\alpha)}}{\partial u_\alpha^j} \right), \quad g^{(\beta)} = \left(g_{ij}^{(\beta)} \right) = \left(\frac{\partial \boldsymbol{x}^{(\beta)}}{\partial u_\beta^i} \cdot \frac{\partial \boldsymbol{x}^{(\beta)}}{\partial u_\beta^j} \right)$$

と書かれているとしよう．$S_\alpha \cap S_\beta \neq \phi$ であるとき，共通部分に含まれる点 p の座標は等しいので，$\boldsymbol{x}^{(\alpha)}(p) = \boldsymbol{x}^{(\beta)}(p)$ である．交わり条件 (2.1) によって，合成関数の微分則を使うことができて

$$\frac{\partial \boldsymbol{x}^{(\alpha)}}{\partial u_\alpha^i} = \frac{\partial \boldsymbol{x}^{(\beta)}}{\partial u_\alpha^i} = \sum_{j=1}^{2} \frac{\partial u_\beta^j}{\partial u_\alpha^i} \frac{\partial \boldsymbol{x}^{(\beta)}}{\partial u_\beta^j} \tag{2.4}$$

となる．これにより

$$g_{ij}^{(\alpha)} = \sum_{k,l=1}^{2} \left(\frac{\partial u_\beta^k}{\partial u_\alpha^i} \right) \left(\frac{\partial u_\beta^l}{\partial u_\alpha^j} \right) g_{kl}^{(\beta)} \tag{2.5}$$

であることがわかる．

例題 2.3 第 1 基本形式と同様にして，第 2 基本形式の変換則を決めよ．

解） 曲面片 S_α について第 2 基本形式 $h^{(\alpha)} = \left(h_{ij}^{(\alpha)} \right)$ は，単位法ベクトル

$$\boldsymbol{n}^{(\alpha)} = \frac{\boldsymbol{x}_1^{(\alpha)} \times \boldsymbol{x}_2^{(\alpha)}}{||\boldsymbol{x}_1^{(\alpha)} \times \boldsymbol{x}_2^{(\alpha)}||}$$

を用いて, $h_{ij}^{(\alpha)} = \boldsymbol{x}_{ij}^{(\alpha)} \cdot \boldsymbol{n}^{(\alpha)} = -\boldsymbol{x}_i^{(\alpha)} \cdot \boldsymbol{n}_j^{(\alpha)}$ と表された. ここで, $\boldsymbol{x}_i^{(\alpha)}$ は微分 $\partial \boldsymbol{x}^{(\alpha)}/\partial u_\alpha^i$ を表し, したがって変換式 (2.4) を用いることができる. 単位法ベクトルとその微分について変換則を調べる必要があるが, それらは, 外積の定義を用いて決められる.

$$
\boldsymbol{x}_1^{(\alpha)} \times \boldsymbol{x}_2^{(\alpha)} = \begin{vmatrix} \boldsymbol{i} & x_1^{(\alpha)} & x_2^{(\alpha)} \\ \boldsymbol{j} & y_1^{(\alpha)} & y_2^{(\alpha)} \\ \boldsymbol{k} & z_1^{(\alpha)} & z_2^{(\alpha)} \end{vmatrix}
$$
$$
= \left| \begin{pmatrix} \boldsymbol{i} & x_1^{(\beta)} & x_2^{(\beta)} \\ \boldsymbol{j} & y_1^{(\beta)} & y_2^{(\beta)} \\ \boldsymbol{k} & z_1^{(\beta)} & z_2^{(\beta)} \end{pmatrix} \begin{pmatrix} 1 & 0 & 0 \\ 0 & \partial u_\beta^1/\partial u_\alpha^1 & \partial u_\beta^1/\partial u_\alpha^2 \\ 0 & \partial u_\beta^2/\partial u_\alpha^1 & \partial u_\beta^2/\partial u_\alpha^2 \end{pmatrix} \right|
$$

ここで $\boldsymbol{i}, \boldsymbol{j}, \boldsymbol{k}$ は $\mathbb{E}^3$ の基本ベクトルである. 行列式を計算すると $\boldsymbol{x}_1^{(\alpha)} \times \boldsymbol{x}_2^{(\alpha)} = \partial(u_\beta^1, u_\beta^2)/\partial(u_\alpha^1, u_\alpha^2)\boldsymbol{x}_1^{(\beta)} \times \boldsymbol{x}_2^{(\beta)}$ となるから

$$
\boldsymbol{n}^{(\alpha)} = \frac{1}{|\partial(u_\beta^1, u_\beta^2)/\partial(u_\alpha^1, u_\alpha^2)|} \frac{\partial(u_\beta^1, u_\beta^2)}{\partial(u_\alpha^1, u_\alpha^2)} \boldsymbol{n}^{(\beta)} = \pm \boldsymbol{n}^{(\beta)} \tag{2.6}
$$

が得られる. ここで, 複号 $\pm$ は関数行列式 $\partial(u_\beta^1, u_\beta^2)/\partial(u_\alpha^1, u_\alpha^2)$ の正負に順じて決まる. 単位法線ベクトルは曲面片の向き (表裏) を決めているから, $\partial(u_\beta^1, u_\beta^2)/\partial(u_\alpha^1, u_\alpha^2) < 0$ のときに S_α と S_β の向きが反対になっているわけである (ここで曲面の向き付け可能性の定義 2.2 を参照されたい). 式 (2.6) を用いれば直ちに第 2 基本形式の変換則が求められる.

$$
h_{ij}^{(\alpha)} = \pm \sum_{k,l=1}^{2} \left(\frac{\partial u_\beta^k}{\partial u_\alpha^i} \right) \left(\frac{\partial u_\beta^l}{\partial u_\alpha^j} \right) h_{kl}^{(\beta)} \tag{2.7}
$$

ここで, 複号は上述のように関数行列式の符号に応じて決まる.   □

　最後に曲面の構造方程式 (1.20) について考察しよう. 曲面片 S_α, S_β について曲面の構造方程式は

$$
\frac{\partial}{\partial u_\alpha^i} \frac{\partial}{\partial u_\alpha^j} \boldsymbol{x}^{(\alpha)} = \sum_{k=1}^{2} \Gamma^{(\alpha)}{}_{ij}^{k} \frac{\partial \boldsymbol{x}^{(\alpha)}}{\partial u_\alpha^k} + h_{ij}^{(\alpha)} \boldsymbol{n}^{(\alpha)}
$$

$$
\frac{\partial}{\partial u_\beta^i} \frac{\partial}{\partial u_\beta^j} \boldsymbol{x}^{(\beta)} = \sum_{k=1}^{2} \Gamma^{(\beta)}{}_{ij}^{k} \frac{\partial \boldsymbol{x}^{(\beta)}}{\partial u_\beta^k} + h_{ij}^{(\beta)} \boldsymbol{n}^{(\beta)}
$$

と書かれる. そこで, $\partial \boldsymbol{x}^{(\alpha)}/\partial u_\alpha^k$, $h_{ij}^{(\beta)} \boldsymbol{n}^{(\beta)}$ などの量の変換則は, これまでに調べたことから容易にわかるので, 変換則

$$\frac{\partial}{\partial u_\alpha^i} \frac{\partial}{\partial u_\alpha^j} \boldsymbol{x}^{(\alpha)} = \sum_{k,l=1}^{2} \left(\frac{\partial u_\beta^k}{\partial u_\alpha^i} \right) \left(\frac{\partial u_\beta^l}{\partial u_\alpha^j} \right) \frac{\partial}{\partial u_\beta^k} \frac{\partial}{\partial u_\beta^l} \boldsymbol{x}^{(\beta)} + \sum_{l=1}^{2} \frac{\partial^2 u_\beta^l}{\partial u_\alpha^i \partial u_\alpha^j} \frac{d\boldsymbol{x}^{(\beta)}}{\partial u_\beta^l}$$

を用いて, 2つの構造方程式を比較すれば, クリストッフェルの記号の変換則が決められる. 問 2.2 の結果を用いて整理すると,

$$\Gamma^{(\alpha)}{}_{i\,j}^{\ k} = \sum_{m,n,l=1}^{2} \left(\frac{\partial u_\beta^m}{\partial u_\alpha^i} \right) \left(\frac{\partial u_\beta^n}{\partial u_\alpha^j} \right) \left(\frac{\partial u_\alpha^k}{\partial u_\beta^l} \right) \Gamma^{(\beta)}{}_{m\,n}^{\ l} + \sum_{l=1}^{2} \left(\frac{\partial u_\alpha^k}{\partial u_\beta^l} \right) \frac{\partial^2 u_\beta^l}{\partial u_\alpha^i \partial u_\alpha^j}$$

$$(2.8)$$

とまとめられる. 第 1 基本形式あるいは第 2 基本形式の変換則 (2.5), (2.7) と比べると, 右辺の第2項が "余分" であるようにみえる. これは, 第1, 2 基本形式が, 以下の章で定義するテンソルと呼ばれる量であるのに対し, クリストッフェルの記号は, 接続と呼ばれるそれらとは異なった性質の量であることによるもので, 以後その違いは少しずつ明らかにされていくであろう.

問 2.3 例題 1.7 で求めた表式

$$\Gamma^{(\alpha)}{}_{i\,j}^{\ k} = \frac{1}{2} \sum_{l=1}^{2} g^{(\alpha)\,kl} \left(\frac{\partial g_{lj}^{(\alpha)}}{\partial u_\alpha^i} + \frac{\partial g_{li}^{(\alpha)}}{\partial u_\alpha^j} - \frac{\partial g_{ij}^{(\alpha)}}{\partial u_\alpha^l} \right)$$

と第 1 基本形式の変換則 (2.5) に基づいて, 式 (2.8) を導け.

2.1.3 正規直交標構

1つの曲面片上の点 p で, 2つの接ベクトル $\boldsymbol{x}_i = \partial \boldsymbol{x}/\partial u^i$ $(i = 1, 2)$ と単位法ベクトル $\boldsymbol{n}$ は, 関係式 (1.20), (1.21),

$$\frac{\partial \boldsymbol{x}_i}{\partial u^j} = \sum_{k=1}^{2} \Gamma^{\ k}_{i\,j} \boldsymbol{x}_k + h_{ij}\boldsymbol{n}, \qquad \frac{\partial \boldsymbol{n}}{\partial u^i} = \sum_{k=1}^{2} C_i^k \boldsymbol{x}_k$$

を満たした. これらは, 空間曲線の場合のフレネー・セレの公式（例題 1.4）に相当するもので, それにならって正規直交標構を使って書いてみよう. 曲

面片の各点で x_1, x_2 はその接平面の基底を与えているが，これを線形変換

$$E_a = \sum_{i=1}^{2} E_a{}^i x_i, \quad x_i = \sum_{a=1}^{2} e_i{}^b E_b \tag{2.9}$$

によって正規直交基底 E_1, E_2 にしよう．ここで，変換の行列 $(E_a{}^i)_{1 \le a, i \le 2}$ および $(e_i{}^b)_{1 \le i, b \le 2}$ は，互いに逆行列の関係にある正則行列とする．このような正規直交基底の取り方は何通りもあるが，たとえば線形代数で学んだシュミットの直交化法によって作ればよい．この2つのベクトルから，単位法線ベクトルを $E_3 = E_1 \times E_2$ と定めることにする．$\det(E_a{}^i)$ の正負に応じて，$E_3 = \pm n$ であることが示されるが，必要であれば E_1, E_2 の順番を変えることによって $\det(E_a{}^i) > 0$ とできるので，以下では $E_3 = n$ と仮定する．

問 2.4　$n = (\det(E_a{}^i)/|\det(E_a{}^i)|) E_3$ を示せ．

このように各点ごとに定める正規直交基底 E_1, E_2, E_3 を，曲面片の**正規直交標構**という．正規直交標構は任意の回転行列 $S = (s_a^b)$ によって，

$$\begin{pmatrix} E_1 \\ E_2 \end{pmatrix} \to S \begin{pmatrix} E_1 \\ E_2 \end{pmatrix}$$

のように取り換えることができる．ただし，$n = E_3$ を保つために $\det S > 0$ とする．

　正規直交標構について構造方程式を書いてみよう．式 (1.20) に対応して

$$\frac{\partial}{\partial u^j} E_a = \sum_{b=1}^{2} w_{ja}{}^b E_b + \tilde{h}_{ja} E_3 \tag{2.10}$$

とおく．$E_1 \cdot E_1 = E_2 \cdot E_2 = 1, E_1 \cdot E_2 = 0$ であることを使うと，

$$w_{j1}{}^1 = \frac{\partial E_1}{\partial u^j} \cdot E_1 = 0, \quad w_{j2}{}^2 = \frac{\partial E_2}{\partial u^j} \cdot E_2 = 0$$

$$w_{j1}{}^2 = \frac{\partial E_1}{\partial u^j} \cdot E_2 = -\frac{\partial E_2}{\partial u^j} \cdot E_1 = -w_{j2}{}^1 \tag{2.11}$$

であることがわかる. さらに,

$$\begin{aligned}
\frac{\partial \boldsymbol{E}_3}{\partial u^j} &= \frac{\partial \boldsymbol{E}_1}{\partial u^j} \times \boldsymbol{E}_2 + \boldsymbol{E}_1 \times \frac{\partial \boldsymbol{E}_2}{\partial u^j} \\
&= (w_{j1}{}^2 \boldsymbol{E}_2 + \tilde{h}_{j1} \boldsymbol{E}_3) \times \boldsymbol{E}_2 + \boldsymbol{E}_1 \times (w_{j2}{}^1 \boldsymbol{E}_1 + \tilde{h}_{j2} \boldsymbol{E}_3) \\
&= -\tilde{h}_{j1} \boldsymbol{E}_1 - \tilde{h}_{j2} \boldsymbol{E}_2
\end{aligned} \tag{2.12}$$

が得られる.

例題 2.4 次の関係式を示せ.

$$w_{ja}{}^b = \sum_{k,l=1}^{2} \Gamma_j{}^l{}_k E_a{}^k e_l{}^b + \sum_{m=1}^{2} e_m{}^b \frac{\partial}{\partial u^j} E_a{}^m, \quad \tilde{h}_{ja} = \sum_{k=1}^{2} h_{jk} E_a{}^k \tag{2.13}$$

解） 正規直交標構の微分を計算する.

$$\begin{aligned}
\frac{\partial \boldsymbol{E}_a}{\partial u^j} &= \frac{\partial}{\partial u^j} \left(\sum_{k=1}^{2} E_a{}^k \boldsymbol{x}_k \right) \\
&= \sum_{k=1}^{2} \frac{\partial E_a{}^k}{\partial u^j} \boldsymbol{x}_k + \sum_{k=1}^{2} E_a{}^k \frac{\partial \boldsymbol{x}_k}{\partial u^j} \\
&= \sum_{k,b=1}^{2} \frac{\partial E_a{}^k}{\partial u^j} e_k{}^b \boldsymbol{E}_b + \sum_{k=1}^{2} E_a{}^k \left(\sum_{l=1}^{2} \Gamma_j{}^l{}_k \boldsymbol{x}_l + h_{jk} \boldsymbol{n} \right) \\
&= \sum_{b=1}^{2} \left(\sum_{k,l=1}^{2} \Gamma_j{}^l{}_k e_l{}^b E_a{}^k + \sum_{k=1}^{2} e_k{}^b \frac{\partial E_a{}^k}{\partial u^j} \right) \boldsymbol{E}_b + h_{jk} E_a{}^k \boldsymbol{n}
\end{aligned}$$

上の式と, 定義式 (2.10) について正規直交標構 $\boldsymbol{E}_1$, $\boldsymbol{E}_2$, $\boldsymbol{E}_3 = \boldsymbol{n}$ の係数を比較すればよい. □

例題 2.5 次の関係式を示せ.

$$\frac{\partial}{\partial u^i} w_{ja}{}^b - \frac{\partial}{\partial u^j} w_{ia}{}^b = -(\tilde{h}_{ia} \tilde{h}_{jb} - \tilde{h}_{ja} \tilde{h}_{ib}) \tag{2.14}$$

$$\frac{\partial}{\partial u^i} \tilde{h}_{ja} - \frac{\partial}{\partial u^j} \tilde{h}_{ia} + \sum_{c=1}^{2} \tilde{h}_{jc} w_{ic}{}^a - \sum_{c=1}^{2} \tilde{h}_{ic} w_{jc}{}^a = 0 \tag{2.15}$$

解） 定義式 (2.10) と (2.12) を使って，

$$\frac{\partial^2}{\partial u^i \partial u^j} \boldsymbol{E}_a =$$

$$\sum_{b=1}^{2} \Big(\frac{\partial}{\partial u^i} w_{ja}{}^b + \sum_{c=1}^{2} w_{ja}{}^c w_{ic}{}^b - \tilde{h}_{ja} \tilde{h}_{ib} \Big) \boldsymbol{E}_b + \Big(\frac{\partial}{\partial u^i} \tilde{h}_{ja} + \sum_{b=1}^{2} \tilde{h}_{ib} w_{ja}{}^b \Big) \boldsymbol{E}_3$$

と計算される．微分の順序を変えて得られる関係式

$$\frac{\partial^2}{\partial u^i \partial u^j} \boldsymbol{E}_a - \frac{\partial^2}{\partial u^j \partial u^i} \boldsymbol{E}_a = 0$$

の $\boldsymbol{E}_1, \boldsymbol{E}_2, \boldsymbol{E}_3$ の係数に現れるものが求める式である（計算の途中で式 (2.11) より得られる関係 $w_{ia}{}^b = -w_{ib}{}^a$ を使う）． □

　ガウスの方程式は，第 2 基本形式と第 1 基本形式は独立ではなくて，特に「ガウス曲率が第 1 基本形式を用いて書かれる」というものであった．それを正規直交標構で書き下したのが式 (2.14) である．後の準備としてガウスの方程式を具体的に書き下しておこう．式 (2.14) は明らかに $i \leftrightarrow j$, $a \leftrightarrow b$ の入れ換えのもとで符号を変えるから，次の 1 つの式だけが含まれている（$i = b = 1$, $j = a = 2$）．

$$\frac{\partial}{\partial u^1} w_{22}{}^1 - \frac{\partial}{\partial u^2} w_{12}{}^1 = \tilde{h}_{11} \tilde{h}_{22} - \tilde{h}_{12} \tilde{h}_{21}$$

ここで，$\tilde{h}_{ia} = \sum_j h_{ij} E_a{}^j$ であるから

$$\tilde{h}_{11} \tilde{h}_{22} - \tilde{h}_{12} \tilde{h}_{21} = \sum_{k,l=1}^{2} (h_{1k} h_{2l} - h_{1l} h_{2k}) E_1{}^k E_2{}^l$$

$$= (h_{11} h_{22} - h_{12} h_{21})(E_1{}^1 E_2{}^2 - E_1{}^2 E_2{}^1)$$

$$= \det(h) \det \big((E_a{}^i) \big)$$

と計算される．さらに，第 1 基本形式について

$$(g_{ij}) = \left(\sum_{a=1}^{2} e_i{}^a e_j{}^a \right) = (e_i{}^a)\, {}^t(e_j{}^b)$$

と書かれるから, $\det g = (\det(e_i{}^a))^2$ したがって $(e_i{}^a)$ の逆行列 $(E_a{}^i)$ について

$$\det(E_a{}^i) = \frac{1}{\sqrt{\det g}}$$

を得る. 以上より, 次が得られた.

命題 2.1

$$\frac{\partial}{\partial u^1} w_{22}{}^1 - \frac{\partial}{\partial u^2} w_{12}{}^1 = K\sqrt{\det g} \tag{2.16}$$

ここで, $K = \det h / \det g$ はガウス曲率.

正規直交標構を決めるのに, 第 1 基本形式を表す式 (1.9) を用いると便利である. 定義式 (2.9) によって

$$ds^2 = \sum_{i,j} \boldsymbol{x}_i \cdot \boldsymbol{x}_j (du^i)(du^j) = \sum_{a,b} \boldsymbol{E}_a \cdot \boldsymbol{E}_b (\sum_i e_i{}^a du^i)(\sum_j e_j{}^b du^j)$$
$$= \sum_a (\sum_i e_i{}^a du^i)^2 \tag{2.17}$$

と書かれ, これから $e_i{}^a$ を決められることが多いからである.

例題 2.6 例題 1.10 で調べた球面 $S : \boldsymbol{x}(\theta, \varphi) = (R\sin\theta\cos\varphi, R\sin\theta\sin\varphi, R\cos\theta)$ について, 1 つの正規直交標構を定め構造方程式 (2.10) を書け.

解) 第 1 基本形式 (1.9) が

$$ds^2 = R^2(d\theta)^2 + R^2\sin^2\theta(d\varphi)^2 = (Rd\theta)^2 + (R\sin\theta d\varphi)^2$$

と書かれるので, これから $(u^1, u^2) = (\theta, \varphi)$ として

$$(e_i{}^a) = \begin{pmatrix} R & 0 \\ 0 & R\sin\theta \end{pmatrix}, \qquad (E_a{}^i) = \begin{pmatrix} 1/R & 0 \\ 0 & 1/(R\sin\theta) \end{pmatrix}$$

であることが読み取られる. したがって, $\boldsymbol{E}_1 = \sum_i E_1{}^i \boldsymbol{x}_i = \boldsymbol{x}_\theta / R$, $\boldsymbol{E}_2 = \sum_i E_2{}^i \boldsymbol{x}_i = \boldsymbol{x}_\varphi / (R\sin\theta)$ と書かれる. また, $\boldsymbol{E}_3 = \boldsymbol{E}_1 \times \boldsymbol{E}_2 = \boldsymbol{n}$ が確かめ

られる. これらを用いて例題 1.10 の結果を書き直すと

$$
\begin{cases}
\partial \boldsymbol{E}_1/\partial \theta = -\boldsymbol{E}_3 \\
\partial \boldsymbol{E}_2/\partial \varphi = 0
\end{cases}, \qquad
\begin{cases}
\partial \boldsymbol{E}_1/\partial \varphi = \boldsymbol{E}_2 \cos \theta \\
\partial \boldsymbol{E}_2/\partial \varphi = -\boldsymbol{E}_1 \cos \theta - \sin \theta \boldsymbol{E}_3
\end{cases}
$$

が得られる. これから, $w_{\theta 2}{}^1 = -w_{\theta 1}{}^2 = 0$, $w_{\varphi 2}{}^1 = -w_{\varphi 1}{}^2 = -\cos \theta$ である
ことが読み取られる. 他方, $\det(g_{ij}) = R^4 \sin^2 \theta$ であるから, 命題 2.1 を用
いてガウス曲率は

$$
K = \frac{1}{\sqrt{\det g}} \left(\frac{\partial}{\partial \theta} w_{\varphi 2}{}^1 - \frac{\partial}{\partial \varphi} w_{\theta 2}{}^1 \right) = \frac{1}{R^2}
$$

と決められる.   □

2.2 リーマン幾何学

　前節では, 1つ1つの曲面片が "貼り合わさって" 1つの曲面が記述される
様子が明らかになった. できあがった曲面はユークリッド空間 $\mathbb{E}^3$ の中に位
置するもので, また曲面の構造方程式はユークリッド空間 $\mathbb{E}^3$ の幾何学に基
づいて書かれている. 曲面を考えるのに, その背景につねにユークリッド空
間 $\mathbb{E}^3$ が必要であろうか？ 　実はそのようなユークリッド空間 $\mathbb{E}^3$ の存在を
仮定しないで "曲面" の幾何学を論ずることができ, その幾何学は創始者に
ちなんで**リーマン幾何学** (Riemannian geometry) と呼ばれている.

　リーマン幾何学では, 直感的に理解できるユークリッド空間 $\mathbb{E}^3$ の代わり
に, 位相空間と呼ばれる点の集まりを議論の出発点する.

2.2.1 可微分多様体

　位相空間の定義を簡単に復習して可微分多様体の定義をしよう. 位相空間
論の詳細よりも,「背景にユークリッド空間 $\mathbb{E}^3$ を仮定しない曲面の考え方」
を導入することが目的である.

　点の集まりである集合 X を考える. X に, 次の $O_1 \sim O_3$ の性質をもつ
X の部分集合族 (部分集合の '集まり') $\mathcal{O}_X$ が1つ決められているとき集
合 X は位相空間と呼ばれる.

O_1 　　 $\phi, X \in \mathcal{O}_X$

O_2 　　 $\{U_\lambda\}_{\lambda \in \Lambda} \subset \mathcal{O}_X$ であるとき $\cup_{\lambda \in \Lambda} U_\lambda \in \mathcal{O}_X$

O_3 　　 $U_1, U_2 \in \mathcal{O}_X$ であるとき $U_1 \cap U_2 \in \mathcal{O}_X$

上述のような部分集合族 $\mathcal{O}_X$ を X の全開集合族といい,その元 U を開集合という.点 $p \in X$ を含む開集合を $U(p)$ と書き,点 p の近傍と呼ぶ.また,X に対して,上述の性質をもつ全開集合族 $\mathcal{O}_X$ を 1 つ決めることを X に位相を与えるという.このような位相空間がさらに次の性質,

O_4 　　任意の 2 点 p, q について $U(p) \cap U(q) = \phi$ となる p, q それぞれの
　　　　近傍が存在する

を満たすとき,X をハウスドルフ (Hausdorff) 空間と呼んでいる.

ユークリッド空間 $\mathbb{E}^3$ の中で考える曲面 S には,$\mathbb{E}^3$ の開集合を S に制限したものを S の開集合とすることによって位相が入り(相対位相),性質 O_4 も $\mathbb{E}^3$ で成立しているから S 上でも確かめられる.したがって曲面 S はハウスドルフ空間である.

解析学で $\varepsilon\text{-}\delta$ 論法を用いて定義された関数の連続性という性質は,全開集合族を用いて位相空間の間の写像に一般化される.ここでは,それについて復習しないが,位相空間 X, Y の間の連続写像 $f : X \to Y$ が全単射かつ逆写像 f^{-1} も連続(両側連続)であるとき f を同相写像といい,X と Y は同相であるという.以上,用語の定義だけを準備して位相多様体の定義を与えよう.

定義 2.3 ハウスドルフ空間 M について,M の各点が $\mathbb{R}^2$ の開集合と同相な近傍をもつとき M を**二次元位相多様体** (topological manifold) という.

位相多様体という言葉から,何やら非常に多様性をもったものを考えているようにも思われるが,多様体は実は "一様" なものである.なぜなら,「どの点も $\mathbb{R}^2$ の開集合と同相な近傍をもつ」というのだから.曲面はもちろん位相多様体であるが,"一様" であることを理解するために位相多様体でない例を図 2.3 に書く.どちらの例も,点 p で $\mathbb{R}^2$ の開集合と同相な近傍がとれない.

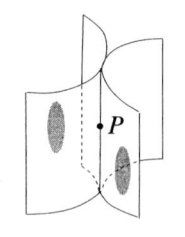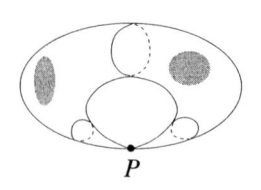

図 2.3　多様体でない例

　さて，位相多様体 M について $\mathbb{R}^2$ の開集合 D と同相な開集合を U と表し，U と同相写像 $\phi : U \to D$ の対 (U, ϕ) を M の**局所座標近傍**と呼ぶ．点 $p \in U$ について $\phi(p) \in D$ は $\mathbb{R}^2$ のベクトルとなるので $\phi(p) = (u^1(p), u^2(p))$ と書き，これを点 p の**局所座標**と呼ぶ．個々の成分 $u^i(p)$ は U 上の連続関数であり，これを**局所座標関数**，または**座標関数**と呼ぶ．

　定義から位相多様体 M は $\mathbb{R}^2$ の開集合 D_α と同相な U_α をいくつか集めた $\{U_\alpha\}_{\alpha \in A}$ で覆われることがわかる．実際，各点で $\mathbb{R}^2$ の開集合と同相な開集合がとれるので，これらをすべて集めたうえで，M を覆うのに必要ないものを除けばよい．ここで，添字を表す集合 A（添字集合）は可算集合でも非可算集合でもありうる．このとき，U_α から D_α への同相写像を ϕ_α と表し，局所座標近傍 (U_α, ϕ_α) の集まり $\{(U_\alpha, \phi_\alpha)\}_{\alpha \in A}$ を**局所座標近傍系**または**局所座標系**などという（図 2.4 参照）．曲面のときと同様に，$U_\alpha \cap U_\beta \neq \phi$ のとき，$\mathbb{R}^2$ の開集合の間の連続写像 $\phi_{\beta\alpha} := \phi_\beta \circ \phi_\alpha^{-1}$，

$$\phi_{\beta\alpha} : \phi_\alpha(U_\alpha \cap U_\beta) \to \phi_\beta(U_\alpha \cap U_\beta)$$

が定義される．具体的に U_α, U_β の局所座標 $\phi_\alpha(p) = (u^1_\alpha(p), u^2_\alpha(p))$, $\phi_\beta(p) = (u^1_\beta(p), u^2_\beta(p))$ を用いて書くと，

$$u^1_\beta(p) = u^1_\beta(u^1_\alpha(p), u^2_\alpha(p)), \qquad u^2_\beta(p) = u^2_\beta(u^1_\alpha(p), u^2_\alpha(p)) \tag{2.18}$$

と表現され，式 (2.18) を U_α から U_β への**座標変換関数**と呼ぶ．以上で，曲面をユークリッド空間 $\mathbb{E}^3$ を用いないで，内部的な量で定義する準備が整った．

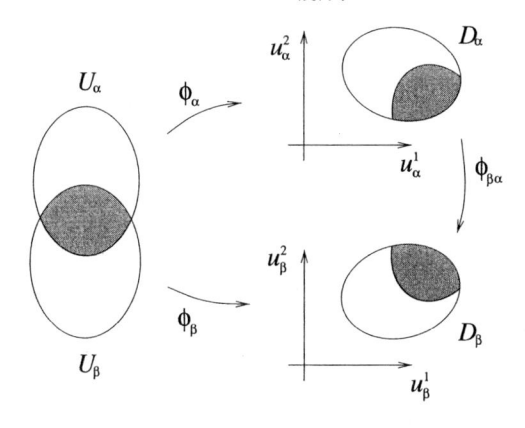

図 2.4 局所座標近傍と座標変換

定義 2.4 （二次元）位相多様体 M が $U_\alpha \cap U_\beta \neq \phi$ である任意の α, β について，座標変換関数 (2.18) が C^∞ 級二変数関数となるような局所座標近傍系 $\{(U_\alpha, \phi_\alpha)\}_{\alpha \in A}$ をもつとき，M を**可微分多様体**という．また，M にこのような局所座標近傍系を 1 つ決めることを M に**可微分構造**を定めるという．

　可微分多様体 M に，2 つの可微分構造 $\{(U_\alpha, \phi_\alpha)\}_{\alpha \in A}$，$\{(U_\beta, \varphi_\beta)\}_{\beta \in B}$ が定められているとき，その和 $\{(U_\alpha, \phi_\alpha)\}_{\alpha \in A} \cup \{(U_\beta, \varphi_\beta)\}_{\beta \in B}$ が再び M の可微分構造を定めるとき，2 つの可微分構造は同値であるという．これが同値関係となることが示される．同値な可微分構造は，以下に定義する M 上の微分に関してまったく区別がない．また，以降では可微分多様体 M の局所座標近傍系 $\{(U_\alpha, \phi_\alpha)\}_{\alpha \in A}$ というときは，これが定義 2.4 の条件を満たす可微分構造になっていることを暗黙のうちに理解する．

　さて，曲面のときと同様に，可微分多様体 M の向き付け可能性について次の定義をする．

定義 2.5 二次元可微分多様体 M について，局所座標近傍系 $\{(U_\alpha, \phi_\alpha)\}_{\alpha \in A}$ で，$U_\alpha \cap U_\beta \neq \phi$ である任意の α, β について，その座標変換関数 (2.18) の関数行列式が，$\partial(u_\beta^1, u_\beta^2)/\partial(u_\alpha^1, u_\alpha^2) > 0$ であるものがとれるとき，M は**向き付け可能 (orientable)** であるという．また，そうでないとき**向き付け不可**

能であるという.

2.2.2 接 空 間

　曲面の場合, 2つのベクトル $x_u(p)$, $x_v(p)$ が点 p での接平面を定めることは, ユークリッド空間 $\mathbb{E}^3$ の中で自然に理解されたが, 可微分多様体では, 接ベクトルや接平面はどのように理解して定義されるであろうか？　そのために可微分多様体 M 上の C^∞ 関数の定義を与え, C^∞ 関数の方向微分から接平面を定義する.

　二次元可微分多様体を M としてそれの座標近傍系を $\{(U_\alpha, \phi_\alpha)\}$ とする. M 上の関数 $f : M \to \mathbb{R}$ が C^∞ 級であるとは, すべての局所座標近傍 (U_α, ϕ_α) について二変数関数

$$f \circ \phi_\alpha^{-1} : \phi_\alpha(U_\alpha) \to \mathbb{R}$$

が C^∞ 級であることとする. このとき, 交わりが空でない開集合 U_α, U_β について, $\phi_\beta(U_\alpha \cap U_\beta)$ 上で

$$f \circ \phi_\beta^{-1} = (f \circ \phi_\alpha^{-1}) \circ (\phi_\alpha \circ \phi_\beta^{-1}) = (f \circ \phi_\alpha) \circ \phi_{\alpha\beta}$$

と表される. $\phi_{\alpha\beta} : \phi_\beta(U_\alpha \cap U_\beta) \to \phi_\alpha(U_\alpha \cap U_\beta)$ を表す座標変換関数 (2.18) が C^∞ 級であるので, 各局所座標近傍で $f \circ \phi_\alpha^{-1}$ について課す C^∞ の条件が, うまく M 全体に "貼り合わさって" いることがわかる.

　さて, こうして M 上の C^∞ 関数が定義されたので, 次にこれらの微分, 特に方向微分を考えることができる. 点 p とそれを含む U_α を決めると, $f \circ \phi_\alpha^{-1} : \phi_\alpha(U_\alpha) \to \mathbb{R}$ は $\mathbb{R}^2(u_\alpha^1 u_\alpha^2$ 平面$)$ の開集合 $\phi_\alpha(U_\alpha)$ 上の二変数関数にほかならない. そこで関数 f の偏微分 $\partial f/\partial u_\alpha^i(p)$ を

$$\frac{\partial f}{\partial u_\alpha^i}(p) := \frac{\partial (f \circ \phi_\alpha^{-1})(u_\alpha^1, u_\alpha^2)}{\partial u_\alpha^i} \quad (i = 1, 2) \tag{2.19}$$

によって定義する. ここで, $\phi_\alpha(p) = (u_\alpha^1(p), u_\alpha^2(p))$ であるので, 右辺の u_α^1, u_α^2 は $u_\alpha^1(p), u_\alpha^2(p)$ と書くべきところだが, 煩雑になるので, あからさまに書いてない. 偏微分はもっと一般に, 2つの数 ξ^1, ξ^2 を決めたときの方向微分

$$\xi^1 \frac{\partial f}{\partial u_\alpha^1}(p) + \xi^2 \frac{\partial f}{\partial u_\alpha^2}(p) = \xi^1 \frac{\partial (f \circ \phi_\alpha^{-1})(u_\alpha^1, u_\alpha^2)}{\partial u_\alpha^1} + \xi^2 \frac{\partial (f \circ \phi_\alpha^{-1})(u_\alpha^1, u_\alpha^2)}{\partial u_\alpha^2}$$

の特別な場合と考えることができる．上の式を見ると，関数 f は勝手な C^∞ 関数でよいことがわかるので，それを

$$\xi^1 \frac{\partial f}{\partial u_\alpha^1}(p) + \xi^2 \frac{\partial f}{\partial u_\alpha^2}(p) = \left\{ \xi^1 \left(\frac{\partial}{\partial u_\alpha^1} \right)_p + \xi^2 \left(\frac{\partial}{\partial u_\alpha^2} \right)_p \right\} f \qquad (2.20)$$

と書き改めて，$\left(\partial/\partial u_\alpha^i \right)_p$ を点 p において上記の偏微分を行うという演算を表すものと理解する．2 つの方向微分

$$\xi_p = \sum_{i=1}^2 \xi^i \left(\frac{\partial}{\partial u_\alpha^i} \right)_p, \quad \eta_p = \sum_{i=1}^2 \eta^i \left(\frac{\partial}{\partial u_\alpha^i} \right)_p$$

について

1) $\xi_p + \eta_p = (\xi^1 + \eta^1)(\partial/\partial u_\alpha^1)_p + (\xi^2 + \eta^2)(\partial/\partial u_\alpha^2)_p$
2) $c\xi = c\xi^1(\partial/\partial u_\alpha^1)_p + c\xi^2(\partial/\partial u_\alpha^2)_p \quad (c \in \mathbb{R})$

と定義すれば，方向微分全体はベクトル空間となる．

例題 2.7 2 つの方向微分 $(\partial/\partial u_\alpha^1)_p, (\partial/\partial u_\alpha^2)_p$ は一次独立であることを示せ．

解） 任意の C^∞ 級関数 f について

$$\left\{ \xi^1 \left(\frac{\partial}{\partial u_\alpha^1} \right)_p + \xi^2 \left(\frac{\partial}{\partial u_\alpha^2} \right)_p \right\} f = 0$$

であると仮定しよう．特に f を座標関数 u_α^i にとると，

$$\left(\frac{\partial}{\partial u_\alpha^k} \right)_p u_\alpha^i = \frac{\partial u_\alpha^i}{\partial u_\alpha^k} = \begin{cases} 1 & k = i \\ 0 & k \neq i \end{cases}$$

であるから $\xi^1 = \xi^2 = 0$ が結論され，方向微分 $(\partial/\partial u_\alpha^1)_p, (\partial/\partial u_\alpha^2)_p$ が一次独立であることがわかる． $\qquad \square$

　上の例題の結果，方向微分全体が作るベクトル空間の次元が 2 次元であることが結論される．これが可微分多様体の各点に定義される**接空間** (tangent space) である．もちろんこの接空間は，M が曲面の場合，接平面に一致す

るが，M 上の C^∞ 関数とその方向微分という "内部的な量" だけを用いて定義されている点が大きく異なる．

点 p での接空間での接空間を T_pM と書く習慣である．より具体的に書くと

$$T_pM = \mathbb{R}\left(\frac{\partial}{\partial u_\alpha^1}\right)_p + \mathbb{R}\left(\frac{\partial}{\partial u_\alpha^2}\right)_p \tag{2.21}$$

である．ここで，右辺は局所座標近傍 (U_α, ϕ_α) を用いて定義されているが，実は接空間 T_pM は局所座標近傍によらないで定義されている．それを示すために，次の例題を準備しよう．

例題 2.8　点 $p \in U_\alpha \cap U_\beta \neq \phi$ について，

$$\left(\frac{\partial}{\partial u_\alpha^i}\right)_p = \sum_{j=1}^2 \frac{\partial u_\beta^j}{\partial u_\alpha^i}\left(\frac{\partial}{\partial u_\beta^j}\right)_p \tag{2.22}$$

解）　任意の C^∞ 級関数 f について，定義にしたがって

$$\frac{\partial f}{\partial u_\alpha^i}(p) = \frac{\partial(f \circ \phi_\alpha^{-1})(u_\alpha^1, u_\alpha^2)}{\partial u_\alpha^i} = \frac{\partial(f \circ \phi_\beta^{-1})(\phi_{\beta\alpha}(u_\alpha^1, u_\alpha^2))}{\partial u_\alpha^i}$$

と計算される．ここで，座標変換関数 (2.18) を使って $\phi_{\beta\alpha}(u_\alpha^1, u_\alpha^2) = (u_\beta^1, u_\beta^2)$ と書かれるので，

$$\frac{\partial f}{\partial u_\alpha^i}(p) = \sum_{j=1}^2 \frac{\partial(f \circ \phi_\beta^{-1})(u_\beta^1, u_\beta^2)}{\partial u_\beta^j}\frac{\partial u_\beta^j}{\partial u_\alpha^i} = \sum_{j=1}^2 \frac{\partial u_\beta^j}{\partial u_\alpha^i}\frac{\partial f}{\partial u_\beta^j}(p)$$

が得られる．　　　　　　　　　　　　　　　　　　　　　　　□

座標変換関数 $u_\beta^i = u_\beta^i(u_\alpha^1, u_\alpha^2)$ は可逆な C^∞ 関数であるから，その関数行列 $(\partial u_\beta^j/\partial u_\alpha^i)_{1 \leq i,j \leq 2}$ は正則である．そこで，例題の式 (2.22) を正則行列による基底の変換を表していると読めば，それらによって生成されるベクトル空間は等しいことがわかる．すなわち，式 (2.21) によって定義する接空間 T_pM は点 p を含む局所座標近傍の取り方によらないで定義されている．こ

の事実を踏まえて，式 (2.21) を

$$T_pM = \mathbb{R}\left(\frac{\partial}{\partial u^1}\right)_p + \mathbb{R}\left(\frac{\partial}{\partial u^2}\right)_p$$

と書く習慣がある．このとき，数 ξ^1, ξ^2 を用いて接空間 T_pM のベクトルは

$$\xi_p = \xi^1\left(\frac{\partial}{\partial u^1}\right)_p + \xi^2\left(\frac{\partial}{\partial u^2}\right)_p$$

と書かれるが，数 ξ^1, ξ^2 は局所座標近傍の取り方に依存することに注意する．接ベクトル ξ_p を，局所座標近傍 (U_α, ϕ_α) で定義される基底を使って書くときは，$\xi_p = \xi_\alpha^1 \left(\partial/\partial u_\alpha^1\right)_p + \xi_\alpha^2 \left(\partial/\partial u_\alpha^2\right)_p$ などと，添字 α を付けて基底 $\left(\partial/\partial u_\alpha^1\right)_p, \left(\partial/\partial u_\alpha^2\right)_p$ に関するベクトルの成分 $(\xi_\alpha^1, \xi_\alpha^2)$ であることを明示する．

例題 2.9 $U_\alpha \cap U_\beta \neq \phi$ であるとき，接ベクトル $\xi_p \in T_pM$ の 2 通りの成分表示を $(\xi_\alpha^1, \xi_\alpha^2)$, $(\xi_\beta^1, \xi_\beta^2)$ とするとき

$$\xi_\alpha^i = \sum_{j=1}^{2} \frac{\partial u_\alpha^i}{\partial u_\beta^j}\xi_\beta^j \qquad (i = 1, 2) \tag{2.23}$$

の関係を示せ．

解） 2 通りの表示

$$\xi_p = \sum_{i=1}^{2} \xi_\alpha^i \left(\frac{\partial}{\partial u_\alpha^i}\right)_p = \sum_{j=1}^{2} \xi_\beta^j \left(\frac{\partial}{\partial u_\beta^j}\right)_p$$

と，式 (2.22) を用いれば直ちに得られる．　　　　　　　　　　□

接ベクトル ξ_p で，点 p を M 全体にわたって動かして考えるきそれを

$$\xi = \xi^1\left(\frac{\partial}{\partial u^1}\right) + \xi^2\left(\frac{\partial}{\partial u^2}\right)$$

と書く．M 上の各点に対して接ベクトル ξ_p が決まるので，ξ を**ベクトル場** (vector field) と呼ぶ．あまり区別が重要でないときには，ξ を単にベクトル

と呼ぶこともある．ベクトル場 ξ の成分 ξ^1, ξ^2 は，1つの局所座標近傍では
それぞれ関数であるが，座標変換に関して式 (2.23) の変換則にしたがって貼
り合わさる量となる．さらにこの変換則が座標変換関数の関数行列による一
次変換となっているから，各々の局所座標近傍で成分 ξ^1, ξ^2 がそれぞれ C^∞
級であるという条件を課すことで，条件がうまく全体に貼り合うことがわか
る．このようなベクトル場を C^∞ ベクトル場という．

2.2.3　リーマン計量

前節で曲面の接平面を一般の可微分多様体に対して定義した．曲面の2つ
の接ベクトル

$$\boldsymbol{a} = \sum_{i=1}^{2} a_i \frac{\partial \boldsymbol{x}^{(\alpha)}}{\partial u_\alpha^i}, \quad \boldsymbol{b} = \sum_{i=1}^{2} b_i \frac{\partial \boldsymbol{x}^{(\alpha)}}{\partial u_\alpha^i}$$

についてその内積を

$$\boldsymbol{a} \cdot \boldsymbol{b} = \sum_{i,j=1}^{2} a_i b_j \frac{\partial \boldsymbol{x}^{(\alpha)}}{\partial u_\alpha^i} \cdot \frac{\partial \boldsymbol{x}^{(\alpha)}}{\partial u_\alpha^j} = \sum_{i,j=1}^{2} g_{ij}^{(\alpha)} a_i b_j$$

と定めることができる．これは背景にあるユークリッド空間 $\mathbb{E}^3$ の内積を用
いて考えるもので，$g_{ij}^{(\alpha)}$ は前章で定義した第1基本形式にほかならない．第
1基本形式は，このようにして接平面上でベクトルの内積を定めるので，こ
れを**計量** (metric) と呼んでいる．特に曲面上の計量 $g^{(\alpha)}$ は $\mathbb{E}^3$ のユークリッ
ド内積から自然に定義されているので，**誘導計量** (induced metric) と呼んで
いる．

　一般の可微分多様体の計量としては，M の各点 p について，接空間 $T_p M$
上の正定値対称二次形式として内積を考えればよい．すなわち，任意のベク
トル場 ξ, η について値 $g(\xi, \eta)$ を決めるもので，

$$\begin{aligned} 1) \quad & g(\xi, \eta) = g(\eta, \xi) \\ 2) \quad & g(a\xi + b\eta, \eta) = ag(\xi, \zeta) + bg(\eta, \zeta) \\ 3) \quad & \xi \neq 0 \Rightarrow g(\xi, \xi) > 0 \end{aligned}$$

を満たすものである．ただし ξ, η, ζ は任意のベクトル場，$a, b \in \mathbb{R}$ である．
各点 p で座標近傍 (U_α, ϕ_α) をとり，$T_p M$ の基底を $(\partial/\partial u_\alpha^1)_p$, $(\partial/\partial u_\alpha^2)_p$ と

するとき, 計量を

$$g_{ij}^{(\alpha)}(p) = g^{(\alpha)}\left(\left(\frac{\partial}{\partial u_\alpha^i}\right)_p, \left(\frac{\partial}{\partial u_\alpha^j}\right)_p\right) \tag{2.24}$$

と表すと, これが T_pM 上の正定値内積を与える. p を動かすとき $g_{ij}^{(\alpha)}(p)$ ($1 \le i, j \le 2$) は U_α 上の関数を表すが, これがすべての座標近傍について C^∞ 級となるとき, g を M の C^∞ リーマン計量, あるいは単に **リーマン計量** (Riemannian metric) という.

問 2.5 $p \in U_\alpha \cap U_\beta (\ne \phi)$ について

$$g_{ij}^{(\alpha)}(p) = \sum_{k,l=1}^{2} \frac{\partial u_\beta^k}{\partial u_\alpha^i} \frac{\partial u_\beta^l}{\partial u_\alpha^j} g_{kl}^{(\beta)} \tag{2.25}$$

であることを示し, リーマン計量が C^∞ 級であるという条件が, M 全体に "貼り合って" いることを確かよ.

定義 2.6 リーマン計量が与えられた可微分多様体をリーマン多様体という.

曲面のときにならって, リーマン計量を "無限小線分" の長さ (次節参照) を表す形を用いて

$$ds^2 = \sum_{i,j=1}^{2} g_{ij} du^i du^j \tag{2.26}$$

と表すことができる. ただし, g_{ij} は $g\left((\partial/\partial u^i), (\partial/\partial u^j)\right)$ を表すものとする. g_{ij} は点 p が決まれば, それの座標近傍 (U_α, ϕ_α) を用いて具体的に式 (2.24) の形をとるものである.

各座標近傍 (U_α, ϕ_α) で, 正定値対称行列 $g_{ij}^{(\alpha)}$ を決め, その全体 $\{g_{ij}^{(\alpha)}\}_{\alpha \in A}$ が式 (2.25) にしたがって "貼り合って" いれば, 1) ~ 3) の性質をもつリーマン計量 g が得られる. 各座標近傍で $g_{ij}^{(\alpha)}$ を決めることはできるが, これが式 (2.25) にしたがって全体に "貼り合う" 条件がどれほどの制約を与えるのか疑問に思われるが, 実はリーマン計量はかなり自由に存在することが知られている (章末問題 1 参照).

　ここで，誘導計量ではないリーマン計量について 2 つの例を挙げよう．

例 2.1　（ポアンカレ上半平面）　$\mathbb{R}^2$ の部分領域 $\boldsymbol{H}_+ = \{(x,y)|y > 0\}$ を上半平面と呼んでいる．これは 1 つの座標近傍で覆われる可微分多様体であり，次のリーマン計量が入る．

$$ds_1^2 = \frac{dx^2 + dy^2}{y^2} \tag{2.27}$$

すなわち，

$$g = \begin{pmatrix} 1/y^2 & 0 \\ 0 & 1/y^2 \end{pmatrix}.$$

例 2.2　（ポアンカレ単位円板）　$\mathbb{R}^2$ の単位円板 $D = \{(u,v)|u^2 + v^2 < 1\}$ を，1 つの座標近傍で覆われる可微分多様体と考えることができる．このとき，次のリーマン計量が考えられる．

$$ds_2^2 = 4\frac{du^2 + dv^2}{(1 - u^2 - v^2)^2} \tag{2.28}$$

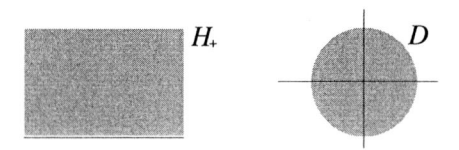

図 **2.5**　ポアンカレ上半平面 (左) と単位円板 (右)

　例 2.1, 2.2 のリーマン計量はどちらもポアンカレ (Poincaré) 計量と呼ばれている．その理由は，対応

$$\varphi : (x,y) \mapsto (u,v) = \left(\frac{1 - x^2 - y^2}{x^2 + (1+y)^2}, \frac{2x}{x^2 + (1+y)^2} \right)$$

のもとで上半平面 $\boldsymbol{H}_+$ は単位円板 D に移され，かつこの対応は可逆な C^∞ 写像になっているからである．さらに両者のリーマン計量について

$$\begin{pmatrix} g_{xx} & g_{xy} \\ g_{yx} & g_{yy} \end{pmatrix} = \begin{pmatrix} \partial u/\partial x & \partial v/\partial x \\ \partial u/\partial y & \partial v/\partial y \end{pmatrix} \begin{pmatrix} g_{uu} & g_{uv} \\ g_{vu} & g_{vv} \end{pmatrix} \begin{pmatrix} \partial u/\partial x & \partial u/\partial y \\ \partial v/\partial x & \partial v/\partial y \end{pmatrix}$$

すなわち $du = (\partial u/\partial x)dx + (\partial u/\partial y)dy$, $dv = (\partial v/\partial x)dx + (\partial v/\partial y)dy$ のも
とで, 無限小線分の長さについて $ds_1^2 = ds_2^2$ であることが確かめられるから
である. この例のように, 2つのリーマン多様体の間の長さを変えない C^∞
級可逆な写像を**等長変換** (isometry) といい, 等長変換をもつ2つのリーマン
多様体は等長的 (isometoric) であるといわれる. 等長的なリーマン多様体の
幾何学はまったく同じで区別がない.

2.2.4 曲線の長さ

開区間 $I = (t_0, t_1)$ から M への連続写像 c を連続曲線 C という. 点 $c(t)$
を含む座標近傍 (U_α, ϕ_α) において

$$\phi_\alpha(c(t)) = (u_\alpha^1(c(t)), u_\alpha^2(c(t)))$$

と書かれるが, このときの座標関数 $u_\alpha^i(c(t))$ が t の関数として C^∞ 級のと
き, C をなめらかな曲線という. なめらかな曲線についてその微分を

$$\frac{dc(t)}{dt} = \frac{du_\alpha^1(c(t))}{dt}\left(\frac{\partial}{\partial u_\alpha^1}\right)_{c(t)} + \frac{du_\alpha^2(c(t))}{dt}\left(\frac{\partial}{\partial u_\alpha^2}\right)_{c(t)} \tag{2.29}$$

によって定義すると, これは曲面の場合の速度ベクトルを表す式 (1.8) に対
応することがわかる.

問 2.6 $c(t) \in U_\alpha \cap U_\beta (\neq \phi)$ のとき微分 $dc(t)/dt$ が局所座標近傍の取り方
によらないで定義されていることを確かめよ.

"速度ベクトル" $dc(t)/dt$ は接空間 $T_{c(t)}M$ のベクトルを定めているので, こ
れによって曲線 C の長さを

$$s(C) = \int_0^s ds = \int_{t_0}^{t_1} \sqrt{\sum_{i,j} g_{ij}(c(t))\frac{du^i(c(t))}{dt}\frac{du^j(c(t))}{dt}}dt$$

によって定義する.

$$\sum_{i,j} g_{ij}(c(t))\frac{du^i(c(t))}{dt}\frac{du^j(c(t))}{dt} = g\left(\frac{dc(t)}{dt}, \frac{dc(t)}{dt}\right)$$

であることに注意すれば，この量が局所座標近傍の取り方によらないことが理解される．

このように曲線の長さが決まるので，リーマン計量 $ds^2 = \sum_{ij} g_{ij} du^i du^j$ は無限小線分（曲線）の長さを決めていると理解される．また，空間曲線のときと同様に曲線の長さ s をパラメーターにするとき $g(dc/ds, dc/ds) = 1$ となるので $dc(s)/ds$ は単位接ベクトルである．

2.3　テ ン ソ ル 場

これまで繰り返し，ある量について「... は M 全体でうまく"貼り合って" ... 」という表現を使ってきた．ここではこのように M 全体で"貼り合う"量を一般的に考えよう．

2.3.1　双 対 空 間

はじめにしばらく線形代数の復習をしよう．V を n 次元実ベクトル空間として，V から $\mathbb{R}$ への線形写像全体の集合 V^* を考えよう．このとき，$f, g \in V^*$, $c \in \mathbb{R}$ について $f + g$, cf を，任意のベクトル $v \in V$ について

$$(f + g)(v) = f(v) + g(v), \qquad (cf)(v) = cf(v)$$

とすることによって定義する．すると，$f + g$, cf はいずれも線形写像であることが容易に確かめられ，これを集合 V^* での加法とスカラー倍とすれば V^* はベクトル空間となる．このとき，加法についての単位元（零ベクトル）は V のすべてのベクトルを 0 に移す零写像 $0(v) = 0$ $(v \in V)$, である．このベクトル空間 V^* を V の**双対ベクトル空間**という．

例題 2.10 V の基底を $b_1, b_2, \cdots, b_n$ とするとき，V^* の元 $f^1, f^2, \cdots, f^n$ で

$$f^j(b_i) = \begin{cases} 1 & i = j \\ 0 & i \neq j \end{cases} \qquad (2.30)$$

であるものが定まり，$f^1, f^2, \cdots, f^n$ は V^* の基底となることを示せ．$f^1, f^2, \cdots, f^n$ を $b_1, b_2, \cdots, b_n$ の**双対基底**と呼ぶ．

解) 任意のベクトル $\boldsymbol{v} \in V$ を基底 $\boldsymbol{b}_1, \cdots, \boldsymbol{b}_n$ を用いて $\boldsymbol{v} = \sum_i c^i \boldsymbol{b}_i$ と表し，$f^j(\boldsymbol{v}) = c_j$ によって V から $\mathbb{R}$ への写像を決めるとこれは線形写像である（$f^j(\boldsymbol{v} + \boldsymbol{v}') = f^j(\boldsymbol{v}) + f^j(\boldsymbol{v}'), f^j(c\boldsymbol{v}) = cf^j(\boldsymbol{v})$ を確かめればよい）．明らかに，$f^1, f^2, \cdots, f^n$ が条件 (2.30) を満たす V^* の元である．いま，$\sum_i a_i f^i = 0$（零写像）とすると，$a_j = (\sum_i a_i f^i)(\boldsymbol{b}_j) = 0(\boldsymbol{b}_j) = 0 \ (j = 1, 2, \cdots, n)$ であるので，$f^1, f^2, \cdots, f^n$ は一次独立である．次に，任意の元 $f \in V^*$ について $g = \sum f(\boldsymbol{b}_i) f^i$ とおくと

$$(g - f)(\boldsymbol{b}_j) = g(\boldsymbol{b}_j) - f(\boldsymbol{b}_j) = \sum_i f(\boldsymbol{b}_i) f^i(\boldsymbol{b}_j) - f(\boldsymbol{b}_j) = 0$$

であるから，任意のベクトル $\boldsymbol{v} \in V$ について $(g - f)(\boldsymbol{v}) = 0$, すなわち，$f = g = \sum_i f(\boldsymbol{b}_i) f^i$ が示される．こうして，$f^1, f^2, \cdots, f^n$ は，一次独立でかつ V^* のすべてのベクトルを一次結合によって表現する V^* の基底であることが結論される． □

関係式 (2.30) を記号を用いて $f^j(\boldsymbol{b}_i) = \delta_i{}^j$ と書くと便利である．ここで記号 $\delta_i{}^j$ は

$$\delta_i{}^j = \begin{cases} 1 & i = j \\ 0 & i \neq j \end{cases}$$

で定義され**クロネッカー** (Kronecker) の記号と呼ばれる．

問 2.7 $\boldsymbol{v} \in V$ について，$\varphi_{\boldsymbol{v}} : V^* \to \mathbb{R}$ を $\varphi_{\boldsymbol{v}}(f) = f(\boldsymbol{v})$ によって定めるとき，$\varphi_{\boldsymbol{v}}(f + g) = \varphi_{\boldsymbol{v}}(f) + \varphi_{\boldsymbol{v}}(g)$, $\varphi_{\boldsymbol{v}}(cf) = c\varphi_{\boldsymbol{v}}(f)$ を確かめ，対応 $\boldsymbol{v} \mapsto \varphi_{\boldsymbol{v}}$ によって，写像 $\nu : V \to (V^*)^*$ が得られることを示せ．また，この写像 ν が全単射線形写像であり，$V \cong (V^*)^*$ であることを示せ．

V の基底 $\boldsymbol{b}_1, \boldsymbol{b}_2, \cdots, \boldsymbol{b}_n$ を $\tilde{\boldsymbol{b}}_1, \tilde{\boldsymbol{b}}_2, \cdots, \tilde{\boldsymbol{b}}_n$ に取り換えると，これに対応して双対基底 $f^1, f^2, \cdots, f^n$ も $\tilde{f}^1, \tilde{f}^2, \cdots, \tilde{f}^n$ に変化する．この変化の様子を見るために，基底変換の行列を $A = (a_i{}^j)$, $B = (b_i{}^j)$ として

$$\tilde{f}^j = \sum_{i=1}^n a_i{}^j f^i, \quad \tilde{\boldsymbol{b}}_k = \sum_{k=1}^n b_k{}^l \boldsymbol{b}_l \tag{2.31}$$

とおく. このとき

$$\tilde{f}^j(\tilde{\boldsymbol{b}}_k) = (\sum_{i=1}^n a_i{}^j f^i)(\sum_{l=1}^n b_k{}^l \boldsymbol{b}_l) = \sum_{i,l=1}^n a_i{}^j b_k{}^l f^i(\boldsymbol{b}_l) = \sum_{l=1}^n b_k{}^l a_l{}^j$$

となり, 一方で $\tilde{f}^j(\tilde{\boldsymbol{b}}_k) = \delta_k{}^j$ であるから, $BA = E_n$ (n 次単位行列) であることがわかる. このことを次のように整理する.

命題 2.2 V の基底変換 $\tilde{\boldsymbol{b}}_k = \sum_{l=1}^n b_k{}^l \boldsymbol{b}_l$ を施すとき, 2 つのベクトル $\boldsymbol{v} = \sum_{i=1}^n v^i \boldsymbol{b}_i \in V$, $h = \sum_{j=1}^n h_j f^j \in V^*$ の成分は

$$\tilde{v}^i = \sum_{j=1}^n a_j{}^i v^j, \qquad \tilde{h}_j = \sum_{k=1}^n b_j{}^k h_k$$

と変化する. ここで, $A = (a_i{}^j)$ は, $B = (b_i{}^j)$ の逆行列である.

2.3.2 多重線形写像

ベクトル空間 V から $\mathbb{R}$ への線形写像全体を考えて, 双対空間 V^* という新たなベクトル空間を作り上げた. この考え方を一般化してテンソルの概念が得られる. s 個のベクトル $(\boldsymbol{v}_1, \boldsymbol{v}_2, \cdots, \boldsymbol{v}_s)$ に対して数 $F(\boldsymbol{v}_1, \boldsymbol{v}_2, \cdots, \boldsymbol{v}_s)$ を決める写像, すなわち

$$F : \underbrace{V \times V \times \cdots \times V}_{s} \to \mathbb{R}$$

が各 $\boldsymbol{v}_i$ について線形であるとき F を多重線形写像という. 式で書くと,

$$F(\boldsymbol{v}_1, \cdots, \boldsymbol{v}_i + \boldsymbol{v}_i', \cdots, \boldsymbol{v}_s) = F(\boldsymbol{v}_1, \cdots, \boldsymbol{v}_i, \cdots, \boldsymbol{v}_s) + F(\boldsymbol{v}_1, \cdots, \boldsymbol{v}_i', \cdots, \boldsymbol{v}_s)$$

$$F(\boldsymbol{v}_1, \cdots, c\boldsymbol{v}_i, \cdots, \boldsymbol{v}_s) = cF(\boldsymbol{v}_1, \cdots, \boldsymbol{v}_i, \cdots, \boldsymbol{v}_s)$$

が各 i について成り立つ写像である. このような多重線形写像を **s 階の共変テンソル** (covariant s-tensor) と呼ぶ. 同様に, 多重線形写像

$$F : \underbrace{V^* \times V^* \times \cdots \times V^*}_{r} \to \mathbb{R}$$

を考えることができ, これを **r 階の反変テンソル** (contravariant r-tensor) と呼ぶ. より一般的に,

定義 2.7 多重線形写像

$$F : \underbrace{V^* \times V^* \times \cdots \times V^*}_{r} \times \underbrace{V \times V \times \cdots \times V}_{s} \to \mathbb{R}$$

を (r, s) 階のテンソルという.

定義から, $(0, s)$ 階のテンソルが s 階の共変テンソル, $(r, 0)$ 階のテンソルが r 階の反変テンソルである. また, 1 階の共変テンソルは双対空間のベクトルのことであり, **共変ベクトル**と呼ばれる. また問 2.7 によって $(V^*)^* \cong V$ であったから, 1 階の反変テンソル全体は V に同型で, **反変ベクトル**と呼ばれる. (r, s) 階のテンソルのほかに, 多重線形写像 $V \times V^* \times V \to \mathbb{R}$ なども考えられるが議論はまったく同じになるので以下では (r, s) 階のテンソルに限って話を進める.

双対空間のときにならって, (r, s) 階のテンソルの全体の成す集合 $\mathcal{T}_{r,s}$ を考えると, これは自然にベクトル空間になり, (r, s) 階の**テンソル空間**という. さらに, V, V^* に互いに双対な基底を決めるとき, 多重線形写像 $t \in \mathcal{T}_{r,s}$ の "成分" を

$$t^{i_1 i_2 \cdots i_r}{}_{j_1 j_2 \cdots j_s} = t(f^{i_1}, f^{i_2}, \cdots, f^{i_r}, \boldsymbol{b}_{j_1}, \boldsymbol{b}_{j_2}, \cdots, \boldsymbol{b}_{j_s})$$

と定めることができる. 逆に, 数 $t^{i_1 i_2 \cdots i_r}{}_{j_1 j_2 \cdots j_s}$ が勝手に与えられたとき, これを成分にする (r, s) テンソル T を次のようにして作ることができる,

$$t = \sum_{\substack{i_1, \cdots, i_r \\ j_1, \cdots, j_s}} t^{i_1 \cdots i_r}{}_{j_1 \cdots j_s} \boldsymbol{b}_{i_1} \otimes \cdots \otimes \boldsymbol{b}_{i_r} \otimes f^{j_1} \otimes \cdots \otimes f^{j_s} \tag{2.32}$$

ここで, 記号 $\boldsymbol{b}_{i_1} \otimes \cdots \otimes \boldsymbol{b}_{i_r} \otimes f^{j_1} \otimes \cdots \otimes f^{j_s}$ は

$$(\boldsymbol{b}_{i_1} \otimes \cdots \otimes \boldsymbol{b}_{i_r} \otimes f^{j_1} \otimes \cdots \otimes f^{j_s})(f^{k_1}, \cdots, f^{k_r}, \boldsymbol{b}_{l_1}, \cdots, \boldsymbol{b}_{l_s})$$
$$= \delta_{i_1}^{k_1} \cdots \delta_{i_r}^{k_r} \delta_{l_1}^{j_1} \cdots \delta_{l_s}^{j_s} \tag{2.33}$$

を満たす多重線形写像で, ベクトル空間 $\mathcal{T}_{r,s}$ の基底を成す. クロネッカーの記号 δ^j_i に対するテンソルは $E = \boldsymbol{b}_j \otimes f^i$ で, **単位テンソル**と呼ばれている.

問 2.8 $\mathcal{T}_{r,s}$ がベクトル空間となることを示し，例題 2.10 にならって $\mathcal{T}_{r,s}$ の基底が式 (2.33) で与えられることを示せ.

2.3.3 テンソル場

さて，M を可微分多様体とすると M の各点ごとに接空間 T_pM を定義することができた．そこで各点ごとに定義される接空間と余接空間 T_pM, T_p^*M に基づいてテンソル空間を定義することができる．さらに各点ごとに定義されるテンソル空間から多様体のテンソル場が定義される．2.2.2 項ですでにベクトル場を定義したが，これはそれを一般化するものである．

そこでまず，接空間 T_pM の双対空間を考えよう．接空間の自然な基底として

$$\left(\frac{\partial}{\partial u^1}\right)_p, \quad \left(\frac{\partial}{\partial u^2}\right)_p \tag{2.34}$$

がとれる．この基底の双対基底として $(du^1)_p, (du^2)_p$ を

$$(du^i)_p\left(\left(\frac{\partial}{\partial u^j}\right)_p\right) = \delta_j^{\ i}$$

であるように定義しよう．これらで生成される双対空間は**余接空間** (cotangent space) と呼ばれ

$$T_p^*M = \mathbb{R}(du^1)_p + \mathbb{R}(du^2)_p \tag{2.35}$$

と書かれる．

T_pM の基底 (2.34) は局所座標近傍の取り換えで式 (2.22) のように線形変換を受けたから，命題 2.2 と問 2.2 の結果を使うと，$p \in U_\alpha \cap U_\beta(\neq \phi)$ であるとき，2 つの基底 $(du_\alpha^1)_p, (du_\alpha^2)_p\,;\,(du_\beta^1)_p, (du_\beta^2)_p$ の関係が決まる．これらを整理すると，

命題 2.3 T_pM の基底 $(\partial/\partial u^1)_p, (\partial/\partial u^2)_p$ と双対基底 $(du^1)_p, (du^2)_p$ は $p \in U_\alpha \cap U_\beta(\neq \phi)$ であるとき，

$$\left(\frac{\partial}{\partial u_\alpha^i}\right)_p = \sum_{j=1}^2 \frac{\partial u_\beta^j}{\partial u_\alpha^i}\left(\frac{\partial}{\partial u_\beta^j}\right)_p, \quad (du_\alpha^i)_p = \sum_{j=1}^2 \frac{\partial u_\alpha^i}{\partial u_\beta^j}(du_\beta^j)_p \tag{2.36}$$

の関係を満たす.

各点で,接空間 $T_p M$ から定義される (r, s) テンソル t_p は式 (2.32) にならって

$$t_p = \sum_{\substack{i_1, \cdots, i_r \\ j_1, \cdots, j_s}} t^{i_1 \cdots i_r}{}_{j_1 \cdots j_s}(p) \left(\frac{\partial}{\partial u^{i_1}}\right)_p \otimes \cdots \otimes \left(\frac{\partial}{\partial u^{i_r}}\right)_p$$
$$\otimes (du^{j_1})_p \otimes \cdots \otimes (du^{j_s})_p \qquad (2.37)$$

と書かれる.点 p が M 全体にわたって動くとき,t を $(\boldsymbol{r}, \boldsymbol{s})$ テンソル場といい,その成分 $t^{i_1 \cdots i_r}{}_{j_1 \cdots j_s}(p)$ が各座標近傍で C^∞ 級のとき,$C^\infty (r, s)$ テンソル場という.また,テンソル場の成分 $t^{i_1 \cdots i_r}{}_{j_1 \cdots j_s}(p)$ を (r, s) テンソルと表現することもある.$(0, 0)$ テンソルは M 上の関数のことであるが,これをスカラー関数と呼ぶ.座標近傍 (U_α, ϕ_α) でのテンソルの成分を $t^{(\alpha) i_1 \cdots i_r}{}_{j_1 \cdots j_s}(p)$ と表そう.次の命題はほぼ明らかであろう.

命題 2.4 (r, s) テンソル場 t について,その成分は $p \in U_\alpha \cap U_\beta (\neq \phi)$ において

$$t^{(\alpha) i_1 \cdots i_r}{}_{j_1 \cdots j_s} = \sum_{\substack{k_1, \cdots, k_r \\ l_1, \cdots, l_s}} \frac{\partial u_\alpha^{i_1}}{\partial u_\beta^{k_1}} \cdots \frac{\partial u_\alpha^{i_r}}{\partial u_\beta^{k_r}} \frac{\partial u_\beta^{l_1}}{\partial u_\alpha^{j_1}} \cdots \frac{\partial u_\beta^{l_s}}{\partial u_\alpha^{j_s}} t^{(\beta) k_1 \cdots k_r}{}_{l_1 \cdots l_s} \quad (2.38)$$

を満たす.また,このように座標変換のもとで変換する量は,(r, s) テンソル場の成分である.

問 2.9 t を (r, s) テンソル場とするとき,

$$\tilde{t}^{i_2 \cdots i_r}{}_{j_2 \cdots j_s} = \sum_{i_1} t^{i_1 i_2 \cdots i_r}{}_{i_1 j_2 \cdots j_s}(p)$$

は $(r-1, s-1)$ テンソル場であることを示せ.

命題 2.4 や問 2.9 に見られるようにテンソル場の取り扱いでは,上付き添字と下付き添字を等しくして和ととる形がつねに現れる.これを添字の**縮約**

(contraction) と呼んでいる. テンソル場を扱うのに, 一々たくさんの添字を取り扱うのは大変であるが, 添字を見れば座標変換での変換の様子 (2.38) を読み取ることができるので, 慣れてしまえば大変便利であることがわかる. また, 縮約のときに現れる和を表す記号を省略し, 上付き添字と下付き添字が等しく現れたときには, その添字について和をとることを約束することがある. これはアインシュタインが重力理論を創り出したときに用いた約束で, アインシュタインの縮約則と呼ばれている. この約束にしたがえば, たとえば問 2.9 の縮約は単に $t^{i_1 i_2 \cdots i_r}{}_{i_1 j_2 \cdots j_s}(p)$ と表される. 複雑なテンソルの取り扱いをするときには大変便利な約束であるが, 本書では和の省略はしないで, あからさまに書くことにする.

さて, ここでリーマン計量の定義を振り返るとこれが $(0,2)$ 階テンソル場であることがわかる. 式 (2.24) で定義された $g_{ij}(p)$ は, このテンソル場の成分にほかならない. また, ds^2 を表した式 (2.26) は $(0,2)$ テンソル場として

$$ ds^2 = \sum_{i,j=1}^{2} g_{ij} du^i \otimes du^j $$

を意味するものとして, その意味が明確にされたことになる.

2.4 接 続 と 曲 率

接ベクトル $\boldsymbol{x}_{u^i}$ を $\boldsymbol{x}_i\ (i=1,2)$ と表すことにすると, 曲面の構造方程式は

$$ \frac{\partial}{\partial u^i} \boldsymbol{x}_j = \sum_{k=1}^{2} \Gamma_{ij}^{\ k} \boldsymbol{x}_k + h_{ij} \boldsymbol{n} \tag{2.39} $$

と書かれる. 点 p での接空間は $\boldsymbol{x}_i$ を基底にしていたので, 式 (2.39) は, 無限小に近い 2 点の接空間を関係付けていると読むことができる. 実際, $p + \Delta p = (u^1 + \Delta u^1, u^2 + \Delta u^2)$ とすると,

$$ \boldsymbol{x}_j(p + \Delta p) - \boldsymbol{x}_j(p) = \sum_{i=1}^{2} \Delta u^i \frac{\partial \boldsymbol{x}_j(p)}{\partial u^i} = \sum_{i=1}^{2} \Delta u^i \Big(\sum_{k=1}^{2} \Gamma_{ij}^{\ k} \boldsymbol{x}_k + h_{ij} \boldsymbol{n} \Big) \tag{2.40} $$

と表すことができるからである. ところが, 2 次元の世界に閉じ込められ外
の世界を知らない者にとっては, n という法線ベクトルの方向は見えない.
そのような者は 2 つの接ベクトルの差 (2.40) を次のように理解するであろう,

$$\boldsymbol{x}_j(p + \Delta p) - \boldsymbol{x}_j(p) = \sum_{i,k=1}^{2} \Delta u^i \Gamma_{ij}^{\ k} \boldsymbol{x}_k = \sum_{i=1}^{2} \Delta u^i \frac{\partial}{\partial u^i}\Big|_T \boldsymbol{x}_j(p) \quad (2.41)$$

ここで, 法線ベクトルを表す項を "見えない" ものとして忘れてしまい, 式
(2.41) で 2 次元の世界での微分 $\partial/\partial u^i\big|_T$ を定義した. 微分 $\partial/\partial u^i\big|_T$ は, も
はや関数の微分とは異なって, 整合性 (積分可能条件) $\partial/\partial u^i\big|_T \partial/\partial u^j\big|_T - \partial/\partial u^j\big|_T \partial/\partial u^i\big|_T = 0$ を満たさない. この 2 次元の世界での微分が共変微
分と呼ばれるものである. 2 次元の世界で行う接ベクトルの微分は, 整合性
(積分可能条件) の関係を一般に満たさないが, しかし, このことから逆に,
曲面上の生物は自分が曲がった曲面の上に位置することを認識するであろう.
以上の前置きのもとに, 一般の可微分多様体について考えることにしよう.

2.4.1 接続と共変微分

座標近傍 (U, ϕ) に含まれる点 p と $p + \Delta p$ について, $\phi(p + \Delta p) = (u^1 + \Delta u^1, u^2 + \Delta u^2)$ としよう. 各点で関数の方向微分は独立に考えられるので,
それに基づいて定義された接空間はまったく独立である. そこで, それらの
関係を, 式 (2.41) にならって

$$\left(\frac{\partial}{\partial u^j}\right)_{p+\Delta p} - \left(\frac{\partial}{\partial u^j}\right)_p = \sum_{i,k=1}^{2} \Delta u^i \Gamma_{ij}^{\ k} \left(\frac{\partial}{\partial u^k}\right)_p \quad (2.42)$$

と決めることにしよう. ここで, $\Gamma_{ij}^{\ k}$ は U 上で C^∞ 級の関数とする. 曲面
上のベクトルの微分 $\partial/\partial u^i\big|_T$ を一般の M に対しては記号 $\nabla_{\partial/\partial u^i}$ を用いて
書き表す習慣である. このとき式 (2.42) を

$$\nabla_{\partial/\partial u^i} \left(\frac{\partial}{\partial u^j}\right)_p = \sum_{k=1}^{2} \Gamma_{ij}^{\ k} \left(\frac{\partial}{\partial u^k}\right)_p \quad (2.43)$$

と書き表し, $T_{p+\Delta p}M$ と T_pM の基底の関係を決める式と読む. さて, $p \in U_\alpha \cap U_\beta (\neq \phi)$ のとき, 関係式 (2.42) を U_α, U_β それぞれで $\Gamma^{(\alpha)}{}_{ij}^{\ k}, \Gamma^{(\beta)}{}_{ij}^{\ k}$ を

用いて書き表すとき，それらはどのように “貼り合う” であろうか．それは
関係式

$$\left(\frac{\partial}{\partial u_\alpha^j}\right)_{p+\Delta p} = \sum_{k=1}^2 \left(\frac{\partial u_\beta^k}{\partial u_\alpha^j}\right)_{p+\Delta p} \left(\frac{\partial}{\partial u_\beta^k}\right)_{p+\Delta p}, \quad \Delta u_\alpha^i = \sum_{l=1}^2 \frac{\partial u_\alpha^i}{\partial u_\beta^l} \Delta u_\beta^l$$

などを用いて調べられ，式 (2.8) と同じ

$$\Gamma^{(\alpha)}{}_{ij}^{k} = \sum_{m,n,l=1}^2 (\frac{\partial u_\beta^m}{\partial u_\alpha^i})(\frac{\partial u_\beta^n}{\partial u_\alpha^j})(\frac{\partial u_\alpha^k}{\partial u_\beta^l})\Gamma^{(\beta)}{}_{mn}^{l} + \sum_{l=1}^2 (\frac{\partial u_\alpha^k}{\partial u_\beta^l})\frac{\partial^2 u_\beta^l}{\partial u_\alpha^i \partial u_\alpha^j} \quad (2.44)$$

であることがわかる．このことから，Γ_{ij}^k はテンソル場ではないことがわか
る．しかし，差

$$S_{ij}^k = \Gamma_{ij}^k - \Gamma_{ji}^k$$

を作ると，これはテンソル場となり，S_{ij}^k は**捩率テンソル** (torsion tensor)
と呼ばれている．曲面のクリストッフェルの記号（例題 1.7）については，
$S_{ij}^k = 0$ となっているが一般の接続では必ずしも零である必要はない（問
2.11 参照）．

問 2.10　式 (2.44) を導出せよ．

定義 2.8　各座標近傍の C^∞ 関数 Γ_{ij}^k $(i,j,k=1,2)$ で，変換式 (2.44) にし
たがう量を M の**接続係数**という．また，各座標近傍にそのような関数を定
義することを M に接続を定めるという（この接続係数 Γ_{ij}^k の捩率テンソル
は一般に零ではない）．

問 2.11　二次元可微分多様体 M 上に 2 つのベクトル場 $\xi_{(1)}$, $\xi_{(2)}$ が存在し，
各点でそれらが一次独立ならば，行列 $(\xi_{(i)}^j(p))_{1\le i,j\le 2}$ に逆行列が存在する．
この逆行列を $(\zeta_i^{(j)}(p))_{1\le i,j\le 2}$ と表し，$\Gamma_{ij}^k = \sum_{m=1}^2 \xi_{(m)}^k (\partial\zeta_j^{(m)}/\partial u^i)$ とす
るとき Γ_{ij}^k は接続係数であることを示せ．

　さて，M に接続が与えられ接空間の基底の間の関係が決まると一般のベ
クトル場 $\xi_p = \sum_{i=1}^2 \xi^i(p)(\partial/\partial u^i)_p$ の 2 点 p と $p+\Delta p$ でのベクトルを比較

することが可能になる.

$$\sum_{j=1}^{2} \xi^j(p+\Delta p)\left(\frac{\partial}{\partial u^j}\right)_{p+\Delta p} - \sum_{j=1}^{2} \xi^j(p)\left(\frac{\partial}{\partial u^j}\right)_p$$

$$= \sum \Delta u^i\left(\frac{\partial \xi^j}{\partial u^i} + \sum_{k=1}^{2} \Gamma_{i\,k}^{\ j}\xi^k\right)\left(\frac{\partial}{\partial u^j}\right)_p + O(\Delta u^2) \quad (2.45)$$

ここで, $O(\Delta u^2)$ は高次の無限小を表す. 上式右辺に現れる係数を

$$\nabla_{\partial/\partial u^i}\xi^j = \frac{\partial}{\partial u^i}\xi^j + \sum_{k=1}^{2}\Gamma_{i\,k}^{\ j}\xi^k$$

と書いてベクトル場 ξ^j の**共変微分係数**あるいは単に**共変微分** (covariant derivative) という. この記号を用いると $\xi = \sum_j \xi^j(\partial/\partial u^j)$ に対して

$$\nabla_{\partial/\partial u^i}\xi = \sum_j(\nabla_{\partial/\partial u^i}\xi^j)\left(\frac{\partial}{\partial u^j}\right)$$

と書かれる. 共変微分 $\nabla_{\partial/\partial u^i}$ はたびたび ∇_i と省略されるが, 座標近傍 (U_α, ϕ_α) に対しては $\nabla_i^{(\alpha)}$ と書き表し座標近傍を表す添字を明示することにする.

問 2.12 M 上の C^∞ 関数 f とベクトル場 ξ について, ベクトル場 $f\xi$ が $f\xi = \sum_i f\xi^i(\partial/\partial u^i)$ によって自然に定義される. このとき, $\nabla_i(f\xi) = (\partial f/\partial u^i)\xi + f\nabla_i\xi$ であることを示せ.

例題 2.11 ベクトル場 $\xi = \sum_j \xi^j(\partial/\partial u^j)$ の共変微分 $\nabla_i\xi^j$ は, $p \in U_\alpha \cap U_\beta(\neq \phi)$ のとき

$$\nabla_i^{(\alpha)}\xi_\alpha^j = \sum_{k,l=1}^{2} \frac{\partial u_\beta^k}{\partial u_\alpha^i}\frac{\partial u_\alpha^j}{\partial u_\beta^l}\nabla_k^{(\beta)}\xi_\beta^l$$

と変換するテンソルであることを示せ.

解) 上の性質はベクトル場の変換則 (2.23) と接続係数の変換則 (2.44) を用いて確かめられるので各自示されたい. □

例題 2.12　共変ベクトル場 $t = \sum_j t_j du^j$ について式 (2.45) にならって

$$t(p + \Delta p) - t(p) = \sum_{i,j} \Delta u^i (\nabla_i t_j) du^j, \quad \nabla_i t_j = \frac{\partial}{\partial u^i} t_j - \sum_k \Gamma^k_{ij} t_k$$

と表されることを示せ.

解） p, $p + \Delta p$ は座標近傍 (U, ϕ) に含まれ, $\phi(p + \Delta p) = (u^1 + \Delta u^1, u^2 + \Delta u^2)$ とする. 式 (2.42) によって $T_{p + \Delta p} M$ の基底は

$$\left(\frac{\partial}{\partial u^j} \right)_{p + \Delta p} = \sum_k (\delta_i^{\,k} + \sum_i \Delta u^i \Gamma^k_{ij}) \left(\frac{\partial}{\partial u^k} \right)_p$$

のように接続係数によって $T_p M$ の基底と関係付けられている. このとき双対基底について, $(du^j)_{p + \Delta p} = \sum_k (\delta_k^{\,j} + \sum_i \Delta u^i a_{ik}^{\,j})(du^k)_p$ とおき, 双対基底の定義を書き下すと,

$$(du^j)_{p + \Delta p} \left(\left(\frac{\partial}{\partial u^l} \right)_{p + \Delta p} \right) = \sum_k (\delta_l^{\,k} + \sum_i \Delta u^i \Gamma^k_{il})(\delta_k^{\,j} + \sum_i \Delta u^i a_{ik}^{\,j})$$

$$= \delta_l^{\,j} + \sum_i \Delta u^i (\Gamma^j_{il} + a_{il}^{\,j}) + O(\Delta u^2)$$

$$= \delta_l^{\,j}$$

となるので, $a_{il}^{\,j} = -\Gamma^j_{il}$ と決まり

$$(du^j)_{p + \Delta p} - (du^j)_p = -\sum_{i,l} \Delta u^i \Gamma^j_{il} (du^l)_p \tag{2.46}$$

が得られる. こうして双対基底の間の関係が定まり, それを用いて

$$t(p + \Delta p) - t(p) = \sum_j t_j(p + \Delta p)(du^j)_{p + \Delta p} - \sum_j t_j(p)(du^j)_p$$

$$= \sum_{i,j} \Delta u^i \left(\frac{\partial t_j}{\partial u^i} - \sum_l \Gamma^l_{ij} t_l \right) (du^j)_p$$

が示される.　　　　　　　　　　　　　　　　　　　　　　　　　　　□

一般のテンソル場 (2.37) について，その共変微分の定義は同様にしてなされる．一般の (r,s) テンソル場の共変微分を書き下すのは煩雑になるので，$(2,1)$ テンソル場 $t^{ij}{}_k$ の場合の結果を示しておく．

命題 2.5 $(2,1)$ テンソル場 $t^{ij}{}_k$ の共変微分は

$$\nabla_l t^{ij}{}_k = \frac{\partial}{\partial u^l} t^{ij}{}_k + \sum_{m=1}^{2} \Gamma_{l\,m}^{\ i} t^{mj}{}_k + \sum_{m=1}^{2} \Gamma_{l\,m}^{\ j} t^{im}{}_k - \sum_{m=1}^{2} \Gamma_{l\,k}^{\ m} t^{ij}{}_m$$

と表される．

$(0,0)$ テンソル場はスカラー関数にほかならないが，スカラー関数については共変微分 ∇_i は通常の微分 $\partial/\partial u^i$ に等しい．それ以外のテンソル場について通常の微分を行うと，結果はテンソル場ではなくなってしまう．共変微分はそれをテンソル場に保つ微分法と考えてよい．

問 2.13 2つのテンソル場 t^{ij}, s_{mn} について，それらの縮約 $\sum_{ij} t^{ij} s_{ij}$ について，

$$\frac{\partial}{\partial u^l} \sum_{i,j} t^{ij} s_{ij} = \nabla_l (\sum_{i,j} t^{ij} s_{ij}) = \sum_{i,j} (\nabla_l t^{ij}) s_{ij} + \sum_{i,j} t^{ij} (\nabla_l s_{ij})$$

を確かめよ．

2.4.2 リーマン接続

前節では，接続を一般的に定義しそれに基づいてテンソル場の共変微分が定義された．定義 2.8 を満たす接続はかなり自由に存在することが調べられる (問 2.11 参照) が，リーマン多様体については次に述べるような計量に対して自然に決まる接続係数が存在する．

接続（係数）は捩率テンソルが零に等しいとき，すなわち

$$\Gamma_{i\,j}^{\ k} - \Gamma_{j\,i}^{\ k} = 0$$

であるとき対称である，あるいは捩（ねじ）れがないといわれる．

定理 2.1 リーマン多様体上には，すべての i, j, k について $\nabla_k g_{ij} = 0$ である捩れのない接続が唯一つ存在し，その接続係数は

$$\Gamma_{ij}^{\ k} = \frac{1}{2} \sum_l g^{kl} \left(\frac{\partial g_{lj}}{\partial u^i} + \frac{\partial g_{il}}{\partial u^j} - \frac{\partial g_{ij}}{\partial u_l} \right) \tag{2.47}$$

で与えられる．ここで，g^{kl} は (g_{ij}) の逆行列の行列成分を表す．

証明） 条件 $-\nabla_l g_{ij} = 0$, $\nabla_i g_{jl} = 0$, $\nabla_j g_{li} = 0$ を書き下すと

$$-\partial g_{ij}/\partial u^l + \sum_k \Gamma_{li}^{\ k} g_{kj} + \sum_k \Gamma_{lj}^{\ k} g_{ik} = 0$$

$$\partial g_{jl}/\partial u^i - \sum_k \Gamma_{ij}^{\ k} g_{kl} - \sum_k \Gamma_{il}^{\ k} g_{jk} = 0$$

$$\partial g_{li}/\partial u^j - \sum_k \Gamma_{jl}^{\ k} g_{ki} - \sum_k \Gamma_{ji}^{\ k} g_{lk} = 0$$

これらの 3 つの式を辺々足し上げ，$\Gamma_{ij}^{\ k} = \Gamma_{ji}^{\ k}$ であることを用いると，

$$\frac{\partial g_{jl}}{\partial u^i} + \frac{\partial g_{li}}{\partial u^j} - \frac{\partial g_{ij}}{\partial u^l} = 2 \sum_k \Gamma_{ij}^{\ k} g_{kl}$$

が得られる．(g_{ij}) の逆行列を用いれば，式 (2.47) が一意的に定まる． $\square$

ここで決定された接続係数は，曲面の構造方程式に現れたクリストッフェルの記号を第 1 基本形式で表す式（例題 1.7）と一致する．

定義 2.9 リーマン計量を g_{ij} とするリーマン多様体で，任意の i, j, k について条件 $\nabla_k g_{ij} = 0$ を満たす捩れのない接続を**リーマン接続**または**レビ・チビタ接続** (Levi-Civita connection) という．

以降，リーマン多様体の接続は，つねにこのリーマン接続を考えることにする．次の命題は問 2.13 の結果などから容易に導かれるであろう．

命題 2.6 リーマン接続 ∇ に関して，リーマン計量とテンソル場の縮約は共変微分と交換する．すなわち，テンソル場 $t^{ij\cdots}_{\ \ \ lm\cdots}$ について

$$\nabla_k \Big(\sum_{i,j} g_{ij} t^{ij\cdots}_{\ \ \ lm\cdots} \Big) = \sum_{i,j} g_{ij} \nabla_k t^{ij\cdots}_{\ \ \ lm\cdots}$$

が成り立つ. 特に $(2,0)$ テンソル場 t^{ij} については

$$\frac{\partial}{\partial u^k}\sum_{i,j}g_{ij}t^{ij}=\sum_{i,j}g_{ij}\nabla_k t^{ij}$$

2.4.3 曲率テンソル

曲面上でのベクトルの微分 (2.41)

$$\frac{\partial}{\partial u^i}\Big|_T \boldsymbol{x}_j(p)=\sum_k \Gamma_{i\,j}^{\ \ k}\boldsymbol{x}_k(p) \tag{2.48}$$

を考えてみよう. 微分 $\partial/\partial u^i\big|_T$ は, 曲面の接ベクトルを微分すると, 法線方向のベクトル成分が生じるが, この方向は曲面上の生物には "見えない"方向なので零とする, すなわち接平面に射影する, という微分演算の意味であった. この射影という作用のために, 整合性の条件 (積分可能条件) $\partial/\partial u^i\big|_T\partial/\partial u^j\big|_T-\partial/\partial u^j\big|_T\partial/\partial u^i\big|_T=0$ が満たされなくなっている. 微分 $\partial/\partial u^i\big|_T$ の関数への作用は通常の微分と一致することがわかるので (問 2.12 参照), 式 (2.48) を用いて

$$\frac{\partial}{\partial u^k}\Big|_T\frac{\partial}{\partial u^j}\Big|_T\boldsymbol{x}_i(p)=\sum_l\frac{\partial\Gamma_{j\,i}^{\ \ l}}{\partial u^k}\boldsymbol{x}_l+\sum_l\Gamma_{j\,i}^{\ \ l}\frac{\partial}{\partial u^k}\Big|_T\boldsymbol{x}_l$$

$$=\sum_m\left\{\frac{\partial\Gamma_{j\,i}^{\ \ m}}{\partial u^k}+\sum_l\Gamma_{j\,i}^{\ \ l}\Gamma_{k\,l}^{\ \ m}\right\}\boldsymbol{x}_m$$

と計算される. したがって,

$$\left\{\frac{\partial}{\partial u^k}\Big|_T\frac{\partial}{\partial u^j}\Big|_T-\frac{\partial}{\partial u^j}\Big|_T\frac{\partial}{\partial u^k}\Big|_T\right\}\boldsymbol{x}_i(p)$$

$$=\sum_m\left\{\frac{\partial\Gamma_{j\,i}^{\ \ m}}{\partial u^k}-\frac{\partial\Gamma_{k\,i}^{\ \ m}}{\partial u^j}+\sum_l\left(\Gamma_{j\,i}^{\ \ l}\Gamma_{k\,l}^{\ \ m}-\Gamma_{k\,i}^{\ \ l}\Gamma_{j\,l}^{\ \ m}\right)\right\}\boldsymbol{x}_m$$

となる. ここで, 右辺はガウスの方程式 (例題 1.8) を使うと $\sum_{l,m}(h_{ij}h_{kl}-h_{ik}h_{jl})g^{lm}\boldsymbol{x}_m$ に等しく, さらにこれはガウス曲率 $K=\det h/\det g$ に等しいことを式 (1.23) で見た. すなわち, 曲面上の生物はベクトルの微分 $\partial/\partial u^i\big|_T$ が非可換になることを通して曲面が曲がっていることを知ることができるのである.

一般のリーマン多様体についても同様に考えて

$$(\nabla_i \nabla_j - \nabla_j \nabla_i)\left(\frac{\partial}{\partial u^k}\right) = \sum_l R^l{}_{kij}\left(\frac{\partial}{\partial u^l}\right)$$

$$R^l{}_{kij} = \frac{\partial \Gamma_{j\,k}^{\ l}}{\partial u^i} - \frac{\partial \Gamma_{i\,k}^{\ l}}{\partial u^j} + \sum_m \left\{ \Gamma_{i\,m}^{\ l}\Gamma_{j\,k}^{\ m} - \Gamma_{i\,k}^{\ m}\Gamma_{j\,m}^{\ l} \right\} \qquad (2.49)$$

を得る. ベクトル場 ξ^k について直接計算を行うと

$$\nabla_i \nabla_j \xi^l - \nabla_j \nabla_i \xi^l = \sum_k R^l{}_{kij} \xi^k \qquad (2.50)$$

が確かめられ, 左辺はテンソル場であるから, $R^l{}_{kij}$ は $(1,3)$ のテンソル場であることがわかる. $R^l{}_{kij}$ をリーマンの**曲率テンソル** (curvature tensor) という. また, 共変微分演算の差 $\nabla_i \nabla_j - \nabla_j \nabla_i$ を $[\nabla_i, \nabla_j]$ と書き表し, ∇_i, ∇_j の**交換子** (commutator) という.

定理 2.2 (リッチの公式) リーマン多様体上のスカラー関数 f, 反変ベクトル場 ξ^i, 共変ベクトル場 t_j, $(1,2)$ テンソル場 $t_{ij}{}^k$ について

$$[\nabla_i, \nabla_j]f = 0$$
$$[\nabla_i, \nabla_j]\xi^l = \sum_k R^l{}_{kij}\xi^k$$
$$[\nabla_i, \nabla_j]t_k = -\sum_l R^l{}_{kij}t_l$$
$$[\nabla_i, \nabla_j]t_{kl}{}^m = \sum_r \left(-R^r{}_{kij}t_{rl}{}^m - R^r{}_{lij}t_{kr}{}^m + R^m{}_{rij}t_{kl}{}^r \right)$$

が成り立つ.

問 2.14 上の式 (定理 2.2) を示せ.

定理 2.3 リーマンの曲率テンソルについて, $R_{ijkl} = \sum_m g_{im}R^m{}_{jkl}$ と表すとき, 次が成り立つ.

$$\begin{aligned}
&1) &&R_{ijkl} = -R_{ijlk} = -R_{jikl} \\
&2) &&R_{lijk} + R_{ljki} + R_{lkij} = 0 &&(2.51) \\
&3) &&R_{ijkl} = R_{klij}
\end{aligned}$$

証明）1) 最初の等号は $R^i_{\ jkl} = -R^i_{\ jlk}$ より明らか. 次の等号は, リッチの公式（定理 2.2) と $\nabla_l g_{ij} = 0$ を合わせると $0 = [\nabla_k, \nabla_l] g_{ij} = -\sum_m R^m_{\ ikl} g_{mj} - \sum_m R^m_{\ jkl} g_{im}$ が得られる. これより, $R_{jikl} + R_{ijkl} = 0$ となる.

2) リーマンの曲率テンソルの定義式 (2.49) から, $R^l_{\ kij} + R^l_{\ ijk} + R^l_{\ jki} = 0$ が直接確かめられる.

3) 直接確かめることも可能だが, 1) と 2) の性質を使って, 次のように導出できる.

$$
\begin{aligned}
R_{ijkl} &= -R_{iklj} - R_{iljk} = R_{kilj} + R_{lijk} \\
&= (-R_{klji} - R_{kjil}) + (-R_{ljki} - R_{lkij}) \\
&= R_{klij} + (R_{jkil} + R_{jlki}) + R_{klij} \\
&= 2R_{klij} - R_{jilk}
\end{aligned}
$$

これより $2R_{ijkl} = 2R_{klij}$ が得られる. $\qquad\square$

関係式 (2.51) によって, 二次元リーマン多様体では R_{1212} のみが独立な量となる. さらに, 曲面の場合 $R^m_{\ ikj} = \sum_l (h_{ij} h_{kl} - h_{ik} h_{jl}) g^{lm}$ と書き表されるので,

$$
R_{1212} = h_{22} h_{11} - h_{21} h_{21} = \det(h) \tag{2.52}
$$

となる.

可換でない共変微分を順に行い, 差をとるという演算を $\nabla_i \nabla_j - \nabla_j \nabla_i = [\nabla_i, \nabla_j]$ と表した. これをもう一度行って

$$
[[\nabla_i, \nabla_j], \nabla_k] = (\nabla_i \nabla_j - \nabla_j \nabla_i) \nabla_k - \nabla_k (\nabla_i \nabla_j - \nabla_j \nabla_i)
$$

という演算を作ることができる. これについて,

$$
[[\nabla_i, \nabla_j], \nabla_k] + [[\nabla_j, \nabla_k], \nabla_i] + [[\nabla_k, \nabla_i], \nabla_j] = 0 \tag{2.53}
$$

という恒等式を確かめることができる. この等式は, 交換子に関するヤコビ (Jacobi) の恒等式と呼ばれるものである.

問 2.15 恒等式 (2.53) を確かめよ.

定理 2.4 （ビアンキ (Bianchi) の恒等式）

$$\nabla_i R^m_{ljk} + \nabla_j R^m_{lki} + \nabla_k R^m_{lij} = 0$$

証明） 任意のベクトル場 ξ^l の共変微分を，交換子 $[[\nabla_i, \nabla_j], \nabla_k]$ にしたがって計算する．リッチの公式（定理2.2）を用いると

$$
\begin{aligned}
[[\nabla_i, \nabla_j], \nabla_k]\xi^l &= [\nabla_i, \nabla_j]\nabla_k\xi^l - \nabla_k[\nabla_i, \nabla_j]\xi^l \\
&= \sum_m \left(-R^m_{kij}\nabla_m\xi^l + R^l_{mij}\nabla_k\xi^m - \nabla_k(R^l_{mij}\xi^m) \right) \\
&= -\sum_m \left(R^m_{kij}\nabla_m\xi^l + (\nabla_k R^l_{mij})\xi^m \right)
\end{aligned}
$$

となる．ここで，$\nabla_k(R^l_{mij}\xi^m) = (\nabla_k R^l_{mij})\xi^m + R^l_{mij}\nabla_k\xi^m$ を用いた（問2.13）．上の式を，$i \to j \to k \to i$ とする添字の巡回を行って足しあげると，ヤコビの恒等式 (2.53) より

$$0 = -(R^m_{kij} + R^m_{ijk} + R^m_{jki})\nabla_m\xi^l - (\nabla_k R^l_{mij} + \nabla_i R^l_{mjk} + \nabla_j R^l_{mki})\xi^m$$

となる．ここで，式 (2.51) の第2式を用いれば，ビアンキの恒等式が得られる． $\square$

　　曲率テンソルの縮約

$$R_{ij} = \sum_l R^l_{ilj} = \sum_{k,l} g^{kl} R_{kilj}$$

をリッチ (Ricci) のテンソルという．これは等式 (2.51) を用いると添字 i, j について対称なテンソルであることがわかる．

$$R_{ij} = \sum_{k,l} g^{kl} R_{kilj} = \sum_{k,l} g^{kl} R_{ljki} = R_{ji}$$

さらに，リッチのテンソルを縮約した $R = \sum_{i,j} g^{ij} R_{ij}$ を**スカラー曲率** (scalar curvature) という．2次元のリーマン多様体ではリッチのテンソルは

$$R_{11} = R_{1212}g^{22}, \qquad R_{12} = R_{21} = -R_{1212}g^{12}, \qquad R_{22} = R_{1212}g^{11}$$

と書かれ，スカラー曲率はこれを用いると

$$R = g^{11}R_{11} + 2g^{12}R_{12} + g^{22}R_{22} = 2R_{1212}\det(g^{-1})$$

であることがわかる．曲面に対しては，式 (2.52) から，ガウス曲率 $K = \det h/\det g$ を用いて $R_{1212} = K\det g$ と表されるので，結局，スカラー曲率とガウス曲率は

$$R = 2K \tag{2.54}$$

の関係にある．

問 2.16 n 次元リーマン多様体 M のリーマンの曲率テンソルについて，それの独立な成分の数は $n^2(n^2 - 1)/12$ 個であることを示せ．

2.5　平行移動と測地線

　平面の幾何学では，平面の各点での接平面はその点を始点とするベクトル全体からなる．そして，異なる 2 点の接平面は，平行移動 $x \to x + a$ で重ねることができるので，2 つの接ベクトルが平行移動で重なるときそれらは平行であるといっている．多様体の幾何学では接続式 (2.43) が平行移動を定義し，それに基づいて 2 つのベクトルが平行であるかどうかが述べられる．

2.5.1　平　行　移　動

　M をリーマン多様体として，その上にはリーマン接続を考えることにしよう．M 上になめらかな曲線 $c(t)(t_0 \leq t \leq t_1)$ を考えるとき，その曲線の接ベクトルは $T_{c(t)}M$ の元として，座標近傍 (U, ϕ) のもとで

$$\frac{dc(t)}{dt} = \frac{du^1(c(t))}{dt}\left(\frac{\partial}{\partial u^1}\right)_{c(t)} + \frac{du^2(c(t))}{dt}\left(\frac{\partial}{\partial u^2}\right)_{c(t)}$$

と書かれた（式 (2.29)）．$c(t)$ の各点で $dc(t)/dt$ 方向への共変微分が考えられるが，これを

$$\nabla_{\dot{c}(t)} = \sum_i \frac{du^i(c(t))}{dt}\nabla_i \tag{2.55}$$

と書く. 他方で, $c(t)$ 上の各点でベクトル $\xi(t) \in T_{c(t)}M$ が与えられると
き, $\xi(t)$ を $c(t)$ 上のベクトル場と呼ぼう. $c(t)$ 上のベクトル場 $\xi(t)$ について
$dc(t)/dt$ 方向への共変微分が考えられて

$$\nabla_{\dot{c}(t)}\xi(t) = \sum_{i,j} \frac{du^i(c(t))}{dt} \left(\nabla_i \xi^j(t)\right) \left(\frac{\partial}{\partial u^j}\right)_{c(t)}$$

$$= \sum_j \left\{ \frac{d\xi^j(t)}{dt} + \sum_i \frac{du^i(c(t))}{dt} \Gamma_{i\,k}^{\ j} \xi^k(t) \right\} \left(\frac{\partial}{\partial u^j}\right)_{c(t)}$$

と計算される.

定義 2.10　$\nabla_{\dot{c}(t)}\xi(t) = 0$ であるとき, 曲線 $c(t)$ 上のベクトル場 $\xi(t)$ は $c(t)$
に沿って平行であるという.

いま, 簡単のため 2 点 p, q が 1 つの座標近傍 (U, ϕ) に含まれているとし
よう. すると U は $\mathbb{R}^2$ の開集合と同相であったので, 2 点を始点終点とする
なめらかな曲線 $c(t)$ $(t_0 \leq t \leq t_1)$ が存在する. 接ベクトル $\xi_p \in T_pM$ が与え
られたとき, 微分方程式

$$\frac{d\xi^1(t)}{dt} + \sum_{i,k=1}^{2} \frac{du^i(c(t))}{dt} \Gamma_{i\,k}^{\ 1} \xi^k(t) = 0$$

$$\frac{d\xi^2(t)}{dt} + \sum_{i,k=1}^{2} \frac{du^i(c(t))}{dt} \Gamma_{i\,k}^{\ 2} \xi^k(t) = 0$$

を初期値 $\xi(t_0) = \xi_p$ のもとで考えると, 解の存在と一意性の定理より, その
解 $\xi(t) = \xi^1(t)(\partial/\partial u^1)_{c(t)} + \xi^2(t)(\partial/\partial u^2)_{c(t)}$ が一意的に決まる. 定義から,
こうして決まる $c(t)$ 上のベクトル場は曲線に沿って平行である. そこで, 接
ベクトル $\xi_q = \xi(t_1) \in T_qM$ を接ベクトル $\xi_p \in T_pM$ の**曲線 $c(t)$ に沿った平
行移動**と呼ぶ.

平面の場合 $g_{ij} = \delta_i^{\ j}$ であり $\Gamma_{i\,j}^{\ k} = 0$ となるので, 上の微分方程式は 2 点
を結ぶ曲線にはよらない. また, $\xi^i(t_0) = \xi^i(t_1)$ となり平面幾何の平行移動
となる. しかし, 一般の曲面 (リーマン多様体) では次の例で見られるよう
に平行移動は曲線の取り方に依存する. そして, その事実は接続が整合性の

条件（積分可能条件）を満たさないこと（式 (2.50) 参照）を反映しているのである．

例題 2.13 球面 $S : \boldsymbol{x}(\theta, \varphi) = (R\sin\theta\cos\varphi, R\sin\theta\sin\varphi, R\cos\theta)$ についてその接ベクトルの平行移動を調べよ．

解） 例題 2.6 で決めた正規直交標構 $\boldsymbol{E}_1 = \boldsymbol{x}_\theta/R$, $\boldsymbol{E}_2 = \boldsymbol{x}_\varphi/(R\sin\theta)$ を用いて，点 $p : (\theta, \varphi)$ の接ベクトル $\xi \in T_pS$ を $\xi = \sum_a \xi^a \boldsymbol{E}_a$ と表すことにする．始点を $(\theta_0, 0)$ として，緯度線に沿った曲線 $C_\varphi : (\theta(t), \varphi(t)) = (\theta_0, t)$ についてのベクトル $\xi_0 \in T_{(u_0, 0)}S$ の平行移動は，定義 2.10 にしたがって微分方程式 $\dot{\xi}_0^a(t) + \sum_b w_{\varphi b}{}^a \xi^b(t) = 0$ で決められる．これを具体的に書き下すと，

$$\begin{cases} \dot{\xi}^1(t) - \cos\theta_0 \xi^2(t) = 0 \\ \dot{\xi}^2(t) + \cos\theta_0 \xi^1(t) = 0 \end{cases}$$

となる．これの初期値 $\xi(0) = \xi_0$ のもとでの解は，$c_0 = \cos\theta_0$ と表して，

$$\begin{pmatrix} \xi^1(t) \\ \xi^2(t) \end{pmatrix} = \begin{pmatrix} \cos(c_0 t) & \sin(c_0 t) \\ -\sin(c_0 t) & \cos(c_0 t) \end{pmatrix} \begin{pmatrix} \xi_0^1 \\ \xi_0^2 \end{pmatrix}$$

と得られる．他方で，経線に沿っての平行移動は $w_{\theta a}{}^b = 0$ であるため，微分方程式は $\dot{\xi}(t) = 0$ となって，解は $\xi(t) = \xi(0)$ となる．図 2.6 では平行移動の様子が示されている． □

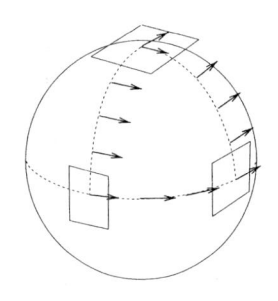

図 2.6 球面上でのベクトルの平行移動

2.5.2　測　地　線

曲面の測地線についてはすでに，1.3節で考察した．それは曲面に住む者にとって「接ベクトルの向きがつねに一定である曲線」と理解されるものであった．測地線は，より一般のリーマン多様体についても定義される．

定義 2.11　リーマン多様体上の曲線 $c(s)$（s は弧長）は，単位接ベクトル $\dot{c}(s) = dc(s)/ds$ が，$c(s)$ に沿って平行であるとき，すなわち $\nabla_{\dot{c}(s)}\dot{c}(s) = 0$ が成り立つとき**測地線** (geodesic) と呼ばれる．

単位接ベクトルは，座標近傍 (U, ϕ) で

$$\dot{c}(s) = \frac{du^1(c(s))}{ds}\left(\frac{\partial}{\partial u^1}\right)_{c(s)} + \frac{du^2(c(s))}{ds}\left(\frac{\partial}{\partial u^2}\right)_{c(s)}$$

と書かれるので，測地線の方程式 (1.27)

$$\frac{d^2u^i}{ds^2} + \sum_{j,k}\Gamma_{j\,k}^{\ i}\frac{du^j}{ds}\frac{du^k}{ds} = 0 \tag{2.56}$$

が得られる．

問 2.17　式 (2.56) を導出せよ．

例題 2.14　ポアンカレ上半平面の式 (2.27) について測地線を調べよ．

解）　$ds_1^2 = (dx^2 + dy^2)/y^2$ から，リーマン計量を $g_{xx} = g_{yy} = 1/y^2$，$g_{xy} = g_{yx} = 0$ と書く．これの逆行列について $g^{xx} = g^{yy} = y^2$，$g^{xy} = g^{yx} = 0$ である．リーマン接続の接続係数を式 (2.47) から求めると，ほとんどの成分が零で，零でない成分は

$$\Gamma_{x\,x}^{\ y} = \frac{1}{y}, \qquad \Gamma_{x\,y}^{\ x} = \Gamma_{y\,y}^{\ y} = -\frac{1}{y}$$

と決められる．このとき，曲線 $c(s)$（s は弧長）について測地線の微分方程式 (2.56) は

$$\ddot{x} - \frac{2}{y}\dot{x}\dot{y} = 0, \qquad \ddot{y} + \frac{\dot{x}^2}{y} - \frac{\dot{y}^2}{y} = 0 \tag{2.57}$$

と書かれる. ここで, $\dot{x} = dx/ds$ などとする. また, パラメーター s を弧長にとっているから接ベクトル $\dot{c}(s) = \dot{x}(\partial/\partial x) + \dot{y}(\partial/\partial y)$ は単位接ベクトルになり条件

$$1 = g(\dot{c}(s), \dot{c}(s)) = \frac{1}{y^2}(\dot{x}^2 + \dot{y}^2) \tag{2.58}$$

を得る. この条件式 (2.58) は微分方程式 (2.57) の 1 つの積分であることが確かめられる. $\dot{x} = 0$ のとき, 微分方程式 (2.57) は, $\ddot{x} = 0$, $(\dot{y}/y)' = 0$ となり, その解は $x(s) = x(0)$, $y(s) = e^{as}$ $(a = \dot{y}(0))$ となるが, 条件式 (2.58) より $a = \pm 1$ が可能である. これは x 軸に垂直で無限遠に向かう半直線, あるいは x 軸に向かう (が x 軸とは決して交わらない) 直線を表す.

次に $\dot{x} \neq 0$ のとき, 微分方程式 (2.57) は $\ddot{x}/\dot{x} - 2\dot{y}/y = 0$, $(\dot{y}/y)' + \dot{x}^2/y^2 = 0$ と表される. 第 1 式は積分されて, $\dot{x} = cy^2$ $(c \neq 0$ は積分定数) と表される. この積分を条件式 (2.58) に代入すると $y^2 = c^2 y^4 + \dot{y}^2$ となり

$$\dot{y} = y\sqrt{1 - c^2 y^2} \tag{2.59}$$

が得られる. これを変数分離して $dy/(y\sqrt{1 - c^2 y^2}) = ds$ と表せば, 積分可能である. しかし, ここでは測地線の形に興味があるので積分を実行する必要はなく次の量に着目する.

$$\frac{dy}{dx} = \frac{\dot{y}}{\dot{x}} = \frac{y\sqrt{1 - c^2 y^2}}{cy^2}$$

これを変数分離すると

$$\frac{1}{2}\frac{dt}{\sqrt{1 - t}} = cdx \quad (t = c^2 y^2)$$

となって, $-\sqrt{1 - t} = cx - d$ (d は積分定数) と積分されて整理すると

$$\frac{1}{c^2} = (x - \frac{d}{c})^2 + y^2$$

が得られる. このことから, 測地線が x 軸上に中心をもつ円周の円弧で表されることがわかる. 　　　　□

問 **2.18** 式 (2.59) を積分せよ.

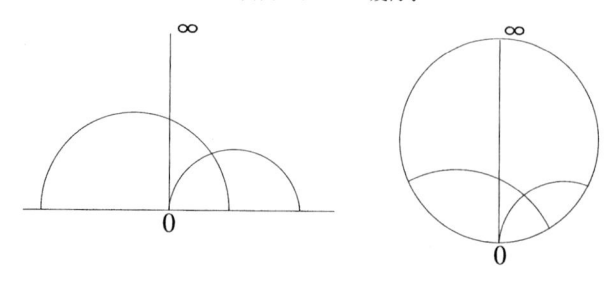

図 2.7　ポアンカレ上半平面と単位円での測地線

2.5.3　変分法と測地線

リーマン多様体上の 2 点 p, q を始点終点とする曲線 $C : c(t)$ $(t_0 \leq t \leq t_1)$ の長さは,

$$s(C) = \int_{t_0}^{t_1} \sqrt{g(\dot{c}, \dot{c})} dt$$

と定義された. ユークリッド平面の直線は 2 点を結ぶ最短曲線という性質をもっていたが, 同様な性質は多様体上の測地線に見られることが示される. 測地線は, 一般には長さ $s(C)$ に対して最短曲線という性質をもたないが, その停留値を与える曲線, 停留曲線, であることが示される.

　曲線のパラメーター t のほかに, 変数 λ を導入して二変数関数 $F(t, \lambda) :$ $[t_0, t_1] \times (-\varepsilon, \varepsilon) \to M$ によって曲線の族 $C_\lambda : c_\lambda(t) = F(t, \lambda)$ を考えよう. このとき, $F(t, \lambda)$ は二変数関数として C^∞ 級であるとし, 1) $c_0(t) = c(t)$ $(t \in [t_0, t_1])$, 2) $c_\lambda(t_0) = p, c_\lambda(t_1) = q$ $(\lambda \in (-\varepsilon, \varepsilon))$ の条件を満たすようにする. このような関数によって, 各 λ に対して決められる曲線 $C_\lambda : c_\lambda(t) = F(t, \lambda)$ を曲線 C の**変分曲線**という. 変分曲線を任意に与えるとき

$$\frac{d}{d\lambda} s(C_\lambda) \Big|_{\lambda=0} = 0$$

が成り立つ曲線 $C = C_0$ を長さ $s(C)$ の**停留曲線**という. 曲線のパラメーター t の取り方はいくらでもあったので, 停留曲線のパラメーター t は弧長 s に等しいものとする. この種の問題は多変数関数の極値問題を "関数の関数"(汎関数)に対して考えるもので, 一般に**変分問題**と呼ばれている.

　変分曲線上の速度ベクトル場 $\dot{c}_\lambda(t) = \partial c_\lambda(t) / \partial t$ に対して, ベクトル場

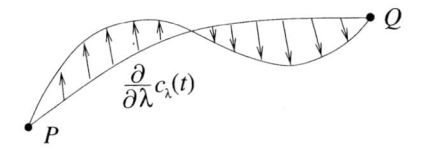

図 2.8 変分ベクトルの様子

$\partial c_\lambda(t)/\partial\lambda$

$$\frac{\partial}{\partial\lambda}c_\lambda(t) = \frac{\partial u^1(c_\lambda(t))}{\partial\lambda}\left(\frac{\partial}{\partial u^1}\right)_{c_\lambda(t)} + \frac{\partial u^2(c_\lambda(t))}{\partial\lambda}\left(\frac{\partial}{\partial u^2}\right)_{c_\lambda(t)}$$

を**変分ベクトル**といい，$c'_\lambda(t)$ と書くことにする．

補題 2.1

$$\frac{\partial}{\partial\lambda}g(\dot{c}_\lambda, \dot{c}_\lambda) = 2g(\nabla_{\dot{c}_\lambda}c'_\lambda, \dot{c}_\lambda) \tag{2.60}$$

証明） リーマン接続について $\nabla_k g_{ij} = 0$ であることと，共変微分の公式（命題 2.6）を使うと，

$$\frac{\partial}{\partial\lambda}g(\dot{c}_\lambda, \dot{c}_\lambda) = \nabla_{c'_\lambda}\left(g(\dot{c}_\lambda, \dot{c}_\lambda)\right)$$
$$= 2g(\nabla_{c'_\lambda}\dot{c}_\lambda, \dot{c}_\lambda)$$

と計算される．ここで，

$$\nabla_{c'_\lambda}\dot{c}_\lambda = \sum_i\left\{\frac{\partial}{\partial\lambda}\frac{\partial u^i}{\partial t} + \sum_{k,l}\frac{\partial u^k}{\partial\lambda}\Gamma_{k\,l}^{\,i}\frac{\partial u^l}{\partial t}\right\}\left(\frac{\partial}{\partial u^i}\right)_{c_\lambda(t)} = \nabla_{\dot{c}_\lambda}c'_\lambda$$

であるから式 (2.60) が得られる． □

定理 2.5 変分の停留値曲線は測地線に等しい．

証明） 変分曲線 C_λ について補題 2.1 を使って

$$\frac{d}{d\lambda}s(C_\lambda) = \int_{t_0}^{t_1}\frac{\partial}{\partial\lambda}\sqrt{g(\dot{c}_\lambda, \dot{c}_\lambda)}dt$$

$$= \frac{1}{2} \int_{t_0}^{t_1} \frac{1}{\sqrt{g(\dot{c}_\lambda, \dot{c}_\lambda)}} \frac{\partial}{\partial \lambda} g(\dot{c}_\lambda, \dot{c}_\lambda) dt$$

$$= \int_{t_0}^{t_1} \frac{1}{\sqrt{g(\dot{c}_\lambda, \dot{c}_\lambda)}} g(\nabla_{\dot{c}_\lambda} c'_\lambda, \dot{c}_\lambda) dt$$

$$= \int_{t_0}^{t_1} \frac{1}{\sqrt{g(\dot{c}_\lambda, \dot{c}_\lambda)}} \Big\{ \frac{\partial}{\partial t} g(c'_\lambda, \dot{c}_\lambda) - g(c'_\lambda, \nabla_{\dot{c}_\lambda} \dot{c}_\lambda) \Big\} dt$$

と計算される. 変分ベクトル場について $c'_\lambda(t_0) = c'_\lambda(t_1) = 0$ が成り立ち, また $c_0(t)$ のパラメーター t は弧長 s に等しいとするので $g(\dot{c}_0, \dot{c}_0) = 1$ となり

$$\frac{d}{d\lambda} s(C_0) = \frac{d}{d\lambda} s(C_\lambda)\Big|_{\lambda=0} = -\int_{t_0}^{t_1} g(c'_0, \nabla_{\dot{c}_0} \dot{c}_0) dt \qquad (2.61)$$

となる. 測地線は $\nabla_{\dot{c}} \dot{c} = 0$ を満たすから, $ds(C_0)/d\lambda = 0$ となり停留曲線であることがわかる.

　逆に $c_0(t)$ が停留曲線ならば, 任意の変分曲線 C_λ について式 (2.61) が零に等しい. 変分曲線は任意にとれるので, 対応する変分ベクトル c'_λ も, $\xi(t_0) = \xi(t_1) = 0$ を満たす曲線 $c_0(t)$ 上のベクトル場 $\xi(t)$ を任意に表すことができる. このことから, $c_0(t)$ が停留曲線ならば, 任意の $\xi(t_0) = \xi(t_1) = 0$ を満たす曲線 $c_0(t)$ 上のベクトル場 $\xi(t)$ について

$$\int_{t_0}^{t_1} g(\xi, \nabla_{\dot{c}_0} \dot{c}_0) dt = 0$$

である. そこで, $\varphi(t_0) = \varphi(t_1) = 0$ で, $\varphi(t) > 0 \ (t_0 < t < t_1)$ である C^∞ 関数をとり (たとえば, $\varphi(t) = e^{-1/(t-t_0)^2 - 1/(t-t_1)^2}$), $\xi(t) = \varphi(t) \nabla_{\dot{c}_0} \dot{c}_0$ とすれば, 停留曲線の条件は $\int_{t_0}^{t_1} \varphi(t) g(\nabla_{\dot{c}_0} \dot{c}_0, \nabla_{\dot{c}_0} \dot{c}_0) dt = 0$ となるので, $\nabla_{\dot{c}_0} \dot{c}_0 = 0$ が結論され, $c_0(t)$ は測地線でなければならない. □

　2 点を結ぶ曲線の長さの停留曲線が測地線であることが示されたが, この停留曲線が 2 点間の長さ最短の曲線であるかどうか疑問になる. すでに, 第 1 章の例で見たように 2 点を結ぶ測地線は必ずしも長さ最短の曲線とは限らないことを知っている. たとえば, 円筒に何度も巻き付いて 2 点を結ぶ円筒の測地線などがあった. しかし, 2 点 p q とそれらを結ぶ測地線が, 十分小

さな 1 つの近傍の中に入っているなら，測地線は 2 点を結ぶ長さ最短の曲線であることが示される．まず，それを示すために適した座標系の準備をしよう．

点 p とそれを含む座標近傍を (U, ϕ) としよう．接ベクトル $\xi_0 \in T_pM$ に対して次の微分方程式を考える．

$$
\begin{aligned}
\frac{du^i}{dt} &= \xi^i \\
\frac{d\xi^i}{dt} &= -\sum_{j,k} \Gamma_{jk}^{\ i}\xi^j\xi^k
\end{aligned}
\tag{2.62}
$$

ここで，初期値を $u_0^i = u^i(p), \xi^i(0) = \xi_0^i$ とする．微分方程式の解に関する定理（付録 A.2, p.188 参照）によって，$g_p(\xi_0, \xi_0)$ を十分小さくとると $|t| < \varepsilon$ なる t の範囲で ξ, t に関して C^∞ 級の解

$$
u^i(t) = u^i(u_0, \xi_0, t), \qquad \xi^i(t) = \xi^i(u_0, \xi_0, t)
\tag{2.63}
$$

が存在する．微分方程式の形からこれらの解は任意の数 $c \neq 0$ について次の性質

$$
u^i(u_0, c\xi_0, \frac{t}{c}) = u^i(u_0, \xi_0, t), \qquad \xi^i(u_0, c\xi_0, \frac{t}{c}) = c\xi^i(u_0, c\xi_0, t)
\tag{2.64}
$$

をもつことが示される．微分方程式 (2.62) は，ξ を消去すると測地線の微分方程式と同じ 2 階の微分方程式であるが，変数 t は必ずしも弧長 s に一致せず定数倍だけ異なることが許される．弧長 s についてはつねに du^i/ds が単位ベクトル（単位速度ベクトル）であったから，定数 c を初期値について $g_p(c\xi_0, c\xi_0) = 1$ とするように定めるとき，弧長との関係が $s = t/c$ と決められる．しばらくはこの条件は課さないで，変数 t は一般のパラメーターとする．

問 2.19 式 (2.64) を示せ．

初期値 $\xi \in T_pM$ に対する微分方程式の解 (2.63) を求めて，写像

$$
\begin{aligned}
Exp_p: \quad T_pM \quad &\to \quad \phi(U) \\
\xi \quad &\mapsto \quad u^i(u_0, \xi, 1)
\end{aligned}
$$

を考えてみる．任意の初期値 ξ に対して，$t=1$ が条件 $|t|<\varepsilon$ $(\varepsilon=\varepsilon(\xi))$ の範囲に入っている保証はないが，式 (2.64) で $c=t$ $(t$ は条件 $|t|<\varepsilon$ を満たす範囲とする）とおけば $u^i(u_0,t\xi_0,1)=u^i(u_0,\xi_0,t)$ となるので，$g_p(\xi,\xi)$ が十分小さな ξ に対しては C^∞ 写像 Exp_p が定義されることがわかる．

命題 2.7 各点 p とその座標近傍 (U,ϕ) について，写像 $Exp_p : B_\varepsilon \to \phi(U)$ が C^∞ 級 1 対 1 の写像となるような T_pM の原点近傍 $B_\varepsilon = \{\xi \in T_pM|\sqrt{g_p(\xi,\xi)}<\varepsilon\}$ が存在する．

証明） 写像 Exp_p が定義され，C^∞ 級となるような T_pM の原点近傍 $B_{\varepsilon'}$ の存在はすでに示しているので，これが 1 対 1 写像となる近傍の存在を示せばよい．そこで，関係式 $u^i(u_0,\xi,t)=u^i(u_0,t\xi,1)$ を t で微分すると

$$\frac{\partial u^i(u_0,\xi,t)}{\partial t}=\sum_j \xi^j\Big(\frac{\partial u^i(u_0,t\xi,1)}{\partial(t\xi^j)}\Big)$$

ここで，$t=0$ とおくと

$$\xi^i=\sum_j \xi^j\Big(\frac{\partial u^i(u_0,\xi,1)}{\partial \xi^j}\Big)_{\xi=0}$$

ξ は原点近傍 $B_{\varepsilon'}$ の任意のベクトルであるので，$\Big(\partial u^i(u_0,\xi,1)/\partial \xi^j\Big)_{\xi=0}=\delta^i_j$ でなければならない．したがって，ある原点近傍 $B_\varepsilon \subset B_{\varepsilon'}$ が存在して，そこで $\det(\partial u^i(u_0,\xi,1)/\partial \xi^j)\neq 0$ となる．ここで，陰関数定理（付録 A.1，p.187 参照）を使うと C^∞ 写像 $u^i=u^i(u_0,\xi,1)$ が ξ について解けて，1 対 1 となることがわかる． □

　原点の近傍 $B_\varepsilon \subset T_pM$ について $U_p=\phi^{-1}\circ Exp_p(B_\varepsilon)$ を考えると，これは点 p の近傍となので，$(U_p, Exp_p^{-1}\circ\phi)$ は点 p を含む座標近傍となる．こうして決められる座標近傍を点 p を原点とする**標準座標近傍**または単に**標準座標** (normal coordinate) といい，以下では (U_p,φ_p) と書くことにする（記号には明示しないが，その構成から明らかなように p の座標近傍 (U,ϕ) を決めた上で定義されている）（図 2.9 参照）．

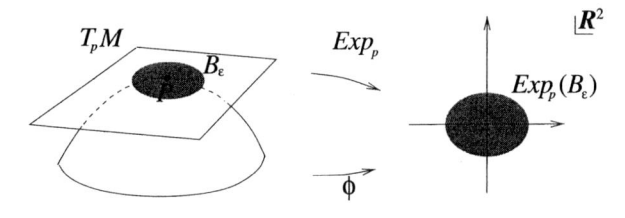

図 2.9 p 点近傍での標準座標

式 (2.62) で，パラメーター t を弧長に一致させるとき，点 p を通り初期値が $\xi_0 \in T_p M$ （$g_p(\xi_0, \xi_0) = 1$）の測地線は，座標近傍 (U, ϕ) で表すと

$$u^i(t) = u^i(u_0, \xi_0, t) = u^i(u_0, t\xi_0, 1)$$

と表される．標準座標の定義から，この測地線は標準座標の原点を通る直線 $\xi(t) = t\xi_0$ と表されることがわかる．逆に標準座標で原点を通る任意の直線 $\xi(t) = \xi_0 t$ $(g_p(\xi_0, \xi_0) = 1)$ は，$u^i(u_0, \xi_0 t, 1) = u^i(u_0, \xi_0, t)$ であるから測地線を表す．したがって，

定理 2.6 p を原点とする標準座標 (U_p, φ_p) について，p を通る曲線 $c(t)$ (t は弧長) が測地線である必要十分条件は $\varphi_p(c(t)) = \xi t$ $(g_p(\xi, \xi) = 1, \ \xi \in T_p M)$ と書かれることである．

標準座標近傍 (U_p, φ_p) に "極座標" を入れよう．ユークリッド平面の極座標にならって，$T_p M$ の接ベクトル ξ を半径 r と角度 θ によって $\xi = r\xi_0(\theta)$ と表す．ただし，$r = \sqrt{g_p(\xi, \xi)}$ とし，θ は半径 1 の "円周" を表すパラメーターで，$g_p(\xi_0(\theta), \xi_0(\theta)) = 1$ とする．この座標で曲線 $C : c(t)$ の座標は $\varphi_p(c(t)) = r(t)\xi_0(\theta(t))$ となり，その曲線の接ベクトルは

$$\dot{c}(t) = \dot{r}(t) \left(\frac{\partial}{\partial r} \right)_{c(t)} + \dot{\theta}(t) \left(\frac{\partial}{\partial \theta} \right)_{c(t)}$$

と表される．ここで，"角度" 変数を 1 つの θ で表しているが，多様体の次元が一般に n であるときは $\theta_1, \cdots, \theta_{n-1}$ のようにして書けばよい．その拡張の仕方は自明なので，以下では 1 つの θ で話を進めることにする．

命題 2.8 標準座標近傍 (U_p, φ_p) の極座標 (r, θ) について，$g(\partial/\partial r, \partial/\partial r) = 1$, $g(\partial/\partial r, \partial/\partial \theta) = 0$ が成り立ち，したがって接ベクトル $\dot{c}(t) \in T_{c(t)}M$ の長さ（の二乗）は

$$g(\dot{c}(t), \dot{c}(t)) = \dot{r}(t)^2 + \dot{\theta}(t)^2 g\left(\left(\frac{\partial}{\partial \theta}\right)_{c(t)}, \left(\frac{\partial}{\partial \theta}\right)_{c(t)}\right) \tag{2.65}$$

と表される．

証明） 定理 2.6 により p を原点とする標準座標 (U_p, φ_p) で，測地線は弧長 t をパラメーターとして $\varphi_p(c(t)) = \xi t$（$g_p(\xi, \xi) = 1, \xi \in T_pM$）と表された．これを極座標で表すと $r(t) = t$, $\theta(t) = \theta_0$（定数）となり，測地線について

$$\dot{c}(t) = \left(\frac{\partial}{\partial r}\right)_{c(t)}$$

であることがわかる．t は弧長であるから $1 = g(\dot{c}, \dot{c})$ である．したがって，

$$g\left(\left(\frac{\partial}{\partial r}\right)_{c(t)}, \left(\frac{\partial}{\partial r}\right)_{c(t)}\right) = 1$$

が結論される．次に，定数 θ_0 を任意にとるとき，測地線について $\nabla_{\dot{c}(t)}\dot{c}(t) = 0$ であったから

$$\nabla_{\partial/\partial r}\left(\frac{\partial}{\partial r}\right) = 0 \tag{2.66}$$

が U_p 上すべての点で成立していることがわかる．そこで，U_p 上の関数 $f(r, \theta) = g(\partial/\partial r, \partial/\partial \theta)$ について次の量を調べる．

$$\frac{\partial}{\partial r}g\left(\frac{\partial}{\partial r}, \frac{\partial}{\partial \theta}\right) = g\left(\nabla_{\partial/\partial r}\frac{\partial}{\partial r}, \frac{\partial}{\partial \theta}\right) + g\left(\frac{\partial}{\partial r}, \nabla_{\partial/\partial r}\frac{\partial}{\partial \theta}\right)$$

$$= g\left(\frac{\partial}{\partial r}, \nabla_{\partial/\partial \theta}\frac{\partial}{\partial r}\right) = \frac{1}{2}\frac{\partial}{\partial \theta}g\left(\frac{\partial}{\partial r}, \frac{\partial}{\partial r}\right) = 0$$

ここで，式 (2.66) と関係式 $\nabla_{\partial/\partial r}(\partial/\partial \theta) = \Gamma_{r\,\theta}^{r}(\partial/\partial r) + \Gamma_{r\,\theta}^{\theta}(\partial/\partial \theta) = \nabla_{\partial/\partial \theta}(\partial/\partial r)$ を用いた．$r = 0$ は標準座標の原点 p を表し，(r, θ) は（計量 g_p を用いて長さ，角度を定義する）ユークリッド空間 T_pM の極座標であるから，$f(0, \theta) = g_p(\partial/\partial r, \partial/\partial \theta) = 0$ が成り立つ．したがって，得られた微分方程式を合わせて，$f(r, \theta) = f(0, \theta) = 0$ が結論される．

以上のことからベクトル $\dot{c}(t) = \dot{r}(t)(\partial/\partial r) + \dot{\theta}(\partial/\partial\theta)$ の長さが (2.65) で表されることがわかる.　　　　　　　　　　　　　　　　　□

さて, いよいよ, 測地線が近接する 2 点を結ぶ長さ最小の曲線であることの証明ができる.

定理 2.7　点 p の標準座標近傍を (U_p, φ_p) とする. p を始点とし, U_p のもう 1 つの点 q を終点とする曲線 $C : c(t)$ (t は弧長) の中で, 長さ $s(C)$ を最小にするのは, $\varphi_p(c(t)) = \xi t$ ($\xi \in T_p M$) と表される U_p 内の測地線に限る.

証明)　曲線 $C : c(t)$ が U_p の中に入っているときを考えれば十分である. $c(t_0) = p$, $c(t_1) = q$ とし, 曲線の座標を $T_p M$ 上の極座標を用いて $\varphi_p(c(t)) = r(t)\xi(\theta(t))$ と表す. このとき

$$
\begin{aligned}
s(C) &= \int_{t_0}^{t_1} \sqrt{g(\dot{c}(t), \dot{c}(t))}\,dt = \int_{t_0}^{t_1} \sqrt{\dot{r}(t)^2 + \dot{\theta}(t)^2 g\left(\Big(\frac{\partial}{\partial\theta}\Big)_{c(t)}, \Big(\frac{\partial}{\partial\theta}\Big)_{c(t)}\right)}\,dt \\
&\geq \int_{t_0}^{t_1} |\dot{r}(t)|\,dt \geq \Big| \int_{t_0}^{t_1} \dot{r}(t)\,dt \Big| = |r(t_1) - r(t_0)|
\end{aligned}
$$

ここで, $s(C) = |r(t_1) - r(t_0)|$ となるのは $\theta(t)$ が定数 (一般の次元の場合でも $\theta_i(t)$ が定数と結論される), かつ $\dot{r}(t) \geq 0$ のときに限る.

定理 2.6 により, p を始点, q を終点とする測地線は $C_0 : c(t) = (t - t_0)\xi_0$ ($g_p(\xi_0, \xi_0) = 1$) と表され, $s(C_0) = t_1 - t_0 = r(t_1) - r(t_0)$ であるから, 最小値を与えている. 逆に, 上の不等式で等号が成り立つ曲線 $\varphi_p(c(t)) = r(t)\xi(\theta(t))$ (t は弧長) を考えると, $\theta(t)$ は定数で関数 $r(t)$ は単調増加である. t は弧長であるから $1 = g(\dot{c}(t), \dot{c}(t))$ が成り立つが, 命題 2.8 を用いてこれを書き下すと, $1 = \dot{r}(t)^2$ となる. $r(t)$ が単調増加であることを使って $\dot{r}(t) = 1$ とし, 初期条件を満たす解として $r(t) = t - t_0$ を得る. これは測地線 C_0 にほかならない.　　　　　　　　　　　　　　　　　　　　□

2.6　ガウス・ボンネの定理

2.1 節で曲面の場合に，正規直交標構を定義した．リーマン多様体の場合も定義は同じであるが，簡単に繰り返し記号を整理することからはじめよう．

2.6.1　リーマン多様体の正規直交標構

（二次元）リーマン多様体 M 上の点を p として，それを含む座標近傍系を (U, ϕ) とする．このとき，点 p での節空間 T_pM は $(\partial/\partial u^1)_p, (\partial/\partial u^2)_p$ によって生成されるベクトル空間であった．リーマン計量はベクトル空間 T_pM に内積を定義した．そこでこの内積に関する正規直交基底 $\boldsymbol{E}_a (a = 1, 2)$ を，式 (2.9) にならって

$$\boldsymbol{E}_a(p) = \sum_i E_a{}^i \left(\frac{\partial}{\partial u^i} \right)_p, \quad \left(\frac{\partial}{\partial u^i} \right)_p = \sum_b e_i{}^b \boldsymbol{E}_b(p) \qquad (2.67)$$

によって考える．曲面の場合と同様に，変換の行列 $(E_a{}^i)_{1 \le a, i \le 2}$ の決め方は一意的でなくいく通りもある．また M の向き付けに関係して，$\det(E_a{}^i) > 0$ と約束する．$\boldsymbol{E}_a$ $(a = 1, 2)$ はリーマン計量に関する正規直交基底であるから，

$$g(\boldsymbol{E}_a(p), \boldsymbol{E}_b(p)) = \sum_{i,j} g_{ij} E_a^i E_b^j = \delta_{ab} \qquad (2.68)$$

が M の各点で成り立つ．ただし，$\delta_{ab} = \delta_a^b$ とする．このようにして M 上のすべての点で定義する直交基底が，リーマン多様体の**正規直交標構**である．

接空間 T_pM の正規直交基底 $\boldsymbol{E}_a$ $(a = 1, 2)$ を 1 つ決めると，双対空間（余接空間）T_p^*M の基底 e^b $(b = 1, 2)$ が，一意的に定まる（例題 2.10）．双対基底 e^a は行列 $(e_i{}^a)$ を用いて具体的に

$$e^a = \sum_i e_i{}^a du^i \qquad (2.69)$$

と書くことができる．ここで，du^i は $\partial/\partial u^i$ の双対基底で $du^i((\partial/\partial u^j)) = \delta_j^i$ を満たすものであった．

問 2.20 $e^a(\boldsymbol{E}_b) = \delta_b{}^a$ を確かめよ.

正規直交標構を用いると, 接続を定義する式 (2.43) とそれを双対空間で表現した式 (2.46)

$$
\begin{aligned}
\nabla_{\partial/\partial u^i}\left(\frac{\partial}{\partial u^j}\right) &= \sum_k \Gamma_{ij}^{\ k}\left(\frac{\partial}{\partial u^k}\right) \\
\nabla_{\partial/\partial u^i}(du^k) &= -\sum_j \Gamma_{ij}^{\ k}(du^j)
\end{aligned}
\tag{2.70}
$$

はそれぞれ,

$$
\begin{aligned}
\nabla_{\partial/\partial u^i}\boldsymbol{E}_a &= \sum_b w_{ia}{}^b \boldsymbol{E}_b \\
\nabla_{\partial/\partial u^i}e^b &= -\sum_a w_{ia}{}^b e^a
\end{aligned}
\tag{2.71}
$$

と表される. ここで, 正規直交標構に関する接続係数は

$$
w_{ja}{}^b = \sum_{k,l} \Gamma_{jk}^{\ l} E_a{}^k e_l{}^b + \sum_m e_m{}^b \frac{\partial}{\partial u^j} E_a{}^m
\tag{2.72}
$$

で与えられる. また正規直交標構を用いると, 無限小線素 ds^2 は

$$
ds^2 = \sum_{a,b} g(\boldsymbol{E}_a, \boldsymbol{E}_b)e^a \otimes e^b
$$

と書かれ, 定義関係式 (2.68) を用いれば

$$
ds^2 = \sum_a e^a \otimes e^a = e^1 \otimes e^1 + e^2 \otimes e^2
\tag{2.73}
$$

となる. テンソル記号 $\otimes$ は, 2.3 節の終わりで言及した通り, 多重線形写像としての意味を表現しているが, しばしば省略する習慣がある.

問 2.21 接続係数 $w_{iab} = \sum_c \delta_{bc} w_{ia}{}^c (= w_{ia}{}^b)$ について, $w_{iab} = -w_{iba}$ を示せ.

2.6.2 平面幾何学からの準備

ガウス・ボンネの公式を示すために，平面の幾何学に関する準備をしよう．区間 $[a,b]$ から，平面への C^∞ 級写像 $c(t)$ を平面曲線といった（定義1.1）．始点と終点がなめらかに一致し（$c(a) = c(b)$，$\dot{c}(a) = \dot{c}(b)$，以下高階の微分も一致），それ以外では自分自身と交わらない平面曲線をなめらかな**単純閉曲線**という．以下では単純閉曲線はなめらかな単純閉曲線であるとする．単純閉曲線を弧長 t を用いて $c(t) = (x(t), y(t))$ と表すと，微分 $\dot{c}(t)$ は単位接ベクトルとなる．この単位接ベクトルの向きが，単純閉曲線が囲む領域 D を左手方向に見る向きであるとき，単純閉曲線は正に向き付けられているという．

ここで，正に向け付けられた単純閉曲線 $c(t)$ の単位接ベクトルを，$\dot{c}(t) = (\cos\theta(t), \sin\theta(t))$ と表し，$t = a$ での角度 $\theta(a)$ を $-\pi < \theta(a) \leq \pi$ を満たすように定めると C^∞ 写像 $\theta : [a, b] \to \mathbb{R}$ が決まる．このとき，$c(t)$ の回転角を $\theta(b) - \theta(a)$ と定める．

区間のいくつか有限個の点を除いて，曲線が C^∞ 級の平面曲線になっている単純閉曲線を，**区分的になめらかな単純閉曲線**という．単位接ベクトル $\dot{c}(t)$ の不連続点を $a = a_0 < a_1 < a_2 < \cdots < a_n = b$ とするとき，これらの不連続点で

$$\lim_{t \to a_i + 0} \theta(t) = \lim_{t \to a_i - 0} \theta(t) + \epsilon_i \quad (-\pi \leq \epsilon_i \leq \pi)$$

とする ϵ_i $(i = 0, 1, \cdots, n)$ がとれるように不連続関数 $\theta(t)$ $(a \leq t \leq b)$ を定め，各 ϵ_i を**外角**と呼ぶ．外角は $\epsilon = \pm\pi$ のとき一意的に決められないので，以下ではそのような不連続点が現れない区分的になめらかな単純閉曲線を考える．すなわち，区分的になめらかな単純閉曲線で，どの外角も $\pm\pi$ に等しくない平面の曲線を**曲多角形** (curved polygon) という（図2.10参照）．

曲多角形について外角および不連続関数 $\theta(t)$ はそれぞれ一意的に決まり，回転角は

$$\theta(b) - \theta(a) = \sum_{i=1}^{n} \int_{a_{i-1}}^{a_i} \frac{d\theta}{dt} dt + \sum_{i=1}^{n} \epsilon_i \tag{2.74}$$

と表される．

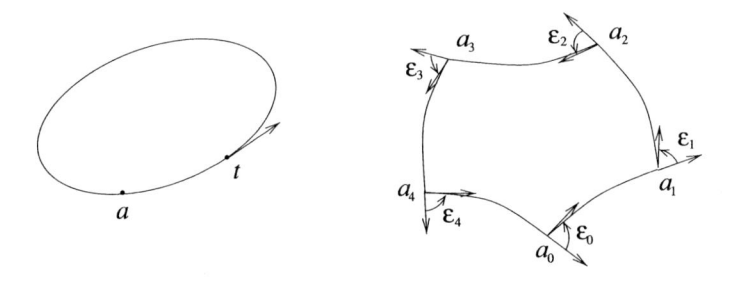

図 **2.10** 単純閉曲線と曲多角形の接ベクトルと回転角

定理 2.8 正に向き付けられた曲多角形の回転角は 2π である.

証明) 曲多角形がなめらかな単純閉曲線のとき,関数 $\dot{\theta}$ はなめらかである.回転角はある整数 n によって $\int_a^b \dot{\theta}(t)dt = \theta(b) - \theta(a) = 2\pi n$ と表される.単純閉曲線を連続的に変形するとこの値も連続的に変化するが,$2\pi n$ はとびとびの値しかとらないので,回転角は連続的変形に関して定数でなければならないことがわかる.なめらかな単純閉曲線は連続的な変形によって,円周に変形され,また正の向きに向き付けられた円周の回転角は 2π であるので,一般に回転角が 2π であることが結論される.

次に曲多角形が区分的になめらかな単純閉曲線のとき,関数 θ の不連続点の近くを図 2.11 のように少し変形する.不連続点を $t = a_i$ として,$t = a_i - \delta_i, a_i + \delta_i$ の間の曲線をなめらかな曲線 $C_{\delta_i}(a_i)$ で置き換える.すべての θ の不連続点でこのような置き換えを行い,結果得られるなめらかな単純閉曲線を $\tilde{C}$ とすると,$\tilde{C}$ の回転角は 2π であるから,

$$2\pi = \sum_{i=1}^n \int_{a_{i-1}-\delta}^{a_i+\delta} \dot{\theta}(t)dt + \sum_{i=1}^n \int_{C_{\delta_i}(a_i)} d\theta$$

が成り立つ.ここで,各 δ_i について $\delta_i \to 0$ の極限をとると,

$$2\pi = \sum_{i=1}^n \int_{a_{i-1}}^{a_i} \dot{\theta}(t)dt + \sum_{i=1}^n \epsilon_i$$

を得る. □

以上の考察を,一般のリーマン多様体 M について行ってみよう.リーマ

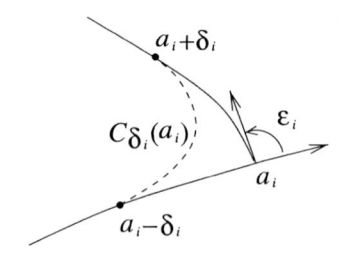

図 **2.11**　$\dot{\theta}$ の不連続点での回転角

ン多様体上の曲多角形 $C : [a, b] \to M$ を，座標近傍 (U, ϕ) に含まれる部分 $C \cap U \neq \phi$ の像 $\phi(C \cap U)$ が $\mathbb{R}^2$ の曲多角形の一部となるものとして定義する．単位接ベクトル $\dot{c}(t) \in T_{c(t)}M$ の角度は，正規直交標構 $\boldsymbol{E}_1 = \boldsymbol{E}_1(c(t))$, $\boldsymbol{E}_2 = \boldsymbol{E}_2(c(t))$ を用いた表式 $\dot{c}(t) = \cos\theta(t)\,\boldsymbol{E}_1(t) + \sin\theta(t)\,\boldsymbol{E}_2(t)$，および初期値 $-\pi < \theta(a) \leq \pi$ によって定める．不連続点 $t = a_i$ では，平面の曲多面体のときと同様に $\lim_{t \to a_i+0}\theta(t) = \lim_{t \to a_i-0}\theta(t) + \epsilon_i$ $(-\pi < \epsilon_i \leq \pi)$ を満たす ϵ_i がとれるように不連続関数 $\theta(t)$ を定める（M 上の曲多角形の定義から $\epsilon_i = \pi$ となる不連続点は現れない）．このとき回転角 $\theta(b) - \theta(a)$ も式 (2.74) と同様な式によって表されるが，角度を決める標構 $\boldsymbol{E}_1(t)$, $\boldsymbol{E}_2(t)$ が t とともに動いているので，次の性質は自明ではない．

定理 2.9　正に向き付けられた M 上の曲多角形の回転角は 2π に等しい．

証明）　定理 2.8 の証明で行ったように，回転角は曲多角形の連続的な変形のもとで不変である．そこで，必要であれば曲多角形 C を連続的に変形して 1 つの座標近傍に含まれるようにすることができるので，$C : c(t)$ $(a \leq t \leq b)$ は 1 つの座標近傍系 (U, ϕ) に含まれているとしてよい．このとき $\phi(C)$ は平面の曲多角形である．定理 2.8 により，平面上，通常のユークリッド計量（の U 上への引き戻し）$\bar{g}$ に対して 1 つ正規直交標構 $\bar{\boldsymbol{E}}_1, \bar{\boldsymbol{E}}_2$（軸方向の単位ベクトル）を決めて定める C の回転角 $\theta(b) - \theta(a)$ は，2π に等しい．一方，リーマン計量 g の正規直交標構 $\boldsymbol{E}_1, \boldsymbol{E}_2$ を用いて定義する回転角 $\theta(b) - \theta(a)$ の値は直ちにはわからないが，2π の整数倍であることはわかる．そこで，$0 \leq s \leq 1$

に対して $g_s = sg + (1-s)\bar{g}$ $(0 \le s \le 1)$ について，これは U 上の計量となるが，これを用いて回転角 $f(s) = \theta_s(b) - \theta_s(a)$ を考えてみる．$0 \le s \le 1$ に対して回転角 $f(s)$ は 2π の整数倍で，かつ s について連続に振る舞うから $f(s)$ は定数でなければならない．したがって，$f(1) = f(0) = 2\pi$ が結論される． $\square$

2.6.3 ガウス・ボンネの公式

二次元リーマン多様体 M 上のなめらかな曲線を $C : c(t)$ $(a \le t \le b)$ とする．パラメーター t を弧長にとれば，$\dot{c}(t) \in T_{c(t)}M$ は単位接ベクトルとなるので，正規直交標構を用いて

$$\dot{c}(t) = \cos\theta(t)\boldsymbol{E}_1 + \sin\theta(t)\boldsymbol{E}_2$$

$$N(t) = -\sin\theta(t)\boldsymbol{E}_1 + \cos\theta(t)\boldsymbol{E}_2$$

と表される．ここで，曲線の単位法線ベクトルを定義し，$N(t)$ と表した．$c(t)$ が局所座標近傍 (U, ϕ) に含まれるとき，角度 $\theta(t)$ は $\theta(t) = \theta(u^1(t), u^2(t))$ の意味である．単位接ベクトル方向への共変微分（式 (2.55) 参照）$\nabla_{\dot{c}(t)}$ は

$$\nabla_{\dot{c}(t)}\dot{c}(t) = \frac{du^1(c(t))}{dt}\nabla_1\dot{c}(t) + \frac{du^2(c(t))}{dt}\nabla_2\dot{c}(t)$$

と表されるので，単位接ベクトルの微分は

$$
\begin{aligned}
\nabla_{\dot{c}(t)}\dot{c}(t) &= -\sin\theta(t)\dot{\theta}(t)\boldsymbol{E}_1 + \cos\theta(t)\dot{\theta}(t)\boldsymbol{E}_2 \\
&\quad + \sum_i \frac{du^i(c(t))}{dt}\left(\nabla_i\boldsymbol{E}_1\cos\theta(t) + \nabla_i\boldsymbol{E}_2\sin\theta(t)\right) \\
&= \dot{\theta}(t)N(t) + \sum_i \frac{du^i(c(t))}{dt}\left(\cos\theta(t)\nabla_i\boldsymbol{E}_1 + \sin\theta(t)\nabla_i\boldsymbol{E}_2\right) \\
&= \dot{\theta}(t)N(t) + \sum_i \frac{du^i(c(t))}{dt}\left(\cos\theta(t){w_{i1}}^2\boldsymbol{E}_2 + \sin\theta(t){w_{i2}}^1\boldsymbol{E}_1\right) \\
&= \left(\dot{\theta}(t) - \sum_i \frac{du^i(c(t))}{dt}{w_{i2}}^1\right)N(t) \quad\quad (2.75)
\end{aligned}
$$

と計算される. ここで, $w_{i1}{}^2 = -w_{i2}{}^1$, $w_{i1}{}^1 = w_{i2}{}^2 = 0$ を用いた. 微分 $\nabla_{\dot{c}(t)}\dot{c}(t)$ は, 曲面の場合に定義した測地的曲率ベクトル $\boldsymbol{k}_g$ (式 (1.24) 参照) に一致し, $N(t)$ 方向のベクトルであることがわかる. そこで $\nabla_{\dot{c}(t)}\dot{c}(t) = k_g N(t)$ と書き, k_g を **測地的曲率** (geodesic curvature) という.

解析学で, xy 平面上の曲線 $C : (x(t), y(t))$ $(t_0 \leq t \leq t_1)$ に関する関数 X, Y の線積分を

$$\int_{t_0}^{t_1} \left(X\frac{dx}{dt} + Y\frac{dy}{dt} \right) dt = \int_C (X\,dx + Y\,dy)$$

と表した. さらに解析学では次の定理を学んでいる (3.2.3 項で, より一般的の多様体についてストークスの定理を証明する).

定理 2.10 (グリーンの定理) 境界 ∂D が区分的になめらかな (いくつかの) 単純閉曲線である閉領域 D とその上で定義された C^1 級関数 X, Y について

$$\iint_D \left(\frac{\partial Y}{\partial x} - \frac{\partial X}{\partial y} \right) dxdy = \int_{\partial D} (X\,dx + Y\,dy)$$

が成り立つ. ここで, 境界 ∂D は正の向きとする.

さて, いよいよガウス・ボンネの定理を述べる準備が整った.

定理 2.11 (ガウス・ボンネの公式) 向き付け可能なリーマン多様体 M の領域 D が, 区分的になめらかな曲多角形を境界 ∂D にもつとき,

$$\iint_D K\sqrt{\det g}\, du^1 du^2 + \int_{\partial D} k_g ds = 2\pi - \sum_i \epsilon_i \tag{2.76}$$

が成り立つ. ここで, K はガウス曲率, k_g は測地的曲率, ϵ_i は曲多角形の外角とし, s は弧長を表すパラメーターとし, 境界 ∂D は正の向きに向き付けるものとする.

証明） 境界 ∂D に現れる曲多角形の測地的曲率は式 (2.75) によって,

$$\dot{\theta}(t) = k_g + \left(\frac{du^1}{dt} w_{12}{}^1 + \frac{du^2}{dt} w_{22}{}^1 \right)$$

の関係を満たす. ここで, パラメーター t $(a \le t \le b)$ は弧長に等しい. この両辺を曲多角形にわたって積分すると, 回転角に関する定理2.9, 式 (2.74) より

$$\int_a^b \dot{\theta}(t)dt = 2\pi - \sum_i \epsilon_i$$

となるので

$$
\begin{aligned}
2\pi - \sum_i \epsilon_i &= \int_a^b k_g dt + \int_a^b \left(\frac{du^1}{dt} w_{12}{}^1 + \frac{du^2}{dt} w_{22}{}^1 \right) dt \\
&= \int_a^b k_g dt + \iint_D \left(\frac{\partial}{\partial u^1} w_{22}{}^1 - \frac{\partial}{\partial u^2} w_{12}{}^1 \right) du^1 du^2 \\
&= \int_a^b k_g dt + \iint_D K \sqrt{\det g} \, du^1 du^2
\end{aligned}
$$

となる. ここで, 最後の2つの等式ではグリーンの定理と命題2.1の結果を用いた. □

問 2.22 $(\partial/\partial u^1)w_{2a}{}^b - (\partial/\partial u^2)w_{1a}{}^b = R^b{}_{a12}$ を示せ. ここで, リーマンテンソル (式 (2.50) 参照) を用いて, $R^b{}_{a12} = \sum_{k,l} E_a{}^k e_l{}^b R^l{}_{k12}$ とする.

測地的曲率は, 関係 $\nabla_{\dot{c}(t)} \dot{c}(t) = k_g N(t)$ によって定義された. 定義2.11によって, 測地線については $k_g = 0$ であることがわかる. 測地線を3つの辺にもつ三角形を**測地三角形** (geodesic triangle) と呼んでいる. 測地三角形にガウス・ボンネの公式を当てはめると次が得られる.

系 2.1 測地三角形 T について

$$\pi = (\pi - \epsilon_1) + (\pi - \epsilon_2) + (\pi - \epsilon_3) - \iint_T K \sqrt{\det g} \, du^1 du^2$$

が成り立つ.

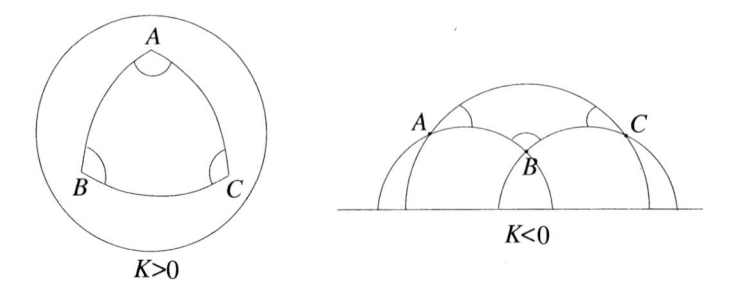

図 2.12 ガウス曲率と測地三角形

$(\pi - \epsilon_i)$ は測地三角形の内角を表すから，測地三角形 ABC について

$$K > 0 \qquad ならば, \qquad \pi < A + B + C$$
$$K < 0 \qquad ならば, \qquad \pi > A + B + C$$

となることがわかる（図2.12参照）. ただし，A, B, C は測地三角形 ABC の内角を表すものとする. これは，平面の幾何学で三角形の内角の和は π となるという性質を，一般のリーマン幾何学で述べたものになっている.

2.6.4 ガウス・ボンネの定理

ガウス・ボンネの公式を曲面の三角形分割と合わせると，曲面の大域的な性質をガウス曲率で表すガウス・ボンネの定理が得られる.

二次元リーマン多様体 M の曲多面体の中で，特に三角形を考えて，次の性質をもつ三角形（曲多面体）の集まりを M の（有限）**三角形分割**という.

1）M は有限個の三角形の和集合として表される.

2）任意の2つの三角形は共通部分をもたないか，あるいは共通部分をもつ場合，それぞれの辺または頂点で交わる.

コンパクトな二次元多様体は三角形分割をもつことが知られている. 3.3.1 項で多様体の三角形分割について単体的複体を用いた，より一般的な定義が与えられるが，ここでは二次元多様体に話を限って曲多面体を用いた上記の定義を採用することにする.

三角形分割が与えられたとき，各々の三角形に曲多面体として向きを与えることができる. この向きは三角形の内部を左手に見る向きとして各辺に表

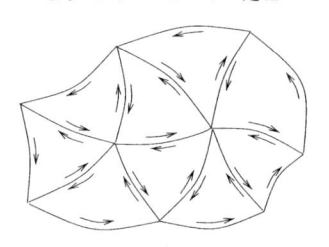

図 **2.13** 三角形分割に向きを決める

現される（図 2.13 参照）．こうして決められる各辺の向きが隣接する 2 つの三角形で反対方向となるように，すべての三角形に向きを決めることができるとき，三角形分割は向き付け可能であるという．この三角形分割の向き付け可能性と，定義 2.5 で述べた向き付け可能性は次章で示されるド・ラームの定理によって等価であることが示される（第 3 章の章末問題 5, p.186 参照）．

M の三角形分割が与えられたとき，N_v, N_e, N_f をそれぞれ頂点 (vertex) の数，辺 (edge) の数，面 (face) の数（三角形の数）とするとき，**オイラー数** (Euler number) は

$$\chi(M) = N_v - N_e + N_f$$

で定義される数である．微分積分を用いずに連続性という性質だけを取り扱う位相幾何学で，オイラー数は三角形分割の取り方によらない量であることが示されている．ここでは，この大切な結果は，次のガウス・ボンネの定理から結論される．定理ではコンパクトという言葉を用いるが，ユークリッド空間 $\mathbb{E}^3$ の曲面の場合，曲面が有界かつ閉集合という意味である．また，境界のないコンパクト二次元リーマン多様体 M を**閉曲面**という．

定理 2.12　（ガウス・ボンネの定理）　向き付け可能な，境界のないコンパクト二次元リーマン多様体（閉曲面）M について，

$$\int_M K \sqrt{\det g} \; du^1 du^2 = 2\pi\chi(M) \tag{2.77}$$

が成り立つ.

証明） M の三角形分割を 1 つ考える．T_λ（$\lambda = 1, \cdots, N_f$）を三角形として，$\gamma_{\lambda,i}$（$i = 1, 2, 3$）を T_λ の 3 つの辺，$\alpha_{\lambda,i}$（$i = 1, 2, 3$）を 3 つの内角とする．このとき，ガウス・ボンネの公式 (2.76) より，

$$\sum_{\lambda=1}^{N_f} \int\int_{T_\lambda} K\sqrt{\det g}\, du^1 du^2 + \sum_{\lambda=1}^{N_f}\sum_{i=1}^{3} \int_{\gamma_{\lambda i}} k_g ds = 2\pi N_f - \sum_{\lambda=1}^{N_f}\sum_{i=1}^{3}(\pi - \alpha_{\lambda i})$$

が得られる．三角形分割は向き付け可能であるから，1 つの辺は左辺第 2 項の測地的曲率の積分に符号を変えて 2 回現れる．したがって，左辺第 2 項は足し上げた結果，零となる．また，右辺第 2 項に現れる内角の和 $\sum_\lambda \sum_i \alpha_{\lambda i}$ は頂点を 1 つ固定して和をとると 2π に足し上がるので，

$$\sum_{\lambda=1}^{N_f} \int\int_{T_\lambda} K\sqrt{\det g}\, du^1 du^2 = -\pi N_f + 2\pi N_v$$

が得られる．また，各々三角形は 3 つの辺をもち，1 つの辺は隣接する 2 つの三角形に含まれるので，関係式 $3N_f = 2N_e$ が成り立つ．この関係式を用いると

$$\sum_{\lambda=1}^{N_f} \int\int_{T_\lambda} K\sqrt{\det g}\, du^1 du^2 = 2\pi(N_v - N_e + N_f) = 2\pi\chi(M)$$

と書くことができる． □

　ガウス曲率とスカラー曲率 R は式 (2.54) の関係にあったから，ガウス・ボンネの定理を

$$\chi(M) = \frac{1}{4\pi} \int\int_M R\sqrt{\det g}\, du^1 du^2$$

と書くこともできる．

　ガウス・ボンネの定理の証明は，1 つの三角形分割を決めて行われた．ところが，証明された式 (2.77) の左辺を見ると，これはガウス曲率を用いて書かれており，三角形分割には依存していない．このことからオイラー数が三角形分割に依存しない量であることがわかる．

　また，この式 (2.77) の左辺はガウス曲率を積分した形で，リーマン幾何学，したがって微分積分を使って書かれている量であるのに対し，右辺はオ

イラー数という微分積分を使わない位相幾何学で定義される量になっている．リーマン幾何学では，計量を基礎にして曲率や接ベクトルの長さ・角度などの "局所的"(local) な量を記述する．これに対し，位相幾何学ではオイラー数のように "大域的"(global) で曲面を連続的に変形しても変化しない量（位相不変量）を調べる．ガウス・ボンネの定理は，局所的に記述されるガウス曲率を全体で積分すると，位相不変量となることをいっている．これに類似の定理は，リーマン面のリーマン・ロッホの定理と呼ばれるものや，スピン多様体のディラック演算子に関するアティヤ・シンガーの指数定理などに現れ，美しいといわれる定理の 1 つの型となっている．また，これらの定理は理論物理学へも応用され重要な役割を果たしている．

閉曲面のオイラー数を計算してみよう．一般に，2 つの曲面（図形）S_1, S_2 を "のりしろ" で貼り合わせると，のりしろの部分の曲面 D が S_1, S_2 それぞれからなくなるので，貼り合わせて得られる曲面のオイラー数は

$$\chi(S_1) + \chi(S_2) - 2\chi(D) + \chi(\partial D)$$

のようになる．位相幾何学では球面は四面体の表面と同じと見なされオイラー数は $4 - 6 + 4 = 2$ である．円板は 1 つの三角形と同じでそのオイラー数は $3 - 3 + 1 = 1$ と数えられ，その円周は $3 - 3 = 0$ と数えられる．

そこで，図2.14に示すように 2 つの球面を 2 つの円板で貼り合わせるとドーナッツ形のトーラスが得られるが，そのオイラー数は $2 + 2 - 2 \times (1+1) + 0 = 0$ と計算される．2 つのトーラスをそれぞれの円板で貼り合わせると，穴の 2 つあいた曲面となり，そのオイラー数は $0 + 0 - 2 + 0 = -2$ と計算される．この操作を続けて行うと，穴の数が g だけある曲面 Σ_g が作られ，そのオイラー数は $2 - 2g$ と決められる．実は，向き付け可能な閉曲面はこうして得ら

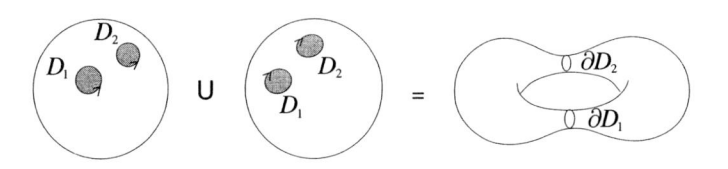

図 **2.14** 2 つの球面の貼り合わせ

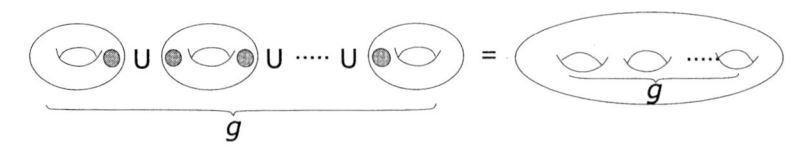

図 2.15　g 個のトーラスの貼り合わせ

れる曲面 Σ_g ですべて尽くされることが，曲面の分類定理によって知られている．また，穴の数 g を閉曲面の**種数** (genus) と呼んでいる（図 2.15 参照）．

　ガウス・ボンネの定理は，このオイラー数をガウス曲率の積分で表しているので，次のことが直ちにいえる．「種数 g の向き付け可能なコンパクト閉曲面 Σ_g ($g \geq 2$) のガウス曲率は，Σ_g 上のどこかの点で負の値をとる．」実は，Σ_g ($g \geq 2$) に対してガウス曲率が $K = -1$ となるリーマン計量の存在が知られている．

2.6.5　ベクトル場の特異点とオイラー数

　ガウス・ボンネの定理を用いると，曲面のベクトル場とオイラー数の関係について言及することができ，オイラー数を "身近に" 実感することができる．

　いま，ξ を閉曲面 M 上の C^∞ ベクトル場とする．M の各点 p に接ベクトル $\xi(p) \in T_p M$ が決められ，その成分 $\xi^i(p)$ は各座標近傍でなめらかな関数になっているわけであるが，$\xi(p) = 0$ となるような点 p をベクトル場 ξ の**特異点**と呼ぶ．たとえば，地球上の大気の流れを理想化して球面上のなめらかなベクトル場と見なせば，大気が渦を作る所などが特異点である．

　特異点が孤立した点で現れるようなベクトル場 ξ を考え，1 つの特異点 p の近傍の様子を考察しよう．特異点以外では $\xi \neq 0$ であるから，M のリーマン計量 g によって長さを 1 に規格化し，$n(\xi) = \xi/\|\xi\|$（($\|\xi\| = \sqrt{g(\xi, \xi)}$) と表すことにする．一方，正規直交標構 $\boldsymbol{E}_1, \boldsymbol{E}_2$ を定めて，単位ベクトル $n(\xi)$ とそれに直交するベクトル $n(\xi)^\perp$ を

$$n(\xi) = \cos\theta \, \boldsymbol{E}_1 + \sin\theta \, \boldsymbol{E}_2$$
$$n(\xi)^\perp = -\sin\theta \, \boldsymbol{E}_1 + \cos\theta \, \boldsymbol{E}_2$$

と表す．特異点 p のまわりの微小な円周を決め，$C(p) : c(t) (a \leq t \leq b)$ と表

す. このとき, ベクトル場 ξ の特異点 p における**指数** (index) を

$$\mathrm{ind}(\xi, p) = \frac{1}{2\pi} \int_{C(p)} d\theta \tag{2.78}$$

とする. これは, 曲線の単位接ベクトルに対して定義した回転角 $\theta(b) - \theta(a)$ を単位ベクトル場 $n(\xi)$ に対して一般化するものにほかならない. 回転角は $2\pi n$ の整数値をとり, また曲線 $C(p)$ の連続的な変形に対して一定であるなどの議論は, 以前と同様に成り立つ. したがって, 指数は微小な円周 $C(p)$ の半径によらない量で, ベクトル場 ξ と特異点 p にだけ依存して決まる整数値であることがいえる. 図 2.16 では, いくらかの代表的な例を示す.

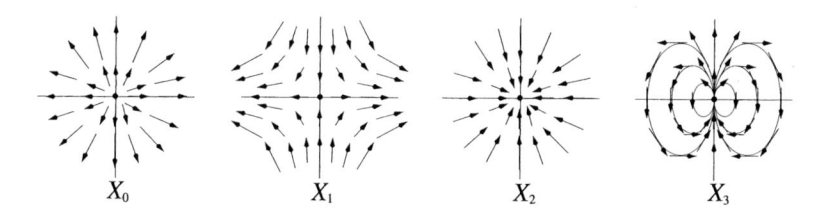

図 2.16　C^∞ ベクトル場の特異点 (いくつかの例)

たとえば, ベクトル場 X_1 について原点での指数は, 図 2.17 からわかるように $\mathrm{ind}(X_1, 0) = -1$ である.

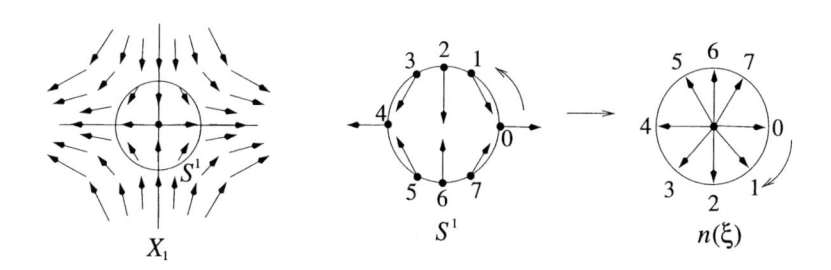

図 2.17　X_1 の原点で指数が決められる様子

さて, ガウス・ボンネの公式の導出したときと同様にしてグリーンの定理を用いると次の定理が得られる.

定理 2.13　（ベクトル場の指数定理）　向き付け可能な，境界のない二次元コンパクトリーマン多様体（閉曲面）M の C^∞ ベクトル場 ξ で，その特異点はすべて孤立しているものとする．このとき，指数 $\mathrm{ind}(\xi,p)$ の和は M のオイラー数に等しい.

$$\sum_p \mathrm{ind}(\xi,p) = \chi(M)$$

証明）　特異点 p を囲む微小な曲線を $C(p):c(t)$ $(a \le t \le b)$ として，p を左手に見る正の向きに向き付けられているとする．また，$C(p)$ に囲まれた p を含む（閉）領域を $D(p)$ と表す．曲線上のベクトル場 $\dot{c}(t)$ 方向の共変微分 $\nabla_{\dot{c}(t)} n(\xi)$ は，2.6.3 項と同様に

$$\nabla_{\dot{c}(t)} n(\xi) = \dot{\theta}(t) n(\xi)^\perp + \cos\theta(t) \nabla_{\dot{c}(t)} \boldsymbol{E}_1 + \sin\theta(t) \nabla_{\dot{c}(t)} \boldsymbol{E}_2$$

と計算され，式 (2.75) に対応して

$$g(\nabla_{\dot{c}(t)} n(\xi), n(\xi)^\perp) = \dot{\theta} - \sum_i \frac{du^i}{dt} w_{i2}{}^1$$

が得られる．したがって，回転角についてグリーンの定理を用いると

$$\int_{C(p)} d\theta = \int_a^b g(\nabla_{\dot{c}(t)} n(\xi), n(\xi)^\perp) dt + \int_a^b \sum_i \frac{du^i}{dt} w_{i2}{}^1 dt$$

$$= \int_a^b g(\nabla_{\dot{c}(t)} n(\xi), n(\xi)^\perp) dt + \iint_{D(p)} \left(\frac{\partial}{\partial u^1} w_{22}{}^1 - \frac{\partial}{\partial u^2} w_{12}{}^1 \right) du^1 du^2$$

となるが，これより曲線 $C(p)$ の半径を零とする極限 $D(p) \to p$ を考えると

$$\mathrm{ind}(\xi,p) = \frac{1}{2\pi} \lim_{D(p) \to p} \int_a^b g(\nabla_{\dot{c}(t)} n(\xi), n(\xi)^\perp) dt$$

と表されることがわかる．この結果から，右辺はリーマン計量と接続を用いて書き下される量であるが，極限値はこれらの取り方によらないことが読み取られる．左辺の指数は整数値をとり，これらの取り方によらないからである．そこで，特異点を $p_1, p_2, \cdots, p_n$ として，これらの点の微小近傍を $D_0(p_i)$ $(i=1,2,\cdots,n)$ を決める．これらの微小近傍を除く $M - \cup_{i=1}^n D_0(p_i)$ では，

ベクトル場は零にならないので単位ベクトル $n(\xi)$ が決まる. そこで, $n(\xi)$ とこれに直交する単位ベクトル $n(\xi)^\perp$ を正規直交標構とするような計量 $\tilde{g}$ を $M - \cup_{i=1}^n D_0(p_i)$ 上に考え, これに対する接続係数を $\tilde{w}_{ia}{}^b$ とする. $\tilde{\boldsymbol{E}}_1 = n(\xi)$, $\tilde{\boldsymbol{E}}_2 = n(\xi)^\perp$ とすると $\tilde{\nabla}_{\dot{c}(t)}\tilde{\boldsymbol{E}}_a = \sum_{i,b}(du^i/dt)\tilde{w}_{ia}{}^b\tilde{\boldsymbol{E}}_b$ が成り立つ. この計量 $\tilde{g}$ と接続に関して,

$$\tilde{g}(\tilde{\nabla}_{\dot{c}(t)}n(\xi), n(\xi)^\perp) = \tilde{g}(\tilde{\nabla}_{\dot{c}(t)}\tilde{\boldsymbol{E}}_1, \tilde{\boldsymbol{E}}_2) = \sum_i \frac{du^i}{dt}\tilde{w}_{i1}{}^2$$

となるので,

$$\begin{aligned}
\sum_i \mathrm{ind}(\xi, p_i) &= \frac{1}{2\pi}\sum_i \lim_{D(p_i)\to p_i}\int_{a_i}^{b_i}\tilde{g}(\tilde{\nabla}_{\dot{c}(t)}n(\xi), n(\xi)^\perp)dt \\
&= \frac{1}{2\pi}\sum_i \lim_{D(p_i)\to p_i}\int_{a_i}^{b_i}\sum_i \frac{du^i}{dt}\tilde{w}_{i1}{}^2 dt \\
&= -\frac{1}{2\pi}\lim\iint_{M-\cup_i D_0(p_i)}\left(\frac{\partial}{\partial u^1}\tilde{w}_{21}{}^2 - \frac{\partial}{\partial u^2}\tilde{w}_{11}{}^2\right)du^1 du^2 \\
&= \frac{1}{2\pi}\int_M \tilde{K}\sqrt{\det\tilde{g}}\, du^1 du^2
\end{aligned}$$

となる. 途中で, 向きを含めて $M - \cup_i D_0(p_i)$ の境界が $\partial\{M - \cup_i D_0(p_i)\} = -\sum_i C(p_i)$ となることを用いて, グリーンの定理を使った. 結果として得られるガウス曲率の積分は, ガウス・ボンネの定理によってオイラー数に等しい. □

球面の場合に定理 2.13 を当てはめると, 球面のオイラー数は 2 であるから, 球面上のベクトル場には必ず特異点がいくつか現れてその指数の合計は 2 に等しくなければならない. 簡単な例を図 2.18 に示した.

閉曲面に三角形分割を与えるとき, 各面, 各辺それぞれで "重心に向かう" ベクトル場を作ることによって, オイラー数とベクトル場の指数との関係を直接見ることができる. 簡単に図示するために, 球面を四面体の表面で表す. このとき, 各面と各辺それぞれに重心を決めて, 図 2.19 のようなベクトル場を作ることができる. このベクトル場の特異点は各重心と頂点に現れ, 頂点

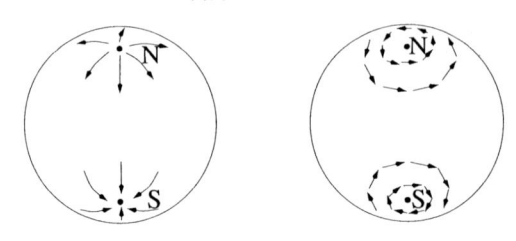

図 2.18　球面上のベクトル場の例（北極と南極に特異点が現れている）

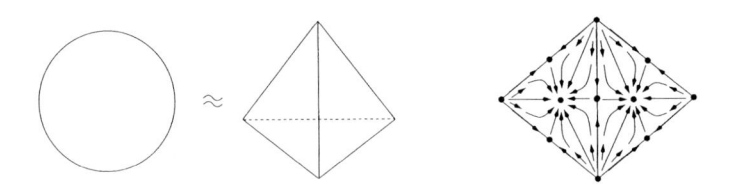

図 2.19　四面体の各面で重心に向かうベクトル場（手前の 2 つの三角形が描かれている）

のまわりの様子は図 2.16 の X_0 の形，辺の重心のまわりの様子は X_1 の形，面の重心のまわりは X_2 の形をしている．そして，

$$\mathrm{ind}(X_i, 0) = (-1)^i$$

であることが容易にわかる．これらを足し合わせると，

$$\sum_i \sum_p \mathrm{ind}(X_i, p) = (-1)^0 N_v + (-1)^1 N_e + (-1)^2 N_f = \chi(M)$$

という具合に三角形分割に対するオイラー数になる．球面を例に説明したが，向き付け可能な閉曲面の三角形分割に対して当てはまる議論である．

　また，2 次元に限らず向き付け可能で境界のないコンパクトな $2n$ 次元可微分多様体 M（向き付け可能な閉じた可微分多様体）についても同様な議論が可能である．このことから $2n$ 次元の向き付け可能な閉じた可微分多様体 M についても，特異点の指数の和がオイラー数に等しいという定理 2.13 の主張が成り立つことが期待されるが，実際，これは正しくポアンカレ・ホップ (Poincaré-Hopf) の指数定理と呼ばれている．2 次元で単位ベクトル $n(\xi)$ の回転角として定義した指数 $\mathrm{ind}(\xi, p)$ は，点 p を囲む円周 S^1 が単位ベク

トルを表す円周 $(n(\xi) \in S^1)$ に "巻き付く" 回数と理解される．$2n$ 次元では
これを拡張して考えて，点 p を囲む球面 S^{2n-1} が単位ベクトルを表す球面
$(n(\xi) \in S^{2n-1})$ に "巻き付く" 回数として指数が定義される．

　さらに，オイラー数を曲率の積分で表すガウス・ボンネの定理は $2n$ 次元
の向き付け可能な閉じた可微分多様体についても拡張され成り立つ．このと
き，ガウス曲率 K はオイラー類 $e(M)$ と呼ばれる曲率テンソルの多項式に
置き換えられる．ベクトル束の幾何学ではオイラー類は一般に特性類と呼ば
れるものの 1 つとして捉えられ，特性類は多様体やベクトル束の幾何学を
調べる基本的な量となっている．詳しくは，巻末に挙げる文献 Bott and Tu
(1986)，森田 (1996) などを参照されたい．

章 末 問 題

1　1 の分割（付録 A. 3，p.189 参照）を用いて，可微分多様体にはリーマン
計量がつねに存在することを示せ．

2　M をリーマン多様体とし，g をその計量とする．$p \in M$ を原点とする
標準座標を $(U_p, \varphi_p; x^1, x^2, \cdots, x^n)$ とし，この座標でのリーマン計量，接続，
曲率テンソルをそれぞれ $g_{ij}(x), \Gamma_{i\,j}^{\,k}(x), R_{ijkl}(x)$ と表す．このとき，以下の
問に答えよ．

1) 点 p を通る測地線 $c(t)$ を表す $x^i(t) := x^i(c(t))$ について次が成り立つ．

$$\sum_{i,j} \Gamma_{i\,j}^{\,k}(x) \frac{dx^i}{dt} \frac{dx^j}{dt} = 0$$

2) p 点のまわりの標準座標系を用いると，リーマン計量の 2 次のテイラー展
開が

$$g_{ij}(x) = g_{ij}(p) - \frac{1}{3} \sum_{k,l} R_{ikjl}(p) x^k x^l + O(|x|^3)$$

となる．

3　両端を固定する変分曲線 $c_\lambda(t)$　$(t_0 \le t \le t_1, -\varepsilon < \lambda < \varepsilon)$ を用いて，曲

線の長さ

$$s(C_\lambda) = \int_{t_0}^{t_1} \sqrt{g(\dot{c}_\lambda, \dot{c}_\lambda)}dt$$

の変分問題を考える.定理 2.5 によって $ds(C_\lambda)/d\lambda\big|_{\lambda=0} = 0$ を満たす停留曲線は測地線によって与えられるが,この測地線について**第二変分** $d^2s(C_\lambda)/d\lambda^2\big|_{\lambda=0}$ が

$$\frac{d^2}{d\lambda^2}s(C_0) = \int_{t_0}^{t_1} \left\{ g(\nabla_{\dot{c}_0}c_0', \nabla_{\dot{c}_0}c_0') - g(\dot{c}_0, \nabla_{\dot{c}}c_0')^2 - R(\dot{c}_0, c_0', \dot{c}_0, c_0') \right\}dt$$

で与えられることを示せ.ここで,

$$c_0' = \frac{\partial}{\partial\lambda}c_\lambda(t)\Big|_{\lambda=0} = \sum_i \frac{\partial u^j(c_0(t))}{\partial\lambda}\left(\frac{\partial}{\partial u^i}\right)_{c_0(t)}$$

は変分ベクトル場であり,$R(\dot{c}_0, c_0', \dot{c}_0, c_0')$ はリーマン曲率テンソルと曲線 $c_0(t)$ 上のベクトル場 $\dot{c}_0, c_0'$ との縮約である.

3

多様体上の微分積分

ここでは，一般の可微分多様体上の微分・積分について考察する．多様体上の積分を，微分形式の積分として捉えたうえでストークスの定理を示す．また，微分形式を用いてド・ラーム複体を定義する．ド・ラーム複体のコホモロジーは多様体の微分構造によらない位相的（トポロジカル）な量であることが示される（ド・ラームの定理）．多くの代数的な諸演算とそれに関する公式が示され，また複体など新しい概念が導入されるが，これらは多様体の数学への入り口であることはもちろん，数理科学への現代的応用という点から不可欠なものばかりである．

3.1 ベクトル場と諸演算

可微分多様体上の関数の微分が自然に考えられて，その方向微分として接ベクトルを定義した．ここでは，関数の微分という演算を，ベクトル場・テンソル場のリー微分と呼ばれる演算に拡張する．

以降では特に断らない限り，可微分多様体を単に多様体ということにする．また，リーマン計量は仮定しない．

3.1.1 関数の全微分

多様体 M の次元を n 次元とするとき，実数に値をとる関数 $f: M \to \mathbb{R}$ が C^∞ 級であるとは次のように定義された（2.2.2 項参照）．M の局所座標近傍系 $\{(U_\alpha, \phi_\alpha)\}$ を用いると，各座標近傍について $\mathbb{R}^n$ の開集合 $D_\alpha = \phi_\alpha(U_\alpha)$ 上の関数 $f \circ \phi_\alpha^{-1}$ が定義される．座標関数を $u_\alpha^1, \cdots, u_\alpha^n$ と表すと，$f \circ \phi_\alpha^{-1}$

はこれらの n 個の変数についての多変数関数となる．この多変数関数がすべ
ての座標近傍 (U_α, ϕ_α) に対して C^∞ 級となるとき，関数 $f: M \to \mathbb{R}$ を C^∞
級であるというのであった．また，この定義は M 全体にうまく "貼り合っ
て" いることが確かめられた．以下では，M 上の C^∞ 級関数全体の成す集
合を，記号 $C^\infty(M)$ によって表すことにしよう．

　点 p とそれを含む座標近傍を (U, ϕ) とするとき，点 p での接ベクトル X_p
は，

$$X_p = \sum_i \xi_p^i \left(\frac{\partial}{\partial u^i} \right)_p$$

と表されたが，これは関数 $f \in C^\infty(M)$ の p 点での方向微分

$$X_p f = \sum_i \xi_p^i \left(\frac{\partial f \circ \phi^{-1}}{\partial u^i} \right)_p$$

を基にして定義された．方向微分 $X_p f$ で，関数 f は勝手な $C^\infty(M)$ の元で
よいことから，f を忘れて X_p を接ベクトルと呼んだのであった．そこで今
度は，方向微分 $X_p f$ でその方向を決めるベクトル X_p は勝手でよいという
見方をすると関数 f の全微分が定義される．

定義 3.1　点 p とそれを含む座標近傍を (U, ϕ) とするとき，関数 $f \in C^\infty(M)$
について余接空間 $T_p^* M$ のベクトル

$$(df)_p = \sum_i \left(\frac{\partial f}{\partial u^i} \right)_p (du^i)_p \tag{3.1}$$

を点 p での**全微分**と呼ぶ．

　定義において，$\left(\partial f / \partial u^i \right)_p$ は $\left(\partial f \circ \phi^{-1} / \partial u^i \right)_p$ と書くのが正確であるが，
このことは容易に理解できるので以下では省略形で書くことにする．$(du^i)_p$
が $(\partial / \partial u^i)_p$ の双対基底で，関係

$$(du^i)_p \left(\left(\frac{\partial}{\partial u^j} \right)_p \right) = \delta_j^{\ i}$$

を満たすことを思い出せば

$$(df)_p(X_p) = \sum_i \xi_p^i \left(\frac{\partial f}{\partial u^i}\right)_p = X_p f$$

が成り立つことが容易に示される．また，全微分の定義が座標近傍 (U, ϕ) によらないことは命題 2.3（p.62 参照）の結果

$$(du_\alpha^i)_p = \sum_j \frac{\partial u_\alpha^i}{\partial u_\beta^j}(du_\beta^j)_p$$

と，$f = f \circ \phi_\alpha^{-1} = f \circ \phi_\beta^{-1} \circ \phi_{\beta\alpha}$ に関する合成関数の微分公式から直接確かめられる．

問 3.1 上のことを確かめよ．

　関数の全微分 df は微積分学でも学んでいるが，df は方向微分 $X_p f$ において方向を指定する接ベクトル X_p を積極的に忘れたもの，すなわち方向ベクトルを決めないで不定を表す記号 $(du^i)_p$ に留めるものということができる．もちろん定義では，不定を表す記号 $(du^i)_p$ に余接空間の元として正確な意味をもたせているわけであるが，"方向を不定のままにして関数を微分しその方向は必要になったときに後で具体的に与える" という柔軟な考え方が議論の見通しをよくするのである．

3.1.2 写像の微分

　2 つの多様体 M, M' があるとき，その間の写像 $\varphi: M \to M'$ を考えることができる．このとき，$g \in C^\infty(M')$ に対して $g \circ \varphi$ は M 上の関数となるが，これが任意の g について C^∞ 級となるとき写像 $\varphi: M \to M'$ を C^∞ 写像であるという．このことは，より具体的に座標関数を用いて次のようにいうことができる．

命題 3.1 (U, ϕ), (V, ϕ') を M, M' の座標近傍とし，またこれらの座標関数を $u_1, \cdots, u_n$ および $v_1, \cdots, v_m$ と表す．写像 $\varphi: M \to M'$ が与えられ，

$\varphi(U) \cap V \neq \phi$（空集合）であるとき，合成写像 $\phi' \circ \varphi \circ \phi^{-1} : \phi(U \cap \varphi^{-1}(V))$ $\to \phi'(\varphi(U) \cap V)$ は座標関数の間の関係

$$v_i = v_i(u_1, \cdots, u_n) \quad (i = 1, 2, \cdots, m) \tag{3.2}$$

によって表される．このとき，写像 $\varphi : M \to M'$ が C^∞ 写像である必要十分条件は，こうして決まる座標関数の間の関係式 (3.2) が，すべての座標近傍 (U, ϕ), (V, ϕ') について C^∞ 級になることである．

　この命題の証明は，C^∞ 関数の合成関数が再び C^∞ 関数であること以外は定義から示されるので省略する．また，$g \in C^\infty(M')$ に対して自然に考えられた合成関数 $g \circ \varphi \in C^\infty(M)$ を，関数 g の写像 φ による**引き戻し**という．

定義 3.2　C^∞ 写像 $\varphi : M \to M'$ に対して，点 p での**微分** $(\varphi_*)_p : T_pM \to T_{\varphi(p)}M'$ を関係

$$(\varphi_*)_p(X_p)g = X_p(\varphi^*g) \quad (g \in C^\infty(M'), X_p \in T_pM)$$

によって定義する．

　この定義は，引き戻し関数 $\varphi^*g = g \circ \varphi$ の点 $p \in M$ における方向微分が，関数 g の点 $\varphi(p) \in M'$ における方向微分と自然に見なされるということを記号 $(\varphi_*)_p$ を用いて述べたものである．点 p と $\varphi(p)$ の対応は明らかなので，記号 $(\varphi_*)_p$ をしばしば φ_* のように省略して書く．また，定義から $(\varphi_*)_p$ が線形写像となることが容易に確かめられる．

問 3.2　$\varphi_* : T_pM \to T_{\varphi(p)}M'$ について次を示せ．
 1) $\varphi_*(X_p)(f + g) = \varphi_*(X_p)(f) + \varphi_*(X_p)(g)$
 2) $\varphi_*(X_p)(cf) = c(\varphi_*(X_p)(f))$
 3) $\varphi_*(X_p)(fg) = \varphi_*(X_p)(f)g(\varphi(p)) + f(\varphi(p))\varphi_*(X_p)(g)$
ここで，$f, g \in C^\infty(M')$, c は定数である．

φ_* を写像 $M \to M'$ の微分と呼ぶのは，次の命題に示すように，これを局所座標近傍を用いて表すと，座標関数の関数行列によって表現されるからである．

命題 3.2 点 $p \in M$ のまわりの座標近傍を (U, ϕ)，点 $\varphi(p) \in M'$ のまわりの座標近傍を (V, ϕ') とし，それぞれの座標関数を $u^1, \cdots, u^n$ および $v^1, \cdots, v^m$ と表し，これらによって C^∞ 写像 $\varphi : M \to M'$ が，

$$v^i = v^i(u^1, \cdots, u^n) \qquad (i = 1, \cdots, m)$$

と表されているとする．このとき，微分 $\varphi_* : T_p M \to T_{\varphi(p)} M'$ は基底に関して

$$\varphi_* \left(\left(\frac{\partial}{\partial u^i} \right)_p \right) = \sum_j \left(\frac{\partial v^j}{\partial u^i} \right)_p \left(\frac{\partial}{\partial v^j} \right)_{\varphi(p)} \tag{3.3}$$

と表される．

証明） 関数 $f \in C^\infty(M)$ の微分を $\partial f \circ \phi^{-1}/\partial u^i$ を省略して，$\partial f/\partial u^i$ と書いたことを思い出す．以下，定義に基づいて，$g \in C^\infty(M')$ について

$$\varphi_* \left(\left(\frac{\partial}{\partial u^i} \right) \right)(g) = \frac{\partial}{\partial u^i}(g \circ \varphi) \circ \phi^{-1}$$

$$= \frac{\partial}{\partial u^i}(g \circ \phi'^{-1}) \circ (\phi' \circ \varphi \circ \phi^{-1})$$

と書かれるが，合成写像 $\phi' \circ \varphi \circ \phi^{-1}$ を座標関数で表現したものが，$v^i = v^i(u^1, \cdots, u^n)$ にほかならない．また，$g \circ \phi'^{-1}$ は，座標関数 $v^1, \cdots, v^m$ に関する m 変数関数であるから，座標関数を用いて具体的に書き下すと

$$(g \circ \phi'^{-1}) \circ (\phi' \circ \varphi \circ \phi^{-1}) = g(v^1(u^1, \cdots, u^n), \cdots, v^m(u^1, \cdots, u^n))$$

である．したがって，結局，合成関数の微分則によって，

$$\frac{\partial}{\partial u^i}(g \circ \phi'^{-1}) \circ (\phi' \circ \varphi \circ \phi^{-1}) = \sum_j \left(\frac{\partial v^j}{\partial u^i} \right) \frac{\partial g}{\partial v^j}$$

と表される．点 $p \in M$ は $\varphi(p) \in M'$ に移されることを考えれば，式 (3.3) が得られる． $\qquad\square$

問 3.3 $M \xrightarrow{\varphi} M' \xrightarrow{\varphi'} M''$ のとき, $\left((\varphi' \circ \varphi)_*\right)_p = (\varphi'_*)_{\varphi(p)} \circ (\varphi_*)_p$ が成り立つことを示せ.

線形写像 $(\varphi_*)_p : T_p M \to T_{\varphi(p)} M'$ に対して, 双対空間の線形写像 $\varphi_p^* : T_{\varphi(p)}^* M' \to T_p^* M$ が, 関係式

$$(\varphi_p^* w)(X_p) = w(\varphi_*(X_p))$$

を任意の $X_p \in T_p M$, $w \in T_{\varphi(p)}^* M'$ に対して要請することから定められる. ここで, φ_p^* は線形写像 $(\varphi_*)_p$ の**双対写像**と呼ばれるものであり, 上の関係式から一意的に決まることがわかる (命題 2.2, p.60 参照). 実際, 点 p と $\varphi(p)$ のまわりの座標近傍をそれぞれ (U, ϕ), (V, ϕ') として, $T_p M$ の基底 $\left(\partial/\partial u^i\right)_p$ について定義関係式を書き表すと

$$(\varphi_p^* w)\left(\left(\frac{\partial}{\partial u^i}\right)_p\right) = w\left(\sum_j \left(\frac{\partial v^j}{\partial u^i}\right)_p \left(\frac{\partial}{\partial v^j}\right)_{\varphi(p)}\right)$$

となる. ここで $w \in T_{\varphi(p)}^* M'$ を基底 $(dv^k)_{\varphi(p)}$ $(k = 1, \cdots, m)$ にとり, 両辺を比較すれば

$$\varphi_p^*\left((dv^k)_{\varphi(p)}\right) = \sum_j \left(\frac{\partial v^k}{\partial u^i}\right)_p (du^i)_p \tag{3.4}$$

と決まり, これから双対写像 φ_p^* が決まる. φ_p^* は $T_{\varphi(p)}^* M'$ のベクトルを $T_p^* M$ に**引き戻す** (pull back) と読んで, この了解のもとで, しばしば p を略して単に φ^* と書く.

問 3.4 $M \xrightarrow{\varphi} M' \xrightarrow{\varphi'} M''$ のとき, $\left((\varphi' \circ \varphi)^*\right)_p = (\varphi^*)_p \circ (\varphi'^*)_{\varphi(p)}$ が成り立つことを示せ.

2つの問 3.3, 3.4 を比べると, 微分 φ_* とその双対 φ^* の関係が明瞭になるであろう. この双対な関係を理解して, 双対写像 φ^* を引き戻し (pull back) と呼ぶのに対して, 微分 φ_* を (接ベクトルの) 押し出し (push forward) ということがある.

多様体 M, M' が与えられたときに，C^∞ 写像 $\varphi : M \to M'$，および，$\varphi' :$ $M' \to M$ が存在して，

$$\varphi' \circ \varphi = \mathrm{id}_M, \quad \varphi \circ \varphi' = \mathrm{id}_{M'}$$

が成立するとき，M, M' は**微分同相** (diffeomorphic) であるといい，写像 φ または φ' を**微分同相写像** (diffeomorphism) という．ここで，$\mathrm{id}_M : M \to M$ は $\mathrm{id}_M(p) = p \, (p \in M)$ とする C^∞ 写像（恒等写像）で，$\mathrm{id}_{M'}$ についても同様である．多様体 M, M' が微分同相であるとき，これらはもちろん位相同相であるが，さらに $C^\infty(M) \cong C^\infty(M')$ が成り立ち，それらの関数の微分という性質も等しいことが容易にわかる．

問 3.5 $\varphi : M \to M'$ が微分同相（写像）であるとき，$C^\infty(M) \cong C^\infty(M')$ であることを示せ．さらに，接空間について $T_p M \cong T_{\varphi(p)} M'$ であることを示せ．

$M = M'$ とする場合の微分同相写像 $\varphi : M \to M$ を特に**微分同型写像**または単に**微分同型**という．3.1.4 項で，M 上のベクトル場から定義される微分同型写像（一径数変換群）について詳しく調べる．

3.1.3 ベクトル場

多様体 M が与えられると，まず自然に M 上の関数 $f \in C^\infty(M)$ が考えられ，次に関数の点 p での方向微分が考えられ，これによって点 p での接ベクトルが定義された．点 p での接ベクトル全体がベクトル空間を成すことが示され，これを接空間と定義して $T_p M$ と書いた．接ベクトル $X_p \in T_p M$ を多様体の各点 p で与えるものが**ベクトル場** X であった．

ベクトル場 X を，座標近傍 (U, ϕ) とその座標関数 $u^1, \cdots, u^n$ を用いて，$X = \sum_{i=1}^n \xi^i (\partial/\partial u^i)$ と表そう．点 $p \,(\, \in U)$ での接ベクトルは $X_p = \sum_i \xi_p^i (\partial/\partial u^i)_p$ で与えられ，接ベクトルの基底 $(\partial/\partial u^i)_p$ に関する成分を $\xi_p^i = \xi^i(p)$ と書くことにすれば，n 個の成分は U 上の関数となる．この n 個の関数がすべての座標近傍で C^∞ 級になるとき，このベクトル場を **C^∞ ベクト**

ル場と呼んだ. 点 p が座標近傍 $(U_\alpha, \phi_\alpha; u_\alpha^1, \cdots, u_\alpha^n)$ と $(U_\beta, \phi_\beta; u_\beta^1, \cdots, u_\beta^n)$ に含まれるとき,

$$X_p = \sum_{i=1}^n \sum_{j=1}^n \xi_\alpha^i(p) \frac{\partial u_\beta^j}{\partial u_\alpha^i} \left(\frac{\partial}{\partial u_\beta^j} \right)_p$$

と表されるので, 成分関数 ξ_α^i が各座標近傍で C^∞ 級という条件が, うまく "貼り合う" のであった.

多様体 M 上の C^∞ ベクトル場全体を $\mathfrak{X}(M)$ を書くことにしよう. このとき, $X, Y \in \mathfrak{X}(M)$ と $f \in C^\infty(M)$ について $X + Y$, $fX \in \mathfrak{X}(M)$ が

$$(X + Y)_p = X_p + Y_p, \qquad (fX)_p = f(p)X_p$$

によって自然に定まる. すなわち, ベクトル場の加法が各点の接ベクトルのベクトル和から定まり, また $f \in C^\infty(M)$ とベクトル場の積が, 各点ごとのスカラー倍から自然に定義されるのである. このように, 集合 $\mathfrak{X}(M)$ はスカラー倍を関数倍に置き換えた意味でベクトル空間を拡張した集合になっている. このような $\mathfrak{X}(M)$ の性質は $C^\infty(M)$ 加群と呼ばれる.

ベクトル場の定義から, $X \in \mathfrak{X}(M)$ と $f \in C^\infty(M)$ に対して関数 Xf が, $p \in M$ に対して p での方向微分の値を与える関数として定まる $((Xf)(p) = X_p f)$. すなわち, ベクトル場 X は写像 $X : C^\infty(M) \to C^\infty(M)$ を定める. 次の性質は明らかであろう,

1) $X(af + bg) = aXf + bXg$ 　$(a, b \in \mathbb{R}, f, g \in C^\infty(M))$
2) $X(fg) = (Xf)g + f(Xg)$

問 3.6 ベクトル場 X が C^∞ 級であることは, 任意の $f \in C^\infty(M)$ について $Xf \in C^\infty(M)$ となることに等しいことを示せ.

さて, $X, Y \in \mathfrak{X}(M)$ を 2 つのベクトル場とするとき, X, Y はそれぞれ関数 $f \in C^\infty(M)$ に方向微分として作用する. 結果, Xf, Yf は再び $C^\infty(M)$ の関数となるので, 引き続いて微分することができる. そこで, X, Y の交換子積を

$$[X, Y]f = X(Yf) - Y(Xf) \quad (f \in C^\infty(M))$$

によって定義する. 交換子積は f に対して $[X,Y]f \in C^\infty(M)$ を定めるが, これがベクトル場であることが, 次のようにして直接確かめられる. そのために, X, Y を局所座標を用いて

$$X = \sum_{i=1}^n \xi^i \frac{\partial}{\partial u^i}, \qquad Y = \sum_{i=1}^n \eta^i \frac{\partial}{\partial u^i}$$

と表そう. このとき,

$$
\begin{aligned}
&[X,Y]f(p) \\
&= X_p(Yf) - Y_p(Xf) \\
&= \sum_{i=1}^n \xi^i(p) \left(\frac{\partial}{\partial u^i} \right)_p \sum_{j=1}^n \eta^j \frac{\partial f}{\partial u^j} - \sum_{j=1}^n \eta^j(p) \left(\frac{\partial}{\partial u^j} \right)_p \sum_{i=1}^n \xi^i \frac{\partial f}{\partial u^i} \\
&= \sum_{i,j=1}^n \left(\xi^i(p) \frac{\partial \eta^j}{\partial u^i}(p) - \eta^i(p) \frac{\partial \xi^j}{\partial u^i}(p) \right) \frac{\partial f}{\partial u^j}(p)
\end{aligned}
$$

となり, 関数 $[X,Y]f$ がベクトル場

$$[X,Y] = \sum_{i,j=1}^n \left(\xi^i \frac{\partial \eta^j}{\partial u^i} - \eta^i \frac{\partial \xi^j}{\partial u^i} \right) \frac{\partial}{\partial u^j} \tag{3.5}$$

の関数 f への作用によって決まっていることがわかる. ここに定義されたベクトル場 $[X,Y]$ を X, Y の**交換子積** (commutator) あるいは**括弧積** (bracket) と呼ぶ.

交換子積について次の性質が容易に確かめられる.

命題 3.3

1) $[aX + bY, Z] = a[X,Z] + b[Y,Z] \ (a,b \in \mathbb{R})$
2) $[X,Y] = -[Y,X]$
3) $[[X,Y],Z] + [[Y,Z],X] + [[Z,X],Y] = 0$ （ヤコビの恒等式）

問 3.7 $X, Y \in \mathfrak{X}(M), f \in C^\infty(M)$ について次の等式を示せ.

$$[X, fY] = f[X,Y] + (Xf)Y$$

3.1.4 ベクトル場の積分と一径数変換群

多様体 M 上にベクトル場 $X \in \mathfrak{X}(M)$ が与えられたとしよう. M 上の点 p を任意にとり, p を含む局所座標近傍 $(U, \phi; u^1, \cdots, u^n)$ を用いると

$$X = \sum_{i=1}^{n} \xi^i(u^1, \cdots, u^n) \left(\frac{\partial}{\partial u^i} \right)$$

と書くことができる. このとき, U 内の曲線 $C : c(t) = (u^1(t), \cdots, u^n(t))$ で その速度ベクトル $\dot{c}(t)$ がベクトル場 $X_{c(t)}$ に等しいものを考えよう. 成分を 用いて条件を書くと

$$\frac{du^i(t)}{dt} = \xi^i(u^1(t), \cdots, u^n(t)) \quad (i = 1, \cdots, n) \tag{3.6}$$

という n 個の微分方程式で表される. 曲線の $t = 0$ での初期値 $c(0)$ が点 p に等しいことを要請して, 微分方程式 (3.6) の解を考えると, 微分方程式の 解の存在と一意性に関する定理によって, $|t|$ が十分小さな範囲で解 $c(t, p) = (u^1(t, p), \cdots, u^n(t, p))$ が一意的に決まることがわかる. 点 p を M 上で動か して考えるとき, 無数の解曲線が (少なくとも局所的に) 得られる. こうし て得られる曲線をベクトル場 X の**積分曲線**と呼ぶ. ベクトル場は流体の速 度を表すものとすると, 積分曲線は流体の流れを表す流線にほかならない.

例題 3.1 平面 $\mathbb{R}^2$ の局所座標関数を $(u^1, u^2) = (x, y)$ と表す. このとき, $\mathbb{R}^2$ 上のベクトル場

$$X = 2xy \left(\frac{\partial}{\partial x} \right) - (x^2 - y^2) \left(\frac{\partial}{\partial y} \right)$$

についてその積分曲線を求め図示せよ.

解) ベクトル場 X の積分曲線を定義する微分方程式 (3.6) は

$$\frac{\partial x(t)}{dt} = 2xy, \qquad \frac{\partial y(t)}{dt} = -x^2 + y^2 \tag{3.7}$$

と書き下されるので, これを積分すればよい. 式 (3.7) を使うと

$$\frac{d}{dt} \left(\frac{y^2}{x} + x \right) = \frac{2y}{x} \frac{dy}{dt} - \frac{y^2}{x^2} \frac{dx}{dt} + \frac{dx}{dt} = -2xy + \frac{dx}{dt} = 0$$

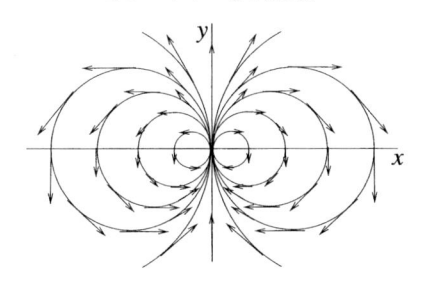

図 3.1　ベクトル場とその積分曲線の例：$X = xy(\partial/\partial x) - (x^2 - y^2)(\partial/\partial y)$

が示される．これにより積分 $y^2/x + x = 2c$（c は積分定数）が得られ，積分曲線が中心を x 軸上にもち原点を通る円の方程式 $(x - c)^2 + y^2 = c^2$ を満たすことがわかる．このとき，x を決める微分方程式は $dx/dt = 2xy = 2x\sqrt{c^2 - (x - c)^2}$ と書かれ，$dx/(2x\sqrt{c^2 - (x - c)^2}) = dt$ と変数分離される．積分は容易に実行されて，$-\sqrt{c^2 - (x - c)^2}/(2cx) = t - d$（$d$ は積分定数）が得られ，この結果を用いて積分曲線は

$$x(t) = \frac{2c}{1 + 4c^2(t - d)^2}, \qquad y(t) = -\frac{4c^2(t - d)}{1 + 4c^2(t - d)^2}$$

と決められる．積分定数 c, d を初期値 $(x(0), y(0)) = (x_0, y_0) \in \mathbb{R}^2$ で表すと

$$x(t) = \frac{x_0}{1 - 2y_0 t + (x_0^2 + y_0^2)t^2}, \qquad y(t) = \frac{y_0 - t(x_0^2 + y_0^2)}{1 - 2y_0 t + (x_0^2 + y_0^2)t^2} \quad (3.8)$$

となる．ベクトル場 X とその積分曲線の様子を図 3.1 に示す（図 2.16，X_3 に等しい）．

　ついでに，ベクトル場の原点での指数を決めてみよう．ベクトル場 X の成分を $(\xi^1, \xi^2) = (2xy, -x^2 + y^2)$ と書き，これを極座標で表すと $(\xi^1, \xi^2) = r^2(2\sin\theta\cos\theta, -\cos^2\theta + \sin^2\theta) = r^2(\cos(2\theta - \pi/2), \sin(2\theta - \pi/2))$ となるが，このことから θ が原点のまわりを 2π だけ変化するとき，ベクトル場は $2 \times 2\pi$ だけ正の向きに回転することがわかる．したがって回転角の定義式 (2.78) より $\mathrm{ind}(X, 0) = 2$ と決められる．　　　　　　　　　□

　微分方程式 (3.6) の解の存在と一意性に関する定理から，p 点のある近傍 $V \subset U$ に含まれるすべての点 q について，共通に，ある $\varepsilon > 0$ が存在して，

$t \in (-\varepsilon, \varepsilon)$ なる t の範囲で解 $c(t, q)$ が決まる．そこで，この解を $\varphi_t(q)$ と書いて V から M への写像

$$\varphi_t : V \to \varphi_t(V) \subset M \ (|t| < \varepsilon)$$

と見なすことにする．この写像 φ_t について次の性質が調べられる．

定理 3.1 ベクトル場 $X \in \mathfrak{X}(M)$ と，M の各点 p とその近傍 V に対して決まる写像 $\varphi_t : V \to M \ (|t| < \varepsilon)$ について次の性質が満たされる．

1) $\varphi_t : V \to \varphi_t(V) \subset M$ は各 $t \in (-\varepsilon, \varepsilon)$ に対して可逆な C^∞ 写像となる

2) $s, t, s+t \in (-\varepsilon, \varepsilon)$ かつ $q, \varphi_s(q) \in V$ であるとき，$(\varphi_t \circ \varphi_s)(q) = \varphi_{s+t}(q)$

3) 任意の $q \in V$ について $X_q = d\varphi_t(q)/dt\big|_{t=0}$

証明） 2) の性質から示す．$\varphi_t(q) = c(t; q)$ は微分方程式 (3.6) の解の存在と一意性定理から保証される積分曲線であり，$(-\varepsilon, \varepsilon) \times V$ 上の C^∞ 写像と見なされる．いま，$t, s, s+t \in (-\varepsilon, \varepsilon)$，かつ $q, \varphi_s(q) \in V$ であるとき，$t = 0$ での初期値を $\varphi_s(q)$ とする微分方程式 (3.6) の解は $c(t, \varphi_s(q))$ と表される．一方で，$c(s+t, q)$ を考えると，これは $t = 0$ での初期値を $c(s, q) = \varphi_s(q)$ とする微分方程式の解である．解の一意性がわかっているので，$c(t, \varphi_s(q)) = c(s+t, q)$ が結論され，$\varphi_t(\varphi_s(q)) = \varphi_{s+t}(q)$ を得る．

1) の性質で $\varphi_t : V \to \varphi_t(V)$ が C^∞ 写像であることは解の存在定理からいえている．この写像が逆写像をもつことは，2) の性質から $\varphi_t \circ \varphi_{-t} = \varphi_{-t} \circ \varphi_t = \varphi_0 = \mathrm{id}_V$ （恒等写像）となることから直ちにわかる．

3) の性質は積分曲線の定義にほかならない． $\qquad\qquad\qquad\qquad\qquad \square$

$\varphi_t : V \to \varphi_t(V)$ は，点 p の近傍 V とそれによって定まる正数 $\varepsilon = \varepsilon(V)$ が決める範囲 $|t| < \varepsilon$ で定義される C^∞ 写像で**一径数局所変換**と呼ばれる．この局所的な写像が，M 全体に渡って，かつすべての $t \in \mathbb{R}$ について定義されて，次の性質

1) 各 $t \in \mathbb{R}$ に対して C^∞ 写像 $\varphi_t : M \to M$ を定める

2) $\varphi_t(p)$ は，写像 $\varphi : \mathbb{R} \times M \to M$ として C^∞ 級である

3) 任意の $s, t \in \mathbb{R}$ について, $\varphi_s \circ \varphi_t = \varphi_{s+t}$ が成り立つ
をもつとき, φ_t 全体 $\{\varphi_t : M \to M \mid t \in \mathbb{R}\}$ を**一径数変換群**(one parameter transformation group) という. 条件 $|t| < \varepsilon$ がなくなると, 集合 $\{\varphi_t | t \in \mathbb{R}\}$ は, 写像の合成を積として群となるから, このように群と呼ぶのである.

問 3.8 例題 3.1 の積分曲線が決める写像 $\varphi : (t, x_0, y_0) \mapsto (x(t), y(t))$ は, C^∞ 写像 $\mathbb{R} \times \mathbb{R}^2 \to \mathbb{R}^2$ を定めるか調べよ ($x_0 = 0$ のときに注意する).

M がコンパクトであるなら, 任意のベクトル場に対する一変数局所変換 $\varphi_t(|t| < \epsilon)$ は, 定義域がすべての $t \in \mathbb{R}$ まで拡張されて, 一径数変換群を定義することが示される.

定理 3.2 コンパクトな多様体 M の, 任意の C^∞ ベクトル場に対する一変数局所変換 $\varphi_t(|t| < \epsilon)$ は, 定義域がすべての実数 $t \in \mathbb{R}$ まで拡張され C^∞ 写像 $\varphi_t : M \to M$ を定める.

証明) 定理 3.1 より, M の各点 p に対して一変数局所変換 $\varphi_t(|t| < \epsilon_p)$ の定義域 $(-\varepsilon_p, \varepsilon_p) \times V_p$ が定まり, $\cup_{p \in M} V_p$ は M の開被覆を定める. M をコンパクトとすると, 有限個の開集合 $V_{p_1}, \cdots, V_{p_m}$ からなる開被覆が存在する. このとき, $\varepsilon = \mathrm{Min}(\varepsilon_{p_1}, \cdots, \varepsilon_{p_m})$ (最小値) とすると, 任意の点 q に対して q を始点とする積分曲線 $c(t; q) = \varphi_t(q)$ は, $|t| < \varepsilon$ の範囲で定義される. なぜなら, 点 q はどれかの開集合 V_{p_k} に含まれ, そこでは φ_t が $|t| < \varepsilon$ で定義されるからである. さて, 任意の点 $q \in M$ からはじめて, 積分曲線を $t = \varepsilon/2$ までたどって, $q' = c(\varepsilon/2, q)$ に至るとする. このとき, 再び q' を始点にして積分曲線が $|t| < \varepsilon$ の範囲で存在するから, $q'' = c(\varepsilon/2, q') = \varphi_{\varepsilon/2}(q')$ $= \varphi_{\varepsilon/2+\varepsilon/2}(q)$ まで至ることができる. 以下同様にすると, 任意の点 $q \in M$ について, $\varphi_t(q)$ がすべての実数 $t \in \mathbb{R}$ について定まることがわかる. また, こうして得られる写像 φ_t は C^∞ 写像 $M \to M$ を定める. □

上の定理の証明からわかるように, M がコンパクトでないとベクトル場 X の一径数変換群は必ずしも存在しない. 例題 3.1 の場合, $\mathbb{R}^2$ はコンパク

トではないので，$\mathbb{R}^2$ 全体に渡って，かつすべての t について，一径数変換群が定義されるかどうかはベクトル場の形による．例題 3.1 で調べたベクトル場には，一径数変換群が定義されないことがわかる（問 3.8）．M 上のすべての初期値 $c(0) = p$ について $-\infty < t < \infty$ で積分曲線が定義されるベクトル場を **完備なベクトル場** という．

問 3.9 多様体 M を $M = \{(x, y) \in \mathbb{R} \mid y > 0 \}$ とする．M のベクトル場 $X = \partial/\partial y$ について，点 $(0, 1)$ の近傍で一径数局所変換を求め，このベクトル場に対する一径数変換群は存在しないことを確かめよ．$X = \partial/\partial x$ のときはどうか．

3.1.5 ベクトル場のリー微分

ベクトル場 $X \in \mathfrak{X}(M)$ は，関数 $f \in C^\infty(M)$ に作用し，新しい関数 $Xf \in C^\infty(M)$ を対応させるが，これは関数の微分にほかならない．同じようにしてベクトル場 $Y \in \mathfrak{X}(M)$ を "微分" することを考えたい．直ちにわかることは，ベクトル場 $Y = \sum_i \eta^i (\partial/\partial u^i)$ の成分を安易に微分したのではベクトル場は得られない．X に対して決まる一径数局所変換 $\varphi_t : M \to M$ を用いると自然な定義を与えることができる．

一径数局所変換 φ_{-t} の微分 $(\varphi_{-t})_*$（φ_{-t} によるベクトル場の押し出し）が，線形写像 $(\varphi_{-t})_* : T_{\varphi_t(p)} M \to T_p M$ を定義したことを思い出して，次のように定義しよう．

定義 3.3 （ベクトル場のリー微分） ベクトル場 $X \in \mathfrak{X}(M)$ の一径数局所変換を φ_t とするとき，X によるベクトル場 $Y \in \mathfrak{X}(M)$ のリー微分 (Lie derivative) を，各点 $p \in M$ について

$$(\mathcal{L}_X Y)_p = \lim_{t \to 0} \frac{(\varphi_{-t})_* Y_{\varphi_t(p)} - Y_p}{t} \tag{3.9}$$

によって定義する．

定義式から読み取れるように，右辺の演算はすべて接空間 $T_p M$ の中で行われて，その極限 $\mathcal{L}_X Y_p$ も $T_p M$ に属している．このようにして，各点で与

えられる接ベクトルがベクトル場を新たに定義するが，これが C^∞ ベクトル場，すなわち $\mathfrak{X}(M)$ の元であることが，次の命題から直ちにわかる．

命題 3.4 $X, Y \in \mathfrak{X}(M)$ について次が成り立つ．

$$\mathcal{L}_X Y = [X, Y]$$

証明） $f \in C^\infty(M)$ について

$$\lim_{t \to 0} \frac{(\varphi_{-t})_* Y_{\varphi_t(p)} - Y_p}{t} f$$
$$= \lim_{t \to 0} \frac{Y_{\varphi_t(p)} f \circ \varphi_{-t} - Y_p f}{t}$$
$$= \lim_{t \to 0} \frac{Y_{\varphi_t(p)} f \circ \varphi_{-t} - Y_{\varphi_t(p)} f}{t} + \lim_{t \to 0} \frac{Y_{\varphi_t(p)} f - Y_p f}{t}$$
$$= \lim_{t \to 0} Y_{\varphi_t(p)} \frac{f \circ \varphi_{-t} - f}{t} + \lim_{t \to 0} \frac{(Yf)(\varphi_t(p)) - (Yf)(p)}{t}$$
$$= -Y_p(Xf) + X_p(Yf) = [X, Y]_p f$$

と計算される．ここで，（定義）関係式 $Y_{\varphi_t(p)} f = (Yf)(\varphi_t(p))$ を用いた（関数 Yf は方向微分によって，$(Yf)(p) = Y_p f$ から定義された）．さらに，$d\varphi_t(p)/dt = X_{\varphi_t(p)}$ と合成関数の微分則から得られる関係式

$$\lim_{t \to 0} \frac{g \circ \varphi_t - g}{t} = Xg \quad (g \in C^\infty(M))$$

を用いた． □

問 3.10 リー微分に関して次の性質を示せ．

1) $\mathcal{L}_X(aY + bZ) = a\mathcal{L}_X Y + b\mathcal{L}_X Z \quad (a, b \in \mathbb{R})$
2) $\mathcal{L}_X[Y, Z] = [\mathcal{L}_X Y, Z] + [Y, \mathcal{L}_X Z]$

ベクトル場のリー微分は，ベクトル場に作用して新しいベクトル場を対応させ，したがって写像 $\mathcal{L}_X : \mathfrak{X}(M) \to \mathfrak{X}(M)$ を決める演算である．一般に，ベクトル空間に積 $*$ が定義されたものを環とか代数と表現する．そのような

環 $\mathcal{A}$ が与えられたとき，線形写像 $D : \mathcal{A} \to \mathcal{A}$ であって，積についてライプニッツ則 $D(x * y) = D(x) * y + x * D(y)$ を満たすものを（代数的な）微分と呼んでいる．3.1.3 項で，ベクトル場全体の集合 $\mathfrak{X}(M)$ は $C^{\infty}(M)$ 加群であることを注意したが，スカラー倍を実数倍に制限して考えればベクトル空間である．さらに，$\mathfrak{X}(M)$ には交換子積 $X * Y = [X, Y]$ が定義されて，特に $X * (Y * Z) = (X * Y) * Z + Y * (X * Z)$ という特徴的な性質（ヤコビの恒等式）をもっていることがわかる（命題 3.3, 3) から示される）．このような積に関して特徴的な性質をもつ環を，一般にリー環と呼んでいる．リー微分 $\mathcal{L}_X$ に関する問 3.10 の性質は，リー微分がリー環 $\mathfrak{X}(M)$ の代数的な微分となっていること示すものである．

問 3.11 ベクトル場 X, Y $\in$ $\mathfrak{X}(M)$ が局所座標系を用いて，$X = \sum_i \xi^i (\partial/\partial u^i)$, $Y = \sum_j \eta^j (\partial/\partial u^j)$ と書かれているとする．このときリー微分 $\mathcal{L}_X Y$ の成分を，$\mathcal{L}_X Y = \sum_j (\mathcal{L}_X \eta^j)(\partial/\partial u^j)$ と書く．M がリーマン多様体であるとき，成分 $\mathcal{L}_X \eta^j$ は共変微分を用いて次のように書かれることを示せ（章末問題 2 参照）．

$$\mathcal{L}_X \eta^j = \sum_i \left\{ \xi^i \frac{\partial \eta^j}{\partial u^i} - \frac{\partial \xi^j}{\partial u^i} \eta^i \right\} = \sum_i \left\{ \xi^i \nabla_i \eta^j - (\nabla_i \xi^j) \eta^i \right\}$$

3.1.6 リー群とリー環

多様体 M が同時に群となっている（あるいは同じことであるが，群が同時に多様体となっている）ものが，大まかにいってリー群と呼ばれるものである．リー群は空間回転の成す群をはじめとして，身近にしばしば登場するものである．ここでは，リー群のベクトル場について考察する．

a. リー群の左不変ベクトル場

集合 G に結合律を満たす積が定義されていて，1) 積に関する単位元 e が G に含まれ，2) すべての元 g が逆元 $g^{-1} \in G$ をもつ，ような集合 G を一般に群と呼ぶのであった．その例として n 次の対称群（置換群）などを知っているが，群でありまた多様体でもあるものが考えられる．

定義 3.4 可微分多様体 G が，群であり次の性質をもつとき，G を**リー群** (Lie group) という．

　1) $g, h \in G$ に対して積 $gh \in G$ を決める写像 $G \times G \to G$ は C^∞ 写像

　2) $g \in G$ に対して逆元 $g^{-1} \in G$ を対応させる写像 $G \to G$ は C^∞ 写像

　ここで，2 つの条件を局所座標近傍を用いて，より具体的に述べてみよう．$\{(U_\alpha, \phi_\alpha; u_\alpha^1, \cdots, u_\alpha^m)\}$ を G の局所座標近傍系として，$g \in U_\alpha$，$h \in U_\beta$，$gh \in U_\gamma$ とする．このとき点 gh の座標関数 $u_\gamma^1(gh), \cdots, u_\gamma^n(gh)$ は点 g, h の座標関数を用いて

$$u_\gamma^i(gh) = u_\gamma^i(u_\alpha^1(g), \cdots, u_\alpha^n(g); u_\beta^1(h), \cdots, u_\beta^n(h)) \ (i = 1, \cdots, n) \quad (3.10)$$

と表されるが，写像 $G \times G \to G$ が C^∞ 写像であるとは，各 i について，この関係式が $2n$ 変数の関数として C^∞ 級であるということである．同様に，写像 $g \mapsto g^{-1}$ についても，$g \in U_\alpha, g^{-1} \in U_\beta$ であるとき関係式

$$u_\beta^i(g^{-1}) = u_\beta^i(u_\alpha^1(g), \cdots, u_\alpha^n(g)) \quad (i = 1, \cdots, n) \quad (3.11)$$

が C^∞ 級の n 変数関数となることである．

　さて，多様体がこのような群の積演算 $G \times G \to G$ をもつとき，一方の元 $g \in G$ を固定して考えることによって，写像 $L_g : G \to G$ および $R_g : G \to G$ が

$$L_g(h) = gh, \qquad R_g(h) = hg \qquad (h \in G) \quad (3.12)$$

によって考えられ，これらは性質 1) によって明らかに C^∞ 写像である．C^∞ 写像 L_g, R_g をそれぞれリー群 G の**左移動**，**右移動**という．定義から明らかなように，$L_{g^{-1}} \circ L_g = L_g \circ L_{g^{-1}} = \mathrm{id}_G$，$R_g \circ R_{g^{-1}} = R_{g^{-1}} \circ R_g = \mathrm{id}_G$ が成り立つから，左（右）移動は G の微分同型写像である．左右対称であるので，以下では左移動を調べることにしよう．

　3.1.2 項で一般的に調べたように，多様体の間に写像があるときその微分として，接空間の間の線形写像が決められた．いまの場合，各 g に対して

$$(L_g)_* : T_h G \to T_{L_g(h)} G \qquad (h \in G) \quad (3.13)$$

が定まる．さらに，L_g は微分同型写像であるから，式 (3.13) は接空間の同型写像となる（問 3.5）．特に h が単位元 e の場合を書くと，微分

$$(L_g)_* : T_e G \to T_g G \quad (g \in G) \tag{3.14}$$

は同型写像である．すなわち，$\xi_1, \cdots, \xi_n$ を接空間 $T_e G$ の基底とするとき $(L_g)_*(\xi_1), \cdots, (L_g)_*(\xi_n)$ は $T_g G$ の基底となり，かつすべての $g \in G$ について，これが成り立つという性質である．

より具体的に理解するために，接ベクトル $\xi = \sum_i \xi^i \left(\partial/\partial u^i \right)_e \in T_e G$ について，$(L_g)_*(\xi) \in T_g G$ を書いてみよう．ここで，単位元 e を含む座標近傍を $(U, \phi; u^1, \cdots, u^n)$，$g$ を含む局所座標近傍を $(\bar{U}, \bar{\phi}; \bar{u}^1, \cdots, \bar{u}^n)$ としよう．命題 3.2，式 (3.3) を使うと直ちに

$$(L_g)(\xi) = \sum_{i,j} \xi^i \left(\frac{\partial \bar{u}^j}{\partial u^i} \right)(g) \left(\frac{\partial}{\partial \bar{u}^j} \right)_g \tag{3.15}$$

と書かれる．ここで，ξ^i は接ベクトル ξ を決めたときに決まる数，関数行列 $\left(\partial \bar{u}^j / \partial u^i \right)(g)$ は座標関数の間の関係 $\bar{u}^j = \bar{u}^j(u^1, \cdots, u^n)$ を微分した後に，逆の関係 $u^i = u^i(\bar{u}^1, \cdots, \bar{u}^n)$ を代入して得られる $\bar{u}^j = \bar{u}^j(g)$ の C^∞ 関数と見なす．G 上の点 g すべてについて $(L_g)_*$ が定義されるから，結局 $(L_g)(\xi)$ は G 上の C^∞ ベクトル場を与える．結果をまとめると，

命題 3.5

1) 接ベクトル $\xi \in T_e G$ に対して

$$X(g) = (L_g)_*(\xi) \in T_g G \qquad (g \in G)$$

と定めると，X は C^∞ ベクトル場である．

2) $\xi_1, \cdots, \xi_n$ が $T_e G$ の基底を成すとき，1) にしたがってベクトル場 $X_1, \cdots, X_n$ を定める．このとき，$X_1(g), \cdots, X_n(g)$ は $T_g G$ $(g \in G)$ の基底を与える．

本書では触れないが，接束（あるいはもっと一般にベクトル束）の幾何学では，2) で示すような性質をもつ n 個のベクトル場が存在するとき接束

(tangent bundle) は自明であるといわれる．この性質はリー群のもつ特徴の1つである．たとえば，球面の場合，そのようなベクトル場を作ることは不可能であることと対比されたい（2.6.5 項，p.100 参照）．次に，1) で定義されるベクトル場の性質を詳しく調べよう．単位元 e での接ベクトル $\xi \in T_e G$ に対するベクトル場（の $g \in G$ での値）は $X(g) = (L_g)_*(\xi)$ で与えられた．そこで，点 gh での値を見ると

$$
\begin{aligned}
X(gh) &= (L_{gh})_*(\xi) = (L_g \circ L_h)_*(\xi) \\
&= (L_g)_*((L_h)_*(\xi)) = (L_g)_*(X(h))
\end{aligned}
\tag{3.16}
$$

が成り立つことがわかる．ここで，$(L_g \circ L_h)_* = (L_g)_* \circ (L_h)_*$ であることを用いた（問 3.3）．$gh = x$ と書くと，式 (3.16) は $X(x) = (L_g)_*(X(g^{-1}x))$ と書かれ，ベクトル場 X の x での値 $X(x)$ と，$g^{-1}x$ での値 $X(g^{-1}x)$ の微分 $(L_g)_* : T_{g^{-1}x}G \to T_x G$ による像が等しいという関係である．これを単に $X = (L_g)_* X$ と書き表す，この性質をもつベクトル場を，一般に左不変なベクトル場という．

定義 3.5 リー群 G 上のベクトル場 $Y \in \mathfrak{X}(G)$ で，任意の $g \in G$ について

$$
Y = (L_g)_* Y
$$

が成り立つベクトル場を**左不変なベクトル場**という．

上で調べたようにベクトル場 $X(g) = (L_g)_*(\xi)$ は左不変であるが，逆に，左不変なベクトル場 Y が与えられたとすると $Y(x) = (L_g)_* Y(g^{-1}x)$ $(g, x \in G)$ であるから，$x = g$ とおけば $Y(g) = (L_g)_* Y(e)$ となる．すなわち，左不変なベクトル場は単位元 e での値 $Y(e)$ によって決まる．この性質をまとめておく．

定理 3.3

1) 左不変なベクトル場全体は，$\mathfrak{X}(G)$ の中で部分空間を成し，対応 $Y \mapsto Y(e)$ によって単位元での接空間 $T_e G$ と同一視される．

2) $X, Y \in \mathfrak{X}(G)$ が左不変であるとき，交換子積 (3.5) $[X, Y]$ も左不変である．

証明）

1) X, Y が左不変であるとき，$aX + bY = a(L_g)_*(X) + b(L_g)_*(Y) = (L_g)_*(aX + bY)$ $(a, b \in \mathbb{R})$ であるから，$aX + bY$ も左不変である．よって，左不変ベクトル場全体は $\mathfrak{X}(G)$ の部分空間である．したがって，すでに示した接空間 $T_e G$ との対応は 2 つのベクトル空間の同型を与える．

2) 左移動 L_g について章末問題 1 を用いると，

$$(L_g)_* ([X, Y]) = [(L_g)_*(X), (L_g)_*(Y)]$$

が成り立つ．X, Y が左不変であるとき，右辺はさらに $[X, Y]$ に等しく，$[X, Y]$ は左不変となる．   □

　ベクトル場全体 $\mathfrak{X}(G)$ には交換子積が定義されており，定理 3.3, 2) はその積が左不変なベクトル場全体の中で閉じていることをいう．すなわち，左不変なベクトル場全体は $\mathfrak{X}(G)$ の部分リー環である．また，そのベクトル空間としての次元は $\dim T_e G$ に等しい．

定義 3.6　リー群 G の左不変なベクトル場全体のつくるリー環を G のリー環といい，記号 $\mathfrak{g}$ で表す．

　定理 3.3, 1) の $T_e G$ と左不変なベクトル場全体との同一視を合わせると，結局，接空間 $T_e G$ にヤコビの恒等式（命題 3.3）を満たす線形な積が定義されたことになる．

b. 一般線形リー群と一般線形リー環

　リー群の定義はかなり一般的なもので，たとえば，正の実数全体，零でない複素数全体，大きさが 1 の複素数の成す $S^1 \subset \mathbb{C}$ など，身近にその例を容易に見つけることができる．そうした中で，特に n 次（実）正則行列全体の

成す集合は，群であるうえにリー群であることが調べられ（以下の例題 3.2），これを

$$GL(n, \mathbb{R}) = \{A \in \mathrm{Mat}(n, \mathbb{R}) \mid \det A \neq 0 \}$$

と書き（実）**一般線形群** (general linear group) と書き表す．また，$GL(n, \mathbb{R})$ のリー環を**一般線形リー環**といい $\mathfrak{gl}(n, \mathbb{R})$ と表す．

例題 3.2 一般線形群 $GL(n, \mathbb{R})$ がリー群であることを示し，そのリー環 $\mathfrak{gl}(n, \mathbb{R})$ を定めよ．

解） G を一般線形群 $GL(n, \mathbb{R})$ とするとき，その元 $g \in G$ は正則行列 $g = (g_{ij})_{1 \leq i,j \leq n}$ である．g の n^2 個の行列成分の値は，行列式 $\det g \neq 0$ の範囲で自由にとれるので，行列成分を g の座標と見なすと，G は 1 つの座標近傍 $(U, \phi; u^{ij})$ で覆われることになる．ここで，座標関数 u^{ij} $(1 \leq i, j \leq n)$ は行列 $g = (g_{ij})$ に対して値 $u^{ij}(g) = g_{ij}$ をとる関数である．この座標関数について，

$$1) \quad u^{ij}(gh) = (gh)_{ij} = \sum_k g_{ik} h_{kj} = \sum_k u^{ik}(g) u^{kj}(h)$$

$$2) \quad u^{ij}(g^{-1}) = (g^{-1})_{ij} = \frac{1}{\det g} \Lambda(g)_{ij}$$

となる．ここで，$\Lambda(g)$ は行列 g の余因子行列である．行列式，余因子行列の行列成分はいずれも $g_{ij} = u^{ij}(g)$ の多項式として書き表される．したがって，式 1), 2) の式の右辺はどちらも座標関数 $u^{ij}(g), u^{ij}(h)$ の C^∞ 関数となりリー群の条件 (3.10), (3.11) が確かめられる．

G は 1 つの座標近傍で覆われるので，$\left(\partial/\partial u^{ij}\right)_g$ $(1 \leq i, j \leq n)$ を各点 $g \in G$ の接空間 $T_g G$ の基底にすることができる．単位元での接空間 $T_e G$ の基底の，微分写像 $(L_g)_* : T_e G \to T_g G$ による像は，関係式 $u^{ij}(gh) = \sum_m u^{im}(g) u^{mj}(h)$ を用いると

$$(L_g)_* \left(\left(\frac{\partial}{\partial u^{ij}} \right)_e \right) = \sum_{k,l} \frac{\partial u^{kl}(gh)}{\partial u^{ij}(h)} \left(\frac{\partial}{\partial u^{kl}} \right)_{gh} \Big|_{h=e} = \sum_k u^{ki}(g) \left(\frac{\partial}{\partial u^{kj}} \right)_g$$

のように決められる．これによって，接ベクトル $\xi = \sum_{ij} \xi^{ij} \left(\partial/\partial u^{ij} \right)_e \in T_e G$ に対応する左不変なベクトル場は

$$(L_g)_*(\xi) = \sum_{i,j,k} u^{ki}(g)\xi^{ij} \left(\frac{\partial}{\partial u^{kj}} \right)_g$$

となる．ここで，接ベクトル ξ の成分 ξ^{ij} を行列 $\boldsymbol{\xi} = (\xi^{ij})_{1 \leq i,j \leq n}$ の成分と思い，$u^{ki}(g) = g_{ki}$ であることと合わせて，$(L_g)_*(\xi)$ の表式を

$$(L_g)_*(\xi) = \sum_{k,j}(g\boldsymbol{\xi})_{kj} \left(\frac{\partial}{\partial g_{kj}} \right)_g \tag{3.17}$$

と書くことができる．ここで，$(g\boldsymbol{\xi})_{kj}$ は行列 $g\boldsymbol{\xi}$ の kj 成分の意味である．$(L_g)_*(\xi)$ が定める左不変なベクトル場を $X_{\boldsymbol{\xi}}$ と表すことにすると，定理 3.3 によって，勝手な n 次行列 $\boldsymbol{\xi} = (\xi^{ij})$ に対する左不変なベクトル場 $X_{\boldsymbol{\xi}}$ 全体がリー環 $\mathfrak{g}$ に一致する．すなわち，$\mathfrak{g} = \mathrm{Mat}(n, \mathbb{R})$ が結論される．

最後に，リー環の積（ベクトル場の交換子積）を計算してみると，

$$[X_{\boldsymbol{\xi}_1}, X_{\boldsymbol{\xi}_2}] = \left[\sum_{ij}(g\boldsymbol{\xi}_1)_{ij} \left(\frac{\partial}{\partial g_{ij}} \right)_g , \sum_{kl}(g\boldsymbol{\xi}_2)_{kl} \left(\frac{\partial}{\partial g_{kl}} \right)_g \right] = X_{[\boldsymbol{\xi}_1, \boldsymbol{\xi}_2]}$$

のように計算され，ベクトル場の交換子積が行列の交換子積 $[A, B] := AB - BA$（$A, B \in \mathrm{Mat}(n, \mathbb{R})$）に一致することがわかる．すなわち，等号 $\mathfrak{g} = \mathrm{Mat}(n, \mathbb{R})$ は，この交換子積の対応も含めた等号であるといえる（リー環の同型）．　　　　　　　　　　　　　　　　　　　　　　　　□

例題 3.3　一般線形リー群 $G = GL(n, \mathbb{R})$ の左不変ベクトル場 X_ξ $(\xi \in T_e G)$ に対して一径数変換群 $\varphi_t : G \to G$ が定まり，

$$\varphi_t(g) = g\mathrm{e}^{t\xi} \qquad (-\infty < t < \infty)$$

と表されることを示せ．ここに，$\mathrm{e}^{t\xi}$ は行列 $\xi = (\xi^{ij})_{1 \leq i,j \leq n}$ の指数関数行列である．

解）　例題 3.2 の記号を用いて左不変なベクトル場 X_ξ は

$$X_{\boldsymbol{\xi}}(g) = \sum_{i,j}(g\boldsymbol{\xi})_{ij} \left(\frac{\partial}{\partial g_{ij}} \right)_g = \sum_{i,j,k} u^{ik}(g)\xi^{kj} \left(\frac{\partial}{\partial u_{ij}} \right)_g$$

と表された．このベクトル場に関する積分曲線を調べ一変数局所変換の性質を調べればよい．そこで，始点を $g(0)$ とする積分曲線を $c(t) = g(t) = (u^{ij}(g(t)))$ と表すと，これは定義によって微分方程式 (3.6) を満たす．座標関数 u^{ij} を用いて書くと

$$\frac{du^{ij}(g(t))}{dt} = \sum_k u^{ik}(g)\xi^{kj}$$

と書かれるが，例題 3.2 と同様に $u^{ij}(g(t)) = g(t)_{ij}$ であるから，これを行列 $g(t) = (g(t)_{ij})$, $\boldsymbol{\xi} = (\xi^{ij})$ に関する微分方程式

$$\frac{dg(t)}{dt} = g(t)\xi$$

と見なすことができる．ξ は定数行列であるから，この微分方程式は容易に積分できて，解は $g(t) = g(0)\mathrm{e}^{t\xi}$ である．線形代数あるいは解析学で学んでいるように，指数関数行列 $\mathrm{e}^{t\xi}$ は極限 $\lim_{n\to\infty}\sum_{m=0}^{n}(t\xi)^m/m!$ として定義されるが，任意の t について，この級数行列の行列成分は収束する．また，初期値 $g(0)$ は，G 上どの点でもよいので，一径数変換群 $\varphi_t : g(0) \mapsto g(t) \ (-\infty < t < \infty)$ が定義される． □

　リー群 G があったとき，H が群として G 部分群であって，さらに H の元を G の元と見なす包含写像 $\iota : H \to G$ が多様体として埋め込み写像（3.3.5 項参照）になっているとき，H を G のリー部分群という．一般線形リー群 $GL(n,\mathbb{R})$ のリー部分群を（実）**線形リー群**と呼んでいる．たとえば，n 次の直交行列全体の成す群は線形リー群であり，これを記号 $O(n)$ と表しそのリー環は $\mathfrak{o}(n)$ と表される．リー群とリー環についてこれ以上立ち入るのは本書の目的から外れてしまうので，巻末の文献，松島 (1965)，Warner(1983) などを参照されたい．山内・杉浦 (1960) では線形リー環の表現が詳しく論じられている．

3.2 微分形式とその諸演算

前節では，ベクトル場とそれに関する基本的な諸演算を定義した．これら
の演算は，自然にテンソル場についても考えることができる．ここでは，特
別なテンソル場である外微分形式を定義し，これらの諸演算を考察する．そ
の後，微分形式の積分を定義する．微分形式の積分は数理科学への現代的応
用に欠かせないものである．

3.2.1 微分形式

多様体の各点には，接空間 T_pM とその双対空間である余接空間 T_p^*M が
定義された．2.3 節（p.62～）では，これらのベクトル空間上の多重線形写像
として，最も一般的に (r,s) 階のテンソルを定義した．そして各点 p で (r,s)
階のテンソルを決める量を (r,s) 階のテンソル場と呼んだのであった．以下
に定義する微分形式とは，$(0,s)$ 階のテンソル場で，特に "完全反対称" な
ものにほかならない．

各点 p で考える $(0,s)$ 階のテンソルは，多重線形写像

$$\omega_p : \underbrace{T_pM \times \cdots \times T_pM}_{s} \to \mathbb{R}$$

である．$(0,1)$ 階のテンソルは接空間 T_pM 上の線形写像のことで，双対空
間 T_p^*M を定義する．一般の s についても同様に，$(0,s)$ 階のテンソル全体
$\mathcal{T}_{0,s}(p)$ を考えるとベクトル空間となり（2.3 節参照），そのベクトル空間を
記号 $\otimes$ を用いて

$$\mathcal{T}_{0,s}(p) = \underbrace{T_p^*M \otimes T_pM^* \otimes \cdots \otimes T_pM^*}_{s}$$

と表し，$(0,s)$ 階のテンソル空間という．$(0,s)$ 階のテンソルは基底を用いて
表すと，式 (2.37) にしたがって，

$$\omega_p = \sum_{i_1,i_2,\cdots,i_s} \omega_{i_1 i_2 \cdots i_s}(p)(du^{i_1})_p \otimes (du^{i_2})_p \otimes \cdots \otimes (du^{i_s})_p \tag{3.18}$$

と書くことができる. また, $(0, s)$ 階のテンソル（多重線形写像）の接ベクトル $X_1, \cdots, X_s$ に対する値は, 具体的に

$$\omega_p(X_1, X_2, \cdots, X_s) = \sum_{i_1, i_2, \cdots, i_s} \omega_{i_1 i_2 \cdots i_s} \xi_1^{i_1} \xi_2^{i_2} \cdots \xi_s^{i_s} \tag{3.19}$$

のように, 各ベクトル $X_k = \sum \xi_k^i \big(\partial/\partial u^i\big)_p$ $(1 \le k \le s)$ 成分との縮約で与えられる（そのように基底 $(du^{i_1})_p \otimes (du^{i_2})_p \otimes \cdots \otimes (du^{i_s})_p$ を定義したのであった）.

さて, 記号 $\otimes$ が示唆するように, テンソル空間に自然に積 $\otimes: \mathcal{T}_{0,r}(p) \times \mathcal{T}_{0,s}(p) \to \mathcal{T}_{0,r+s}(p)$ を考えることができる. すなわち, $(0, r)$, $(0, s)$ 階のテンソル

$$\omega = \sum_{i_1, i_2, \cdots, i_r} \omega_{i_1 i_2 \cdots i_r} du^{i_1} \otimes du^{i_2} \otimes \cdots \otimes du^{i_r}$$

$$\mu = \sum_{j_1, j_2, \cdots, j_s} \mu_{j_1 j_2 \cdots j_s} du^{j_1} \otimes du^{j_2} \otimes \cdots \otimes du^{j_s}$$

に対して $(0, r + s)$ 階のテンソル

$$\omega \otimes \mu = \sum_{i_1, \cdots, i_r} \sum_{j_1, \cdots, j_s} \omega_{i_1, \cdots, i_r} \mu_{j_1, \cdots, j_s} du^{i_1} \otimes \cdots \otimes du^{i_r} \otimes du^{j_1} \otimes \cdots \otimes du^{j_s} \tag{3.20}$$

を対応させるのである. ここで, 記号が煩雑になるので点 p を固定して考えていることを示す記号 $(\cdots)_p$ を省略した. このとき, 式 (3.19) にならって, あからさまにベクトルの成分との縮約をとることによって,

$$\omega \otimes \mu(X_1, \cdots, X_r, X_{r+1}, \cdots, X_{r+s}) = \omega(X_1, \cdots, X_r)\mu(X_{r+1}, \cdots, X_{r+s})$$

であることは容易に確かめられる. このことを用いれば, 3 つのテンソルに関して, $\omega \otimes (\mu \otimes \nu) = (\omega \otimes \mu) \otimes \nu$ が成り立つことが示される. また, 定義から積は線形である.

$$(c_1\omega_1 + c_2\omega_2) \otimes \mu = c_1\omega_1 \otimes \mu + c_2\omega_2 \otimes \mu, \omega \otimes (c_1\mu_1 + c_2\mu_2) = c_1\omega \otimes \mu_1 + c_2\omega \otimes \mu_2$$

すなわち, 式 (3.20) で定義される積 $\otimes$ はテンソル空間の直和

$$\mathcal{T}_{0,*}(p) = \mathcal{T}_{0,0}(p) \oplus \mathcal{T}_{0,1}(p) \oplus \cdots \oplus \mathcal{T}_{0,s}(p) \oplus \cdots \tag{3.21}$$

での結合律を満たす積となっているのである. ここで, $\mathcal{T}_{0,0}(p) = \mathbb{R}$ として直和成分に加えておく. 一般にベクトル空間が, 結合律を満たす積の演算をもつとき, それは結合的代数と呼ばれる. それにしたがって $\mathcal{T}_{0,*}(p)$ をテンソル代数と呼んでいる. ここで, 積 $\otimes$ は点 p を固定して定義したが, p を M 上で動かして考えてもうまく局所座標近傍での積が "貼り合って" M 全体で定義されていることは, 定義式 (3.20) から容易に理解されるであろう. こうしてテンソル場に対して積 $\otimes$ を考えることができる. M 上のテンソル場全体は $\mathcal{T}_{0,*}$ と書かれるが, この積 $\otimes$ のほかに, M 上の関数による "スカラー倍" の演算を含めてテンソル場全体を考えることにする.

さて, テンソル代数 $\mathcal{T}_{0,*}(p)$ に含まれる任意のテンソルは, 1 のほかに $T_p^* M$ の基底 $(du^1)_p, (du^2)_p, \cdots, (du^n)_p$ があれば, それらの積 $\otimes$ と一次結合を作ることによって表現することができる. この性質を, テンソル代数 $\mathcal{T}_{0,*}(p)$ は $T_p^* M$ によって**生成される**という. テンソル代数に対比して外積代数を定義しよう.

定義 3.7 積に関する単位元 1 を含み, ベクトル空間 $T_p^* M$ のベクトルと, 反対称な (結合律を満たす) 積 $\wedge$

$$\theta_1 \wedge \theta_2 = -\theta_2 \wedge \theta_1 \qquad (\theta_1, \theta_2 \in T_p^* M) \qquad (3.22)$$

によって生成される代数 (積の定義されたベクトル空間) を $T_p^* M$ の**外積代数**あるいは**グラスマン** (Grassmann) **代数**といい $\wedge^* T_p^* M$ と表す. また, 積 $\wedge$ を**外積**あるいは記号をそのまま読んで**ウェッジ** (wedge) **積**という.

外積の性質によって, $\theta \wedge \theta = -\theta \wedge \theta = 0$, すなわちベクトルの自分自身との外積は零に等しいことがわかる. また, この外積の反対称な性質を用いると, k 個のベクトルの外積として得られるベクトルは

$$\sum_{j_1 < j_2 < \cdots < j_k} c_{j_1 j_2 \cdots j_k} (du^{j_1})_p \wedge (du^{j_2})_p \wedge \cdots \wedge (du^{j_k})_p \qquad (3.23)$$

のように外積 $(du^{j_1})_p \wedge (du^{j_2})_p \wedge \cdots \wedge (du^{j_k})_p$ $(j_1 < j_2 < \cdots < j_k)$ の一次結合で表されることがわかる. このようなベクトル全体を k 次の外積と呼び

$\wedge^k T_p^* M$ で表す. 明らかなように, 外積代数全体は

$$\wedge^* T_p^* M = \wedge^0 T_p^* M \oplus \wedge^1 T_p^* M \oplus \cdots \oplus \wedge^n T_p^* M \tag{3.24}$$

と表され, その次元は $\sum_{k=0}^n {}_nC_k = 2^n$ である.

テンソル代数の式 (3.18), (3.21) と外積代数の式 (3.23), (3.24) の間に類似が見られるが, これは偶然ではない. 実際, テンソル代数が多重線形写像を表したのに対して外積代数は "完全反対称" な多重線形写像を表していることが示されるのである.

そのために, k 次外積代数の基底 $(du^{j_1})_p \wedge (du^{j_2})_p \wedge \cdots \wedge (du^{j_k})_p$ を, 定義式

$$
\begin{aligned}
&(du^{j_1})_p \wedge (du^{j_2})_p \wedge \cdots \wedge (du^{j_k})_p (X_1, X_2, \cdots, X_k) \\
&= \det\left((du^{j_l})_p(X_m)\right) =
\begin{vmatrix}
du^{j_1}(X_1) & du^{j_2}(X_1) & .. & du^{j_k}(X_1) \\
du^{j_1}(X_2) & du^{j_2}(X_2) & .. & du^{j_k}(X_2) \\
& \cdots & & \\
du^{j_1}(X_k) & du^{j_2}(X_k) & .. & du^{j_k}(X_k)
\end{vmatrix}
\end{aligned} \tag{3.25}
$$

が定める多重線形写像と見なす $(X_1, \cdots, X_k \in T_p M)$. ここで, 右辺は k 次正方行列 $\left((du^{j_l})_p(X_m)\right)_{1 \leq l, m \leq k}$ の行列式である. 行列式のもつ多重線形性により, この定義式は多重線形写像を定めていることが理解されるであろう. さらに, $X_1, X_2, \cdots, X_k$ の置換 $X_{\sigma(1)}, X_{\sigma(2)}, \cdots, X_{\sigma(k)}$ $(\sigma \in \mathfrak{S}_k)$ について, 式 (3.25) は符号 $\mathrm{sgn}(\sigma)$ だけ変化する "完全反対称" な多重線形写像である. 一般の k 次外積 (式 (3.23) 参照) については, 上の基底についての定義を線形に拡張することとする.

完全反対称な多重線形写像

$$\underbrace{V \times V \times \cdots \times V}_{k} \to \mathbb{R}$$

全体の成すベクトル空間の次元を考えてみるとそれが 2^k 次元に等しく, $V = T_p^* M$ の場合上記の多重線形写像 $(du^{j_1})_p \wedge (du^{j_2})_p \wedge \cdots (du^{j_k})_p$ $(1 \leq j_1 \leq j_2 \leq \cdots j_k \leq n)$ が一次独立であることが問 2.8 にならって示される.

したがって，$\wedge^k T_p^* M$ は完全反対称な多重線形写像全体の成すベクトル空間
と同一視され，外積代数 $\wedge^* T_p^* M$ はそれらの直和に積を導入したものと理解
される．

$\omega \in \wedge^k T_p^* M, \mu \in \wedge^l T_p^* M$ に対して $k+l$ 次の外積 $\omega \wedge \mu$ が決められるが，
定義式 (3.25) によって

$$(\omega \wedge \mu)(X_1, \cdots, X_{k+l}) \tag{3.26}$$
$$= \frac{1}{k!l!} \sum_{\sigma \in \mathfrak{S}_{k+l}} \mathrm{sgn}(\sigma) \omega(X_{\sigma(1)}, \cdots, X_{\sigma(k)}) \mu(X_{\sigma(k+1)}, \cdots, X_{\sigma(k+l)})$$

が示される．

問 3.12 上式 (3.26) を導け．

固定されていた点 p を M 上で動かして考えるとき，外積 $\wedge$ が M 全体で
うまく貼り合わさることはテンソル場の場合と同様である．M 上の各点に
対して $\wedge^k T_p M$ の元 ω_p を定め，任意の $C^\infty(M)$ ベクトル場 $X_1, \cdots, X_k$ につ
いて $\omega_p(X_1(p), \cdots, X_k(p))$ が $C^\infty(M)$ となるものを，**k 次微分形式**という．
k 次微分形式全体を $\Omega^k(M)$ と表し，それらの直和を

$$\Omega^*(M) = \Omega^0(M) \oplus \Omega^1(M) \oplus \cdots \oplus \Omega^n(M) \tag{3.27}$$

と表す．ここで，$\Omega^0(M)$ は M 上の関数全体 $C^\infty(M)$ である．

$C^\infty(M)$ ベクトル場 $X = \sum_i \xi^i(\partial/\partial u^i)$ は，その成分 ξ^i が各局所座標近傍
で C^∞ 関数であるベクトル場であった．このことから k 次微分形式 ω は各
局所座標近傍で C^∞ 関数である $\omega_{j_1 j_2 \cdots j_k}$ $(1 \le j_1 < j_2 < \cdots < j_k \le n)$ を用
いて

$$\omega = \sum_{j_1 < j_2 < \cdots < j_k} \omega_{j_1 j_2 \cdots j_k} du^{j_1} \wedge du^{j_2} \wedge \cdots \wedge du^{j_k}$$
$$= \frac{1}{k!} \sum_{j_1, j_2, \cdots, j_k} \omega_{j_1 j_2 \cdots j_k} du^{j_1} \wedge du^{j_2} \wedge \cdots \wedge du^{j_k} \tag{3.28}$$

と具体的に書かれる量であることがわかる．ここで，第 2 の等式では，
係数 $\omega_{j_1 j_2 \cdots j_k}$ は完全反対称である，すなわち，関係 $\omega_{j_{\sigma(1)} j_{\sigma(2)} \cdots j_{\sigma(k)}} =$

$\text{sgn}(\sigma)\omega_{j_1 j_2 \cdots j_k}$ $(\sigma \in \mathfrak{S}_k)$ によって（大小関係の条件を満たさない）すべての添字について係数の定義を与えた．第2式のように係数の定義を与えて書き表すことは，実際の計算で便利である．

3.2.2 微分形式の諸演算

a. 外微分

定義 3.1 ですでに関数 $f \in C^\infty(M)$ の全微分 $df = \sum_i (\partial f/\partial u^i) du^i$ を定義しているが，いまや全微分 df を1次の微分形式ということができる．そして，全微分とは関数（0次の微分形式）f に全微分 df を対応させる演算 $d: \Omega^0(M) \to \Omega^1(M)$ ということができる．この見方を一般化して，**外微分** (extrior differential) $d: \Omega^k(M) \to \Omega^{k+1}(M)$ を次のように定義する．すなわち，局所座標近傍 (U, ϕ) で

$$\omega = \sum_{i_1 < i_2 < \cdots < i_k} \omega_{i_1 i_2 \cdots i_k} du^{i_1} \wedge du^{i_2} \cdots du^{i_k} \tag{3.29}$$

と表される k 次微分形式 w に対して，その外微分 $d\omega$ を

$$d\omega = \sum_j \sum_{i_1 < i_2 < \cdots < i_k} \frac{\partial \omega_{i_1 i_2 \cdots i_k}}{\partial u^j} du^j \wedge du^{i_1} \wedge du^{i_2} \cdots du^{i_k} \tag{3.30}$$

と定める．この定義が局所座標の取り方によらないことは，直接確かめられる．

問 3.13 定義 (3.30) が局所座標によらないで定義されていることを，$k = 2$ の場合に直接確かめよ．

外微分演算は，それを2回引き続いて行う $d^2 = d \circ d$ が恒等的に零となるという顕著な性質をもつ．実際，

$$d^2 \omega = d \sum_{j_2} \sum_{i_1 < \cdots < i_k} \frac{\partial \omega_{i_1 \cdots i_k}}{\partial u^{j_2}} du^{j_2} \wedge du^{i_1} \wedge \cdots \wedge du^{i_k}$$

$$= \sum_{j_1, j_2} \sum_{i_1 < \cdots < i_k} \frac{\partial^2 \omega_{i_1 \cdots i_k}}{\partial u^{j_1} \partial u^{j_2}} du^{j_1} \wedge du^{j_2} \wedge du^{i_1} \wedge \cdots \wedge du^{i_k} = 0$$

となるからである．局所座標近傍で $C^\infty(M)$ の関数について，微分の順番は対称的であるのに対して，外積は反対称であるからである．

さらに，k 次微分形式と l 次微分形式の積 $\omega \wedge \mu$ について，$d(\omega \wedge \mu) = d\omega \wedge \mu + (-1)^k \omega \wedge d\mu$ であることが外積代数の性質から容易に確かめられる．以上の 2 つの基本的な性質をまとめておく．

命題 3.6 外微分演算について次が成り立つ．

$$
\begin{array}{ll}
1) & d^2 = d \circ d = 0 \\
2) & d(\omega \wedge \mu) = d\omega \wedge \mu + (-1)^k \omega \wedge d\mu \qquad (\omega \in \Omega^k(M))
\end{array} \tag{3.31}
$$

k 次微分形式 ω は，k 個の C^∞ ベクトル場 $X_1, \cdots, X_k \in \mathfrak{X}(M)$ に対して関数 $\omega(X_1, \cdots, X_k)$ を定め，これは X_i に関して完全反対称に振る舞うものであった．外微分演算をこの性質を用いて表すことができる．

定理 3.4 $\omega \in \Omega^k(M)$ と $X_1, X_2, \cdots, X_{k+1} \in \mathfrak{X}(M)$ について，

$$
\begin{aligned}
(d\omega)(X_1, \cdots, X_{k+1}) = {} & \sum_{i=1}^{k+1} (-1)^{i+1} X_i\big(\omega(X_1, \cdots, \hat{X}_i, \cdots, X_{k+1})\big) \\
& + \sum_{i<j} (-1)^{i+j} \omega([X_i, X_j], X_1, \cdots, \hat{X}_i, \cdots, \hat{X}_j, \cdots, X_{k+1})
\end{aligned} \tag{3.32}
$$

が成り立つ．ただし，記号 $\hat{X}_i$ は X_i を除くという意味である．

証明） 計算練習の意味を含めて，局所座標系 $(U, \phi; u^1, \cdots, u^n)$ を用いて，直接計算によって確かめてみよう．k 次微分形式 ω を式 (3.28) にならって表し，外微分演算をすると

$$
d\omega = \frac{1}{k!} \sum_{i_1, \cdots, i_k} d\omega_{i_1 \cdots i_k} \wedge du^{i_1} \wedge \cdots \wedge du^{i_k}
$$

が得られるので，ベクトル場

$$
X_1 = \sum_{j_1} \xi_1^{j_1} \left(\frac{\partial}{\partial u^{j_1}} \right), \cdots, X_{k+1} = \sum_{j_{k+1}} \xi_{k+1}^{j_{k+1}} \left(\frac{\partial}{\partial u^{j_{k+1}}} \right)
$$

について値を決めると $(d\omega)(X_1, \cdots, X_{k+1})$ は

$$\sum_i \sum_{j_1, \cdots, \hat{j_i}, \cdots, j_{k+1}} (-1)^{i+1}(X_i\omega_{j_1 \cdots \hat{j_i} \cdots j_{k+1}})\xi_1^{j_1} \cdots \hat{\xi_i^{j_i}} \cdots \xi_{k+1}^{j_{k+1}}$$

と計算される. 交換子積について式 (3.5) によって

$$[X_i, X_j] = \sum_l \left\{ (X_i\xi_j^l) - (X_j\xi_i^l) \right\} \frac{\partial}{\partial u^l}$$

であるが, これを記号 $X_{ij} = \sum_l (X_i\xi_j^l)(\partial/\partial u^l)$, $X_{ji} = \sum_l (X_j\xi_i^l)(\partial/\partial u^l)$ を用いて $X_{ij} - X_{ji}$ と表すことにする. このとき, 式 (3.32) の右辺は次のように計算される.

$$\sum_i (-1)^{i+1} X_i \left(\omega(X_1, \cdots, \hat{X_i}, \cdots, X_{k+1}) \right)$$
$$+ \sum_{i<j} (-1)^{i+j} \omega(X_{ij} - X_{ji}, X_1, \cdots, \hat{X_i}, \cdots, \hat{X_j}, \cdots, X_{k+1})$$
$$= \sum_i (-1)^{i+1} X_i \left(\omega(X_1, \cdots, \hat{X_i}, \cdots, X_{k+1}) \right)$$
$$+ \sum_{i<j} (-1)^i \omega(X_1, \cdots, \hat{X_i}, \cdots, X_{ij}, \cdots, X_{k+1})$$
$$- \sum_{i>j} (-1)^{i-1} \omega(X_1, \cdots, X_{ij}, \cdots, \hat{X_i}, \cdots, X_{k+1})$$
$$= \sum_i (-1)^{i+1} \sum_{j_1, \cdots, \hat{j_i}, \cdots, j_{k+1}} (X_i\omega_{j_1 \cdots \hat{j_i} \cdots j_{k+1}})\xi_1^{j_1} \cdots \hat{\xi_i^{j_i}} \cdots \xi_{k+1}^{j_{k+1}}$$

ここで, 第 2 の式からベクトル場の成分の微分 $X_i\xi_j^l$ が相殺する様子を符号に注意して観察されたい. □

b. 微分形式の引き戻し

2 つの多様体 M, M' があったとき, その間の C^∞ 写像 $\varphi : M \to M'$ の微分 φ_* は各点 $p \in M$ に対する線形写像 $(\varphi_*)_p : T_pM \to T_{\varphi(p)}M'$ として定義された (定義 3.2). その双対写像 $\varphi_p^* : T_{\varphi(p)}^*M' \to T_p^*M$ は余接空間に "引き戻し" として作用するのであった (式 (3.4) 参照).

微分形式は各点で完全反対称な多重線形写像を定めるテンソル場であった
ので，余接空間（のベクトル）の引き戻しを拡張して微分形式の引き戻しが
定義される．すなわち，k 次微分形式 $\omega \in \Omega^k(M')$ の引き戻し $\varphi^*\omega \in \Omega^k(M)$
をベクトル場 $X_1, X_2, \cdots, X_k \in \mathfrak{X}(M)$ について

$$(\varphi^*\omega)(X_1, X_2, \cdots, X_k) = \omega(\varphi_* X_1, \varphi_* X_2, \cdots, \varphi_* X_k)$$

の値をとる M 上の k 次微分形式として定義する．

点 $p \in M$ を固定するとき，引き戻し φ_p^* が完全反対称な多重線形写像のベ
クトル空間 $\wedge^k T_{\varphi(p)}^* M'$ から $\wedge^k T_p^* M$ への線形写像を定めることは，容易に理
解されるであろう．さらに，点 p のまわりの座標近傍を $(U, \phi; u^1, \cdots, u^n)$ と
表し $\varphi(p)$ の座標近傍を $(V, \phi'; v^1, \cdots, v^m)$ と表すとき，基底に関して式 (3.4)
を拡張する式

$$\varphi_p^* \left((dv^{i_1})_{\varphi(p)} \wedge (dv^{i_2})_{\varphi(p)} \wedge \cdots \wedge (dv^{i_k})_{\varphi(p)} \right) \tag{3.33}$$

$$= \sum_{j_1, j_2, \cdots, j_k} \left(\frac{\partial v^{i_1}}{\partial u^{j_1}} \right) \left(\frac{\partial v^{i_2}}{\partial u^{j_2}} \right) \cdots \left(\frac{\partial v^{j_k}}{\partial u^{j_k}} \right) (du^{j_1})_p \wedge (du^{j_2})_p \wedge \cdots \wedge (du^{j_k})_p$$

が得られる．これは，定義と接ベクトルの押し出し (push forward) に関し
てすでに導いた関係式 (3.3) から容易に導かれる．導出とは別に，得られた
結果を見ると，座標関数の微分が

$$dv^i = dv^i(u^1, \cdots, u^n) = \sum_j \left(\frac{\partial v^i}{\partial u^j} \right) du^j$$

で表されるように，単純に座標関数の間の関係 $v^i = v^i(u^1, \cdots, u^n)$ $(i = 1, \cdots, m)$ が外微分演算に代入された形になっている．つまり，外微分形式の
引き戻しとは "手持ちの関係式" を代入しなさいという演算にほかならない．

命題 3.7 C^∞ 写像 $\varphi: M \to M'$ による微分形式の引き戻しは，次の性質を
もつ．

1) $\varphi^*(\omega \wedge \mu) = \varphi^*\omega \wedge \varphi^*\mu$ $(\omega \in \Omega^k(M'), \mu \in \Omega^l(M'))$

2) $d(\varphi^*\omega) = \varphi^*(d\omega)$ $(\omega \in \Omega^k(M'))$

証明） 性質 1) は，引き戻しの定義と式 (3.26) から直ちに得られる．あるい
は，局所座標系を用いて基底の関係式 (3.33) を使ってもよい.

性質 2) を示すために，点 p と $\varphi(p)$ を含む局所座標系をそれぞれ
$(U,\phi;u^1,\cdots,u^n)$, $(V,\phi';v^1,\cdots,v^m)$ として

$$\omega = \frac{1}{k!} \sum_{i_1,i_2,\cdots,i_k} \omega_{i_1 i_2 \cdots i_k} dv^{i_1} \wedge dv^{i_2} \wedge \cdots \wedge dv^{i_k}$$

と表す．このとき，1) の性質を使うと

$$d(\varphi^*\omega) = d\left(\frac{1}{k!} \sum_{i_1,\cdots,i_k} \varphi^*\omega_{i_1\cdots i_k}\varphi^* dv^{i_1} \wedge \cdots \wedge \varphi^* dv^{i_k}\right)$$
$$= \frac{1}{k!} \sum_{i_1,\cdots,i_k} d(\varphi^*\omega_{i_1\cdots i_k})\varphi^* dv^{i_1} \wedge \cdots \wedge \varphi^* dv^{i_k}$$

と計算される．ここで，

$$d(\varphi^* dv^i) = d\sum_j \frac{\partial v^i}{\partial u^j} du^j = \sum_{j,j'} \frac{\partial^2 v^i}{\partial u^{j'}\partial u^j} du^{j'} \wedge du^j = 0$$

を用いた．一方で 2) の式の右辺は

$$\varphi^*(d\omega) = \left(\sum_{i_1,\cdots,i_k} \varphi^*(d\omega_{i_1\cdots i_k})\varphi^* dv^{i_1} \wedge \cdots \wedge \varphi^* dv^{i_k}\right)$$

と計算され，係数関数については $\varphi^*\omega_{i_1\cdots i_k} = \omega_{i_1\cdots i_k}(v^1(u),\cdots,v^m(u))$ であ
るから

$$\varphi^*(d\omega_{i_1\cdots i_k}) = \varphi^* \sum_j \frac{\partial\omega_{i_1\cdots i_k}}{\partial v^j} dv^j = \sum_j \frac{\partial\omega_{i_1\cdots i_k}}{\partial u^j} du^j = d(\varphi^*\omega_{i_1\cdots i_k})$$

と変形される．以上によって 2) が示された. $\qquad\square$

上に示した性質 2) は，外微分演算が微分形式の引き戻しと交換するとい
う基本的で重要な性質である．また，以前 3.1.1 項において関数の全微分 df
を考察したときに，微分記号 d を「微分の方向を明記しないで関数を微分す

る」ものという趣旨の説明をした. いまや記号 d は微分形式の外微分に一般化されているが, 性質 2) が示す引き戻しとの可換性 $d \circ \varphi^* = \varphi^* \circ d$ は, 記号 d がある意味で微分する変数が何であるかも忘れて微分をする演算であることをいっている. 必要になった所で変数をもち出し具体的に書き出せばよいというわけである.

c. 微分形式のリー微分と内部積

3.1.5 項ではベクトル場のリー微分を, 演算の結果が再びベクトル場となるような微分演算として定義した. それにならって, k 次微分形式のリー微分を定義することができる.

ベクトル場の場合, 一径数局所変換 φ_{-t} によるベクトル場の "押し出し" を用いた (定義 3.3 参照) が, 微分形式に対しては引き戻し写像を用いる.

定義 3.8 ベクトル場 $X \in \mathfrak{X}(M)$ の一径数局所変換を φ_t とするとき, X による微分形式 $\omega \in \Omega^k(M)$ のリー微分を各点 $p \in M$ について

$$(\mathcal{L}_X \omega)_p = \lim_{t \to 0} \frac{\varphi_t^* \omega_{\varphi_t(p)} - \omega_p}{t} \tag{3.34}$$

によって定義する.

ベクトル場の場合と同様に, 定義からリー微分の結果が再び k 次微分形式となることは明らかであろう.

命題 3.8 $X, X_1, \cdots, X_k \in \mathfrak{X}(M)$, $\omega \in \Omega^k(M)$ について次が成り立つ.

$$(\mathcal{L}_X \omega)(X_1, \cdots, X_k) = X\omega(X_1, \cdots, X_k) - \sum_i \omega(X_1, \cdots, [X, X_i], \cdots, X_k)$$

証明) 定義 3.8 にしたがって, 点 p でのリー微分の値は

$$(\mathcal{L}_X \omega)_p(X_1, \cdots, X_k)$$
$$= \lim_{t \to 0} \frac{(\varphi_t^* \omega)_p(X_1, \cdots, X_k) - \omega_p(X_1, \cdots, X_k)}{t}$$

$$= \lim_{t \to 0} \frac{\omega_{\varphi_t(p)}((\varphi_t)_* X_1, \cdots, (\varphi_t)_* X_k) - \omega_{\varphi_t(p)}((X_1)_{\varphi_t(p)}, \cdots, (X_k)_{\varphi_t(p)})}{t}$$

$$+ \lim_{t \to 0} \frac{\omega_{\varphi_t(p)}((X_1)_{\varphi_t(p)}, \cdots, (X_k)_{\varphi_t(p)}) - \omega_p(X_1, \cdots, X_k)}{t}$$

と計算される. ここで, 命題 3.4 によって

$$(\varphi_t)_* X_i - (X_i)_{\varphi_t(p)} = -([X, X_i])_{\varphi_t(p)} t + \mathcal{O}(t^2)$$

である. この関係式と多重線形性を使うと極限は容易に計算されてリー微分 $(\mathcal{L}_X \omega)_p(X_1, \cdots, X_k)$ が

$$\sum_i \omega_p(X_1, \cdots, -[X, X_i], \cdots, X_k) + X_p\big(\omega(X_1, \cdots, X_k)\big)$$

と表されることがわかる. □

リー微分は微分形式の引き戻しを用いて定義されている. 一方で, 写像による微分形式の引き戻しは外微分演算と交換した. したがって, リー微分と外微分演算も交換することがわかる.

命題 3.9 リー微分 $\mathcal{L}_X$ に関して次が成り立つ.
1) $\mathcal{L}_X \circ d = d \circ \mathcal{L}_X$
2) $\mathcal{L}_X(\omega \wedge \mu) = (\mathcal{L}_X \omega) \wedge \mu + \omega \wedge (\mathcal{L}_X \mu)$ $\qquad (\omega \in \Omega^k(M),\ \mu \in \Omega^l(M))$

問 3.14 上記 2) を定義に基づいて示し, $f \in C^\infty(M),\ \omega \in \Omega^k(M)$ について次を示せ.

$$\mathcal{L}_X(f\omega) = (Xf)\omega + f(\mathcal{L}_X \omega)$$

さて, リー微分についてさらに詳しく調べるために, **内部積** (interior product) を定義しよう. 内部積 i_X はベクトル場 $X \in \mathfrak{X}(M)$ に対して決められる線形写像

$$i_X : \Omega^k(M) \to \Omega^{k-1}(M)$$

で，$\omega \in \Omega^k(M), X_1, \cdots, X_{k-1} \in \mathfrak{X}$ について関係

$$(i_X\omega)(X_1, \cdots, X_{k-1}) = \omega(X, X_1, \cdots, X_{k-1}) \tag{3.35}$$

によって定義される．外積に関する関係式 (3.26) から，$\omega \in \Omega^k(M)$，$\mu \in \Omega^l(M)$ に対して

$$i_X(\omega \wedge \mu) = (i_X\omega) \wedge \mu + (-1)^k \omega \wedge (i_X\mu) \tag{3.36}$$

が成り立つことが容易に示される．

問 3.15 上の関係式 (3.36) を示せ．

内部積を用いて，次の公式（カルタン (Cartan) の公式）が得られる．

定理 3.5 （カルタンの公式）
 1）$\mathcal{L}_X = i_X \circ d + d \circ i_X$
 2）$\mathcal{L}_X \circ i_Y - i_Y \circ \mathcal{L}_X = i_{[X,Y]}$

証明） $\omega \in \Omega^k(M), X_1, \cdots, X_k, X, Y \in \mathfrak{X}(M)$ に対してあからさまに計算して確かめるだけであるが，計算に慣れる意味で証明しておく．まず 1) について，

$$\begin{aligned}
&(i_X d\omega)(X_1, \cdots, X_k) \\
&= (d\omega)(X, X_1, \cdots, X_k) \\
&= X\omega(X_1, \cdots, X_k) + \sum_i (-1)^i X_i \omega(X, X_1, \cdots, \hat{X}_i, \cdots, X_k) \\
&\quad + \sum_i (-1)^i \omega([X, X_i], X_1, \cdots, \hat{X}_i, \cdots, X_k) \\
&\quad + \sum_{i<j} (-1)^{i+j} \omega([X_i, X_j], X, X_1, \cdots, \hat{X}_i, \cdots, \hat{X}_j, \cdots, X_k)
\end{aligned}$$

同様に

$$(di_X\omega)(X_1, \cdots, X_k)$$

$$= \sum_i (-1)^{i+1} X_i (i_X\omega)(X_1, \cdots, \hat{X}_i, \cdots, X_k)$$

$$+ \sum_{i<j} (-1)^{i+j} (i_X\omega)([X_i, X_j], X_1, \cdots, \hat{X}_i, \cdots, \hat{X}_j, \cdots, X_k)$$

$$= -\sum_i (-1)^i X_i \omega(X, X_1, \cdots, \hat{X}_i, \cdots, X_k)$$

$$+ \sum_{i<j} (-1)^{i+j} \omega(X, [X_i, X_j], X_1, \cdots, \hat{X}_i, \cdots, \hat{X}_j, \cdots, X_k)$$

のように計算される. 上の 2 つの式を足し合わせると $(\mathcal{L}_X\omega)(X_1, \cdots, X_k)$ の表式（命題 3.8）に一致する. 次に 2) に対しては,

$$(\mathcal{L}_X i_Y \omega)(X_1, \cdots, X_{k-1})$$

$$= X(i_Y\omega)(X_1, \cdots, X_{k-1}) - \sum_i (i_Y\omega)(X_1, \cdots, [X, X_i], \cdots, X_{k-1})$$

$$= X\omega(Y, X_1, \cdots, X_{k-1}) - \sum_i \omega(Y, X_1, \cdots, [X, X_i], \cdots, X_{k-1})$$

一方で,

$$(i_Y \mathcal{L}_X \omega)(X_1, \cdots, X_{k-1})$$

$$= (\mathcal{L}_X\omega)(Y, X_1, \cdots, X_{k-1})$$

$$= X\omega(Y, X_1, \cdots, X_{k-1}) - \omega([X, Y], X_1, \cdots, X_{k-1})$$

$$- \sum_i \omega(Y, X_1, \cdots, [X, X_i], \cdots, X_{k-1})$$

と計算されるので, 差 $(\mathcal{L}_X i_Y \omega - i_Y \mathcal{L}_X \omega)(X_1, \cdots, X_{k-1})$ が

$$\omega([X, Y], X_1, \cdots, X_{k-1}) = (i_{[X,Y]}\omega)(X_1, \cdots, X_{k-1})$$

となり 2) が示される. □

問 3.16 リー微分に関して $\mathcal{L}_X\mathcal{L}_Y - \mathcal{L}_Y\mathcal{L}_X = \mathcal{L}_{[X,Y]}$ が成り立つことを示せ.

問 3.17 ベクトル場 $Y \in \mathfrak{X}(M)$ および一次微分形式 $\omega \in \Omega^1(M)$ が局所座標を用いて, $X = \sum_i \xi^i (\partial/\partial u^i)$, $\omega = \sum_j \omega_j du^j$ と書かれているとする. この

とき，リー微分 $\mathcal{L}_X\omega$ のこの局所座標に関する成分を $\mathcal{L}_X\omega = \sum_j (\mathcal{L}_X\omega_j)du^j$ と表す．M がリーマン多様体であるとき

$$\mathcal{L}_X\omega_j = \sum_i \left\{ \xi^i \nabla_i \omega_j + (\nabla_j \xi^i)\omega_i \right\}$$

と書かれることを示せ（章末問題 2 参照）．

3.2.3　微分形式の積分（ストークスの定理）

a. n 次微分形式の積分

解析学では，$\mathbb{R}^n$ の領域（連結な開集合）D で定義された関数 $f(x^1, \cdots, x^n)$ の多重積分を学んでいる．一変数関数の区分求積法の考え方を一般化するもので，微小な無限小立方体にそこでの関数の値をかけて得られる和の極限を考え，その極限を

$$\int \cdots \int_D f(x_1, \cdots, x_n) dx_1 \cdots dx_n$$

と表したのであった．また，逆写像をもつ変数変換 $x_i = F_i(y_1, \cdots, y_n)$ $(i = 1, \cdots, n)$ に行うと，積分には

$$\int \cdots \int_{F^{-1}(D)} f \circ F(y_1, \cdots, y_n) \left| \frac{\partial(x_1, \cdots, x_n)}{\partial(y_1, \cdots, y_n)} \right| dy_1 \cdots dy_n$$

のように関数行列式の絶対値が現れるのであった．解析学では，1 変数の積分と違って，重積分に積分の向きというものを定義しかったことを思い出しておきたい．

さて，多様体上の n 次微分形式を局所座標 $(U, \phi; u^1, \cdots, u^n)$ で表すと，$\omega = f(u^1, \cdots, u^n)du^1 \wedge \cdots \wedge du^n$ となり，さらに $(U', \phi'; \bar{u}^1, \cdots, \bar{u}^n)$ への座標変換を考えると外積代数の積の性質によって

$$\begin{aligned}
\omega &= f(u^1, \cdots, u^n)du^1 \wedge \cdots du^n \\
&= f \circ F(\bar{u}^1, \cdots, \bar{u}^n) \frac{\partial(u^1, \cdots, u^n)}{\partial(\bar{u}^1, \cdots, \bar{u}^n)} d\bar{u}^1 \wedge \cdots \wedge d\bar{u}^n
\end{aligned} \qquad (3.37)$$

となる．ここで，$F = \phi \circ (\phi')^{-1}$ とした．式の類似から n 次微分形式の積分が考えられるように思われるが，実際多様体 M 上の積分が次のように定義

される．定義を与えるためには位相空間論に立ち入って次の2つの性質を議論しなくてはならないが，ここでは本題から外れないために簡単な定義と結果を与えそれらを認めることにしよう．少し立ち入った議論は付録 A.3 に与えることにする．

1) 多様体の開被覆 $\{U_\alpha\}$ を考える．各点 $p \in M$ の開近傍 U で，$U \cap U_\alpha \neq \phi$ である U_α が有限個となるような開近傍 U が存在するとき，開被覆 $\{U_\alpha\}$ は**局所有限**であるといわれる．勝手な開被覆が与えられたときに，それの細分と呼ばれる開被覆で局所有限なものがとれるとき M は**パラコンパクト** (paracompact) であるといわれる．"通常" 扱う多様体はパラコンパクトの性質を満たしているので，この条件はあまり気にしなくて仮定してもよい．

2) 多様体 M の座標近傍系 $\{(U_\alpha, \phi_\alpha)\}$ が与えられたとき，各 U_α に対して定める M 上の関数 $f_\alpha \in C^\infty(M)$ の集まり $\{f_\alpha\}$ で次の性質をもつものを座標近傍系 $\{(U_\alpha, \phi_\alpha)\}$ に従属する**1 の分割**(partition of unity) と呼ぶ．

   a) $0 \leq f_\alpha \leq 1$

   b) $\mathrm{supp}(f_\alpha) \subset U_\alpha$

   c) 各点 $p \in M$ について $\sum_\alpha f_\alpha(p) = 1$

ここで，$\mathrm{supp}(f_\alpha)$ は $f_\alpha(p) \neq 0$ である点 p の集合の閉包で，関数 f_α の台 (support) と呼ばれる．c) で現れる和は開被覆が局所有限であることから有限和となることに注意したい．パラコンパクトな多様体にはこのような 1 の分割が存在することが示される（付録 A.3）．

さて，M をパラコンパクトで，かつ向き付け可能な多様体としよう．$\{U_\alpha\}$ を局所有限な開被覆とする．$\{(U_\alpha, \phi_\alpha; u_\alpha^1, \cdots, u_\alpha^n)\}$ を開被覆に対して定める，向き付けられた局所座標近傍系とし，$\{f_\alpha\}$ をそれに従属する 1 の分割としよう．

n 次微分形式 $\omega \in \Omega^n(M)$ について，それが零でない点 p の集まりの閉包を $\mathrm{supp}(\omega)$ と表す．$\mathrm{supp}(\omega)$ がコンパクトであるとき，ω の積分が次のように定義される．まず，$\mathrm{supp}(\omega)$ がある座標近傍に含まれてしまうとき

$(\mathrm{supp}(\omega) \subset U_\alpha)$ は,

$$\int_M \omega = \int_{U_\alpha} \omega := \int \cdots \int_{\phi_\alpha(U_\alpha)} f(u_\alpha^1, \cdots, u_\alpha^n) du_\alpha^1 \cdots du_\alpha^n \qquad (3.38)$$

とすれば, これが $\mathrm{supp}(\omega)$ を含む座標近傍 $(U_\alpha, \phi_\alpha), (U_\beta, \phi_\beta)$ の取り方によらない値を決めることは, n 次微分形式の変換則 (3.37) と, M が向き付け可能という仮定からしたがう性質 $\partial(u_\alpha^1, \cdots, u_\alpha^n)/\partial(u_\beta^1, \cdots, u_\beta^n) > 0$ からわかる. 次に一般の場合は, 1 の分割がもつ性質 $\sum_\alpha f_\alpha = 1$ を用いて $\omega = \sum_\alpha f_\alpha \omega$ と表す. このとき $\mathrm{supp}(f_\alpha \omega) \subset U_\alpha$ であるから各 α について用いて

$$\int_M \omega = \sum_\alpha \int_{U_\alpha} f_\alpha \omega \qquad (3.39)$$

と定めることができる.

ここで, 座標近傍系 $\{(U_\alpha, \phi_\alpha)\}$ が局所有限性をもつから, $\mathrm{supp}(\omega)$ に含まれる各点 p の近傍 V_p で, $V_p \cap U_\alpha \neq \phi$ である U_α が有限個となるような V_p を取ることができる. $\mathrm{supp}(\omega)$ は和集合 $\cup_p V_p$ に含まれるが, $\mathrm{supp}(\omega)$ がコンパクトであるから, 有限個の $V_{p_1}, \cdots, V_{p_k}$ を取り出して, その和集合の中に含まれるようにすることができる. 各 V_{p_j} と交わりをもつ開集合 U_α は有限個であったから, 結局, $\mathrm{supp}(\omega)$ は有限個の U_α の和集合の中に含まれてることがわかる. すなわち, 式 (3.39) で現れる和 $\sum_\alpha$ は (ほとんどが零で) 実質的に有限和となって意味を成すのである. さらに, 次のことが示される.

命題 3.10 上記 (3.39) で決められる積分は, 局所有限な開被覆 $\{U_\alpha\}$ とそれに従属する 1 の分割の取り方によらない.

証明) $\{V_\beta\}$ を別の局所有限な開被覆とし, $\{g_\beta\}$ をそれに従属する 1 の分割をする. このとき $\sum_\beta g_\beta = 1$ を用いると

$$\int_{U_\alpha} f_\alpha \omega = \sum_\beta \int_{U_\alpha} f_\alpha g_\beta \omega$$

となるが $\mathrm{supp}(f_\alpha g_\beta \omega) \subset (U_\alpha \cap V_\beta)$ であるから,

$$\sum_\alpha \int_{U_\alpha} f_\alpha \omega = \sum_{\alpha, \beta} \int_{U_\alpha \cap V_\beta} f_\alpha g_\beta \omega = \sum_\beta \int_{V_\beta} g_\beta \omega$$

となり主張が示される. □

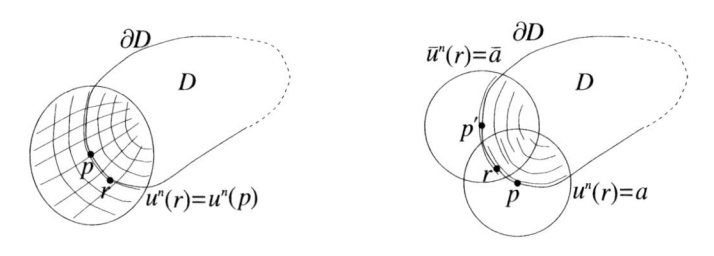

図 3.2 なめらかな境界とそこでの座標変換

b. ストークスの定理

解析学で, 平面や空間の領域上のある種の積分がその境界上での線積分や面積分として表されることを学んでいる. これらは, それぞれグリーンの定理, ガウスの定理として知られているが, これを一般の多様体の領域について拡張したものがストークスの定理である. それを示すための準備からはじめよう.

多様体 M の領域 D (連結な開集合) について, 境界点の集合を ∂D と表す. D の閉包を $\bar{D}$ と表す. 境界 ∂D の各点 p について, p を含む M の座標近傍 $(U, \phi; u^1, \cdots, u^n)$ が存在して,

$$U \cap \bar{D} = \{\, r \in U \mid u^n(r) \geq u^n(p) \,\} \tag{3.40}$$

となるとき, D を**なめらかな境界をもつ領域**という (図 3.2 参照).

各点 $p \in \partial D$ で存在する上記の座標近傍 $(U, \phi; u^1, \cdots, u^n)$ を用いると, なめらかな境界をもつ領域の境界 ∂D は, ユークリッド空間の部分領域 $\phi(U) \subset \mathbb{R}^n$ で

$$u^n(r) = u^n(p) = 一定$$

という方程式で書かれる図形に同相である. このような 2 つの座標近傍 $(U, \phi; u^1, \cdots, u^n)$, $(U', \phi'; \bar{u}^1, \cdots, \bar{u}^n)$ が交わりをもつとき, $\partial D \cap U \cap U'$ 上では, 座標関数について

$$\begin{aligned}
\bar{u}^i &= \bar{u}^i(u^1, \cdots, u^{n-1}, a) \qquad (1 \leq i \leq n-1) \\
\bar{a} &= \bar{u}^n(u^1, \cdots, u^{n-1}, a)
\end{aligned} \tag{3.41}$$

が成り立つ．ただし，ここで定数を $u^n(r) = a, \bar{u}^n(r) = \bar{a}$ $(r \in \partial D \cap U \cap U')$ と表した．∂D はなめらかな $n-1$ 次元多様体であることが理解されるであろう．

命題 3.11　M を向き付けられた多様体とするとき，そのなめらかな領域 D の境界 ∂D にも向きが定まる．

証明)　∂D の各点ごとに性質 (3.40) をもつ M の座標近傍をとる．そのうち点 $p \in \partial D$ を含む 2 つの座標近傍 $(U, \phi; u^1, \cdots, u^n)$, $(U', \phi'; \bar{u}^1, \cdots, \bar{u}^n)$ について，関係式 (3.41) が成り立つので

$$\frac{\partial \bar{u}^n}{\partial u^i}(p) = 0 \quad (1 \leq i \leq n-1, \, p \in \partial D \cap U \cap U')$$

であることがわかる．したがって，関数行列式について

$$\frac{\partial(\bar{u}^1, \cdots, \bar{u}^n)}{\partial(u^1, \cdots, u^n)}(p) = \frac{\partial \bar{u}^n}{\partial u^n}(p) \frac{\partial(\bar{u}^1, \cdots, \bar{u}^{n-1})}{\partial(u^1, \cdots, u^{n-1})}(p)$$

を得る．ここで，性質 (3.40) より D 内の点 r について，$u^n(r) - u^n(p) \geq 0$, $\bar{u}^n(r) - \bar{u}^n(p) \geq 0$ が成り立っている．したがって，

$$\frac{\partial \bar{u}^n}{\partial u^n}(p) = \lim_{r \to p} \frac{\bar{u}^n(r) - \bar{u}^n(p)}{u^n(r) - u^n(p)} \geq 0$$

が得られるが，上の等式で関数行列式は零ではないことを知っているので，

$$\frac{\partial(\bar{u}^1, \cdots, \bar{u}^{n-1})}{\partial(u^1, \cdots, u^{n-1})}(p) > 0$$

が結論される．この不等式は，∂D に向きを定める．　　　　　　　□

　　上の命題で $(-1)^n \partial(\bar{u}^1, \cdots, \bar{u}^{n-1})/\partial(u^1, \cdots, u^{n-1})$ を正とする向きを ∂D の M から**誘導される向き**という．

定理 3.6　（ストークス (Stokes) の定理）M を向き付けられたパラコンパクトな n 次元多様体とし，$D \subset M$ をなめらかな境界をもつ領域で $\bar{D}$ はコ

ンパクトであるとする．このとき，$n-1$ 次微分形式 ω について

$$\int_D d\omega = \int_{\partial D} i^* \omega \tag{3.42}$$

が成り立つ．ここで，$i : \partial D \to M$ は包含写像を表し，また ∂D には M から誘導される向きを考える．

証明） 局所座標近傍系 $\{(U_\alpha, \phi_\alpha ; u_\alpha^1, \cdots, u_\alpha^n)\}$ をつぎの性質を満たすようにとる．各 U_α は立方座標近傍

$$\phi_\alpha(U_\alpha) = \{ (u_\alpha^1, \cdots, u_\alpha^n) \in \mathbb{R}^n \mid |u_\alpha^i| < \varepsilon_\alpha \ (i = 1, \cdots, n) \}$$

であり，$\partial D \cap U_\alpha \neq \phi$ であるときには $\bar{D} \cap U_\alpha = \{ r \in U_\alpha \mid u_\alpha^n \geq 0 \}$ と書かれるものとする．

必要ならば細分をとればよいので，$\{U_\alpha\}$ は局所有限な開被覆であるとして，$\{f_\alpha\}$ をそれに従属する 1 の分割とする．このとき $\omega = \sum_\alpha f_\alpha \omega$ と表すと積分は

$$\int_D d\omega = \sum_\alpha \int_{U_\alpha} d(f_\alpha \omega)$$

と表されるので，$U_\alpha \subset D \, (U_\alpha \cap \partial D = \phi)$ のときと $U_\alpha \cap \partial D \neq \phi$ のときを順に調べる．

• $U_\alpha \subset D \, (U_\alpha \cap \partial D = \phi)$ であるとき，$n-1$ 次微分形式を

$$\omega = \sum_{i=1}^n (-1)^{i-1} \omega_i du^1 \wedge \cdots, \wedge \hat{du^i} \wedge \cdots \wedge du^n$$

と書くと

$$d(f_\alpha \omega) = \left(\sum_{i=1}^n \frac{\partial f_\alpha \omega_i}{\partial u^i} \right) du^1 \wedge \cdots \wedge du^n$$

となる．積分について，$\phi_\alpha(U_\alpha)$ が立方座標近傍であることから

$$\int_{U_\alpha} d(f_\alpha \omega) = \sum_{i=1}^n \int_{-\varepsilon}^{\varepsilon} \cdots \int_{-\varepsilon}^{\varepsilon} \frac{\partial (f_\alpha \omega_i)}{\partial u^i} du^1 \cdots du^n \tag{3.43}$$

と書かれるが，積分は容易に実行され ε が定める立方体の表面での $f_\alpha \omega_i$ の値によって決まっていることがわかる．ところが $\mathrm{supp}(f_\alpha \omega) \subset U_\alpha$ であるから，その値は零であることが結論される．

- $U_\alpha \cap \partial D \neq \phi$ のとき. このとき, $\bar{D} \cap U = \{r \in U | u^n(r) \geq 0\}$ と書かれていたから, 式 (3.43) に対する積分は

$$\int_{U_\alpha} d(f_\alpha \omega) = \sum_{i=1}^{n} \int_0^\varepsilon \int_{-\varepsilon}^\varepsilon \cdots \int_{-\varepsilon}^\varepsilon \frac{\partial (f_\alpha \omega_i)}{\partial u^i} du^1 \cdots du^{n-1} du^n$$

$$= -\int_{-\varepsilon}^\varepsilon \cdots \int_{-\varepsilon}^\varepsilon (f_\alpha \omega_n)(u^1, \cdots, u^{n-1}, 0) du^1 \cdots du^{n-1}$$

他方で, $U_\alpha \cap \partial D$ では境界 ∂D は $u^n = 0$ と書かれていたから包含写像 $i : \partial D \to M$ による ω の引き戻しは

$$i^*\omega = (-1)^{n-1} \omega_n (u^1, \cdots, u^{n-1}, 0) du^1 \wedge \cdots \wedge du^{n-1}$$

と書かれる. ∂D 上に誘導される向きの定義に $(-1)^n$ が含まれていたことを思い出すと

$$\int_{\partial D} i^*(f_\alpha \omega) = -\int_\varepsilon^\varepsilon \cdots \int_\varepsilon^\varepsilon (f_\alpha \omega_n)(u^1, \cdots, u^{n-1}, 0) du^1 \cdots du^{n-1}$$

となり, $\sum_\alpha \int_{U_\alpha} d(f_\alpha \omega) = \sum_\alpha \int_{\partial D} i^*(f_\alpha \omega)$ が得られる. $\bar{D}$ がコンパクトであるから和 $\sum_\alpha$ は有限和であり定理が得られる.   □

ストークスの定理で, 包含写像 $i^* : \partial D \to M$ による ω の引き戻しは自明なこことしてしばしば省略して書かれる.

例 3.1 (グリーンの定理) xy-平面上なめらかな曲線 C で囲まれた領域を D とする. 一次微分形式 $\omega = X dx + Y dy$ について

$$dw = \left(\frac{\partial Y}{\partial x} - \frac{\partial X}{\partial y}\right) dx \wedge dy$$

となり, ストークスの定理はグリーンの定理

$$\iint_D \left(\frac{\partial Y}{\partial x} - \frac{\partial X}{\partial y}\right) dx dy = \int_C (X dx + Y dy)$$

を与える. ただし, 線積分の向きは D の内部を左手に見る向きを正とする.

例 3.2 （ガウスの定理） xyz-空間で，なめらかな境界をもつ有界な領域を D とする．2次の微分形式を $\omega = X\,dy \wedge dz + Y\,dz \wedge dx + Z\,dx \wedge dy$ とすると，

$$d\omega = \left(\frac{\partial X}{\partial x} + \frac{\partial Y}{\partial y} + \frac{\partial Z}{\partial z} \right) dx \wedge dy \wedge dz$$

となりガウスの定理

$$\iiint_D \left(\frac{\partial X}{\partial x} + \frac{\partial Y}{\partial y} + \frac{\partial Z}{\partial z} \right) dxdydz = \int_{\partial D} i^*(X\,dy \wedge dz + Y\,dz \wedge dx + Z\,dx \wedge dy)$$

が得られる．ベクトル解析では，$\boldsymbol{X} = (X, Y, Z)$, $d\boldsymbol{S} = (dydz, dzdx, dxdy)$ （$d\boldsymbol{S}$ は D から外へ向かう向きの無限小面積素）と書きベクトルの内積を用いて

$$\iiint_D \operatorname{div}\boldsymbol{X} = \iint_{\partial D} \boldsymbol{X} \cdot d\boldsymbol{S}$$

と書き表すのであった．また，$\operatorname{div}\boldsymbol{X}$ はベクトル場の発散である．

3.3　複体とド・ラームの定理

　ここでは，微分形式の積分を用いてド・ラーム (de Rham) の定理の証明を行う．ド・ラームの定理は多様体の微分構造，すなわち多様体上の微積分学で定義される量（ド・ラームのコホモロジー）が実は微分構造によらない位相不変量であることを示すものである．定理の証明は，ここで取り上げるように，多様体上の微積分学を使うものから層 (sheaf) の理論を使った現代的なものまであり，まさに現代数学への入り口といえる．またド・ラームの定理は，数理科学の様々な局面で具体的に用いられる重要な定理でもある．

3.3.1　単体的複体
　ここでは，単体的複体を考えて位相幾何学からの準備をしよう．しばらく一般の多様体の話を忘れて，N 次元ユークリッド空間 $\mathbb{E}^N$ の中で多面体 ($n+1$ 面体) の集まりとして表される図形の幾何学について考察する．話は線形代数であるが，いくらかの用語を順に定義していく必要がある．

　三次元空間で，たとえば正四面体は 4 つの頂点の座標で決められる．そこで，一般に $m+1$ 個 ($m \geq 1$) のベクトル $\boldsymbol{a}_0, \boldsymbol{a}_1, \cdots, \boldsymbol{a}_m \in \mathbb{R}^N$ について $\boldsymbol{a}_1 - \boldsymbol{a}_0,\ \boldsymbol{a}_2 - \boldsymbol{a}_0,\ \cdots,\ \boldsymbol{a}_m - \boldsymbol{a}_0$ が一次独立なとき，これらは独立であるまたは独立な位置にあるベクトルということにする．また，1 個のベクトル $\boldsymbol{a}_0$ は独立であると定義する．記号を簡略するために，以降ではベクトル $\boldsymbol{a}_k$ を単に a_k と表すことにする．

定義 3.9　$\mathbb{R}^N$ の独立な位置にあるベクトル $a_0, a_1, \cdots, a_m$ について，

$$|a_0 a_1 \cdots a_m| = \left\{ \sum_{i=0}^{m} t_i a_i \ \middle|\ t_0 + t_1 + \cdots + t_m = 1, t_i \geq 0\ (i = 0, .., m) \right\}$$

を $a_0, a_1, \cdots, a_m$ が張る **m 次元単体**または **m 単体**(m-simplex) という．

　たとえば，0 単体 $|a_0|$ は 1 点 a_0 から成る図形，1 単体 $|a_0 a_1|$ は 2 点 a_0, a_1 を端点にもつ線分，2 単体 $|a_0 a_1 a_2|$ は 3 点 a_0, a_1, a_2 を頂点とする三角形の辺とその内部，$\cdots$ という具合である．独立な位置にある $m+1$ 個のベクトルを決めれば m 単体が決まるというわけであるが，$m+1$ 個のベクトルの順番に意味をもたせるときは，m 単体 $|s| = |a_0 a_1 \cdots a_m|$ を $[s] = [a_0 a_1 \cdots a_m]$ などと書き表すことにする．

　頂点に順番が決められた m 単体 $[s] = [a_0 a_1 \cdots a_m]$ については**重心座標**が決められる．すなわち，m 単体 $|s|$ の点 p は

$$p = t_0 a_0 + t_1 a_1 + \cdots + t_m a_m \quad (t_0 + t_1 + \cdots + t_m = 1,\ \ t_i \geq 0)$$

のように一意的に表され $(t_0, t_1, \cdots, t_m)$ を点 $p \in |s|$ の**重心座標**という．

問 3.18　点 $p \in |s|$ の重心座標が一意的に決まることを示せ．

定義 3.10　頂点に順番が決められた m 単体 $[s] = [a_0 a_1 \cdots a_m]$ に対して，記号 $\langle a_0 a_1 \cdots a_m \rangle$ を定め，頂点の順番の入れ換えについて

$$\langle a_{\sigma(0)} a_{\sigma(1)} \cdots a_{\sigma(m)} \rangle = \operatorname{sgn}(\sigma) \langle a_0 a_1 \cdots a_m \rangle \quad (\sigma \in \mathfrak{S}_{m+1})$$

であるように決める. この記号を**向き付けられた m 単体**という.

向き付けられた m 単体の記号 $\langle s \rangle$ は符号の違いで表される 2 種類が存在して, それらが m 単体 $|s|$ の "表" と "裏" を決めることは容易に理解されるであろう. たとえば, 2 単体 $\langle a_0 a_1 a_2 \rangle$ と $-\langle a_0 a_1 a_2 \rangle = \langle a_1 a_0 a_2 \rangle$ を図示して考察されたい.

m 単体 $|a_0 a_1 \cdots a_m|$ について, 頂点のいくつかを除くと, 低い次元の k 単体が得られるが, これらを m 単体の k 次元面という. たとえば, 頂点 a_i を除く $m-1$ 単体 $|a_0 \cdots \hat{a}_i \cdots a_m|$ は $m-1$ 次元面であり, 頂点 $a_i, a_j \ (i \neq j)$ を除く $m-2$ 単体 $|a_0 \cdots \hat{a}_i \cdots \hat{a}_j \cdots a_m|$ は $m-2$ 次元面である. また, m 単体自身も m 次元面として見なすことにする. 単体 $|t|$ が $|s|$ の面であることを記号 $|t| \prec |s|$ で表す.

向き付けられた m 単体 $\langle s \rangle = \langle a_0 a_1 \cdots a_m \rangle$ が与えられたとき, $|s|$ の面に現れる $m-1$ 次元単体 $|t|$ の向き $\langle t \rangle$ が, ある i について $\langle t \rangle = (-1)^i \langle a_0 a_1 \cdots \hat{a}_i \cdots a_m \rangle$ と表されるとき, $\langle t \rangle$ は $\langle s \rangle$ に対して**外向き**であるという.

問 3.19 3 単体 (四面体) $\langle s \rangle = \langle a_0, a_1, a_2, a_3 \rangle$ がある. これについて $\langle a_0, a_2, a_1 \rangle, \langle a_0, a_3, a_2 \rangle, \langle a_0, a_1, a_3 \rangle, \langle a_1, a_2, a_3 \rangle$ が外向きの二次元面であることを, 図と合わせて理解せよ.

さて, 以上のような単体の集まりが単体的複体である.

定義 3.11 $\mathbb{R}^N$ の中の単体の集まり K で, 次の性質をもつものを n 次元**単体的複体** (simplicial complex) という.
1) 単体 $|s|$ が K に含まれるとき, $|s|$ の面もすべて K に含まれる.
2) 任意の $|s|, |t| \in K$ について, 共通部分 $|s| \cap |t|$ は空集合または $|s|, |t|$ それぞれの面となっている.
3) 任意の単体 $|s| \in K$ について, $|s|$ を面にもつ単体は有限個である.
4) 次元の最も大きな単体は n 単体である.

図 3.3 に，単体的複体の例 a) とそうでない例 b)，c) を表す.

単体的複体 K が与えられたとき，$\mathbb{R}^N$ の中で自然に "多面体" が和集合

$$|K| = \bigcup_{|s| \in K} |s|$$

によって定められる. 逆に，$\mathbb{R}^N$ の中の図形 P が与えられたときに適当な単体的複体 K と同相写像 h を見つけだし，$h : |K| \approx P$ と表すとき，K（と h）を図形 P の**三角形分割** (triangulation) という. 図形 P が三角形分割をもつとき，P は三角形分割可能であるといわれる. 第 1 章，第 2 章で考えたユークリッド空間の曲面は三角形分割可能であることが知られている (3.3.5 項参照).

位相幾何学では，同相写像のもとで不変な性質が調べられる. 図形の形を "ゴム" のように連続的に変形しても変わらない性質や量（位相不変量）が調べられるである. 三角形分割の考え方は，図形を調べやすい単体の集まりで表現して，そのうえで位相不変量を調べるという直感的にもわかりやすい方法である.

3.3.2 単体的複体のホモロジーとコホモロジー

a. 単体的複体のホモロジー

前節で定義された単体的複体 K について，対応する図形 $|K|$ は各単体が "ブロック" となって全体が出来上がっている. そのつながり具合を調べる 1 つの代数的な手法が単体的複体のホモロジーである. 歴史的にはポアンカレ (Poincarè) が 100 年ほど前に最初にホモロジー論を考え，その考え方はその

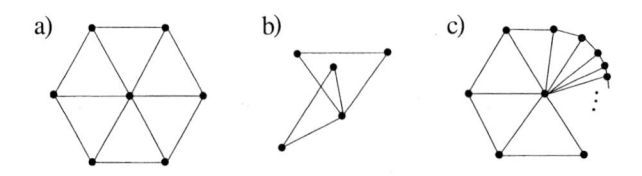

図 3.3　単体的複体の例とそうでない例
　　　　b) では条件 2) が満たされず，c) では条件 3) が満たされていない.

後の現代数学の抽象化の流れの中でホモロジー代数という1つの体系に完成され，現代数学に不可欠な理論（道具）となっている.

　さて，K を単体的複体として向き付けられた m 単体 $\langle s \rangle$ の記号から作る整数係数の線形和全体を考えよう.

定義 3.12 K を単体的複体とする. 記号 $\langle s \rangle$ を，m 単体 $|s| \in K$ に対する向き付けられた m 単体とする. このときアーベル群

$$C_m(K, \mathbb{Z}) = \left\{ \sum_{|s| \in K : m \, \text{単体}} n_s \langle s \rangle \; \middle| \; n_s \in \mathbb{Z} \right\}$$

を **m 次元鎖群**(chain group) といい，その元を**m 次元鎖**(m-chain) という. また，$m < 0$ に対しては $C_m(K, \mathbb{Z}) = 0$ などとして，すべての整数 m に対して鎖群を定義することにする.

　ここで，アーベル群という用語が用いられたがこれは整数係数の線形和を考えたからで，実数係数を考えて $C_m(K, \mathbb{R})$ を定義すれば，これは m 単体 $\langle s \rangle$ が生成するベクトル空間のことである. アーベル群はこのように実数係数を整数係数で考えたという意味である. また，その意味でアーベル群は $\mathbb{Z}$ 加群などとも呼ばれる ($\mathbb{Z}$ 上のベクトル空間とはいえないので加群という言葉を用いる).

定義 3.13 向き付けられた m 単体 $\langle s \rangle = \langle a_0 a_1 \cdots a_m \rangle$ について，その**境界** $\partial \langle s \rangle$ を

$$\partial \langle s \rangle = \sum_{i=0}^{m} (-1)^i \langle a_0 \cdots \hat{a}_i \cdots a_m \rangle \tag{3.44}$$

で定められる $m - 1$ 次元鎖とする.

　定義式 (3.44) は，向き付けられた m 単体 $\langle s \rangle$ の $m - 1$ 次元面を外向きに向き付けをして足し合わせるという演算と読むことができる. また，この定義を線形に拡張して鎖群 $C_m(K, \mathbb{Z})$ から $C_{m-1}(K, \mathbb{Z})$ への準同型写像

$$\partial : C_m(K, \mathbb{Z}) \longrightarrow C_{m-1}(K, \mathbb{Z})$$

が定義され，これを**境界準同型写像**と呼んでいる．

境界準同型写像は次の顕著な性質をもつ．

命題 3.12　境界準同型写像の合成

$$C_m(K, \mathbb{Z}) \xrightarrow{\partial} C_{m-1}(K, \mathbb{Z}) \xrightarrow{\partial} C_{m-2}(K, \mathbb{Z})$$

について

$$\partial^2 = \partial \circ \partial = 0 \tag{3.45}$$

が成り立つ．

証明）　生成元（基底）$\langle a_0 a_1 \cdots a_m \rangle$ について，定義にしたがって $\partial^2 = 0$ を示せばよい．実際,

$$\partial^2 \langle a_0 a_1 \cdots a_m \rangle = \partial \sum_{i=0}^{m} (-1)^i \langle a_0 \cdots \hat{a}_i \cdots a_m \rangle$$

$$= \sum_{i=0}^{m} \sum_{j=0}^{i-1} (-1)^{i+j} \langle a_0 \cdots \hat{a}_j \cdots \hat{a}_i \cdots a_m \rangle$$

$$+ \sum_{i=0}^{m} \sum_{j=i+1}^{m} (-1)^{i+j-1} \langle a_0 \cdots \hat{a}_i \cdots \hat{a}_j \cdots a_m \rangle$$

$$= \sum_{i>j} (-1)^{i+j} \langle a_0 \cdots \hat{a}_j \cdots \hat{a}_i \cdots a_m \rangle - \sum_{i<j} (-1)^{i+j} \langle a_0 \cdots \hat{a}_i \cdots \hat{a}_j \cdots a_m \rangle$$

$$= 0$$

のように示される．　　　　　　　　　　　　　　　　　　　　　　　□

　上で示した $\partial^2 \langle s \rangle = \partial(\partial \langle s \rangle) = 0$ という性質は，向き付けられた単体 $\langle s \rangle$ の境界 $\partial \langle s \rangle$ には境界がないという，極めて自然な幾何学的意味をもつものである．$m = 2$ の場合に $\partial^2 \langle a_0 a_1 a_2 \rangle = 0$ となることと，図 3.4 との関係を付けられたい．

$$\partial^2 \langle a_0 a_1 a_2 \rangle = \partial \left(\langle a_1 a_2 \rangle - \langle a_0 a_2 \rangle + \langle a_0 a_1 \rangle \right)$$

$$= (\langle a_2 \rangle - \langle a_1 \rangle) - (\langle a_2 \rangle - \langle a_0 \rangle) + (\langle a_1 \rangle - \langle a_0 \rangle)$$

$$= 0$$

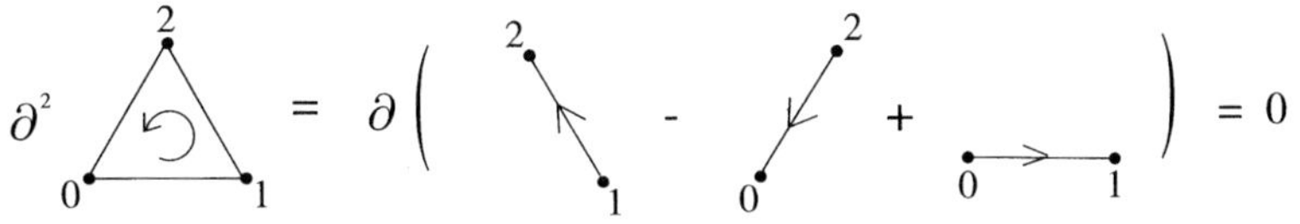

図 **3.4** $\partial^2 = 0$ の図示

　鎖群とその間の境界準同型はこのような幾何学的な意味を背景にもつが，そのような背景を忘れてアーベル群とその間の $\partial^2 = 0$ を満たす準同型写像から成る代数的構造だけに着目することもできる．

定義 3.14　鎖群 $C_m(K, \mathbb{Z})$ とその間の境界準同型を合わせて $(C_*(K, \mathbb{Z}), \partial)$ と表し，単体的複体の**鎖複体** (chain complex) と呼ぶ．

$$0 \xrightarrow{\partial} C_n(K, \mathbb{Z}) \xrightarrow{\partial} C_{n-1}(K, \mathbb{Z}) \xrightarrow{\partial} \cdots \xrightarrow{\partial} C_0(K, \mathbb{Z}) \xrightarrow{\partial} 0 \tag{3.46}$$

　さて，境界準同型写像を施すと結果が零になってしまう m 次元鎖は "境界をもたない" 図形を表現していると理解される．そこで，m 次元鎖群 $C_m(K, \mathbb{Z})$ の中の部分群

$$Z_m(K, \mathbb{Z}) = \left\{ c \in C_m(K, \mathbb{Z}) \mid \partial c = 0 \right\} \tag{3.47}$$

を考えて，$Z_m(K, \mathbb{Z})$ を **m 次元輪体群** (cycle group)，その元を **m 次元輪体** (m-cycle) と呼ぶ．ところが，$\partial^2 = 0$ という性質から，m 次元輪体の中で $\partial c \, (c \in C_{m+1}(K, \mathbb{Z}))$ と書かれるものは自明である．そこで

$$B_m(K, \mathbb{Z}) = \partial C_{m+1}(K, \mathbb{Z}) = \left\{ \partial c \mid c \in C_{m+1}(K, \mathbb{Z}) \right\} \tag{3.48}$$

を定義して，$B_m(K, \mathbb{Z})$ を **m 次元境界輪体群** (boundary cycle group)，その元を **m 次元境界輪体** (m-boundary) または単に **m 次元境界**などと呼ぶ．$B_m(K, \mathbb{Z})$ は $Z_m(K, \mathbb{Z})$ の部分群となるが，この部分は自明なものとする次の定義は自然であることがわかるであろう．

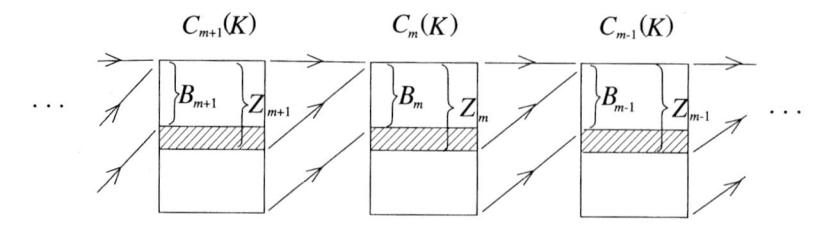

図 **3.5**　鎖複体の図示. 斜線部分がホモロジー群を表す

定義 3.15　単体的複体の鎖複体 $(C_*(K,\mathbb{Z}),\partial)$ に対して，各 m に対して定義される剰余群

$$H_m(K,\mathbb{Z}) = \frac{Z_m(K,\mathbb{Z})}{B_m(K,\mathbb{Z})} \tag{3.49}$$

を（係数を $\mathbb{Z}$ にもつ）**m 次元ホモロジー群**(homology group) という.

　輪体群と境界輪体群の様子は図 3.5 のように示され，ホモロジー群は斜線を施した部分であるといえる.

　単体的複体 K のホモロジー群 $H_m(K,\mathbb{Z})$ について

$$b_m(K) = \mathrm{rank} H_m(K,\mathbb{Z})$$

$$\chi(K) = \sum_m (-1)^m b_m(K)$$

をそれぞれ順に**ベッチ (Betti) 数**，**オイラー (Euler) 数**と呼んでいる. ここで，ベッチ数を定義するのに階数 (rank) を用いたが鎖群を $\mathbb{R}$ 係数で考えるならば，単にベクトル空間の次元 (dim) に置き換えてよい. この係数の違いは大切だが，本書ではこの違いに立ち入ることはしないので，係数を表す記号 $\mathbb{Z}$ は $\mathbb{R}$ であると理解して，階数 (rank) をベクトル空間の次元と見なして差し支えない.

　単体的複体 K のホモロジー群は，K が決める図形 $|K|$ の位相不変量であることが知られている. このことは，K に含まれる単体の個数が有限個であるときオイラー数 $\chi(K)$ が

$$\chi(K) = \sum_m (-1)^m b_m(K)$$

$$= \sum_m (-1)^m \left(\mathrm{rank} Z_m(K, \mathbb{Z}) - \mathrm{rank} B_m(K, \mathbb{Z}) \right)$$

$$= \sum_m (-1)^m \left(\mathrm{rank} Z_m(K, \mathbb{Z}) + \mathrm{rank} B_{m-1}(K, \mathbb{Z}) \right)$$

$$= \sum_m (-1)^m \mathrm{rank} C_m(K, \mathbb{Z})$$

と表されて，"通常"よく知られたオイラー数の定義を与えることからも受け入れられるであろう．ここで，定義から $\mathrm{rank} C_m(K, \mathbb{Z})$ は m 単体の数に等しいことに注意されたい．

例 3.3 （球面の単体的複体）正四面体の"表面"に現れる4つの三角形とその辺，頂点は単体的複体 K を定義する．明らかに，"ゴム"の世界では図形 $|K|$ は二次元球面に等しい．自明でない鎖群は 0 次，1 次，2 次の鎖群で

$$C_0(K, \mathbb{Z}) = \mathbb{Z}\langle a_0 \rangle + \mathbb{Z}\langle a_1 \rangle + \mathbb{Z}\langle a_2 \rangle + \mathbb{Z}\langle a_3 \rangle$$

$$C_1(K, \mathbb{Z}) = \mathbb{Z}\langle a_0 a_1 \rangle + \mathbb{Z}\langle a_0 a_2 \rangle + \mathbb{Z}\langle a_0 a_3 \rangle + \mathbb{Z}\langle a_1 a_2 \rangle + \mathbb{Z}\langle a_1 a_3 \rangle + \mathbb{Z}\langle a_2 a_3 \rangle$$

$$C_2(K, \mathbb{Z}) = \mathbb{Z}\langle a_0 a_1 a_2 \rangle + \mathbb{Z}\langle a_0 a_1 a_3 \rangle + \mathbb{Z}\langle a_0 a_2 a_3 \rangle + \mathbb{Z}\langle a_1 a_2 a_3 \rangle$$

のように具体的に書き下される．定義に基づいてホモロジー群を決めると，

$$H_m(K, \mathbb{Z}) = \begin{cases} \mathbb{Z}[\langle a_0 \rangle] & m = 0 \\ 0 & m = 1 \\ \mathbb{Z}[\langle a_0 a_1 a_2 \rangle + \langle a_0 a_3 a_1 \rangle & \\ \quad + \langle a_0 a_2 a_3 \rangle + \langle a_2 a_1 a_3 \rangle] & m = 2 \end{cases} \tag{3.50}$$

と決められる．ただし，ホモロジー群の元を表す際の記号 $[\cdots]$ は $\cdots$ を代表元とする剰余類を表現するものとする．

b. 単体的複体のコホモロジー

前節では $\mathbb{Z}$ 係数の単体的複体のホモロジーを定義したが，ここでは係数を実数 $\mathbb{R}$ にとる鎖群 $C_m(K, \mathbb{R})$ を考える．このとき鎖群 $C_m(K, \mathbb{R})$ は単に m 単体が生成するベクトル空間である．$C_m(K, \mathbb{R})$ の双対空間を $C^m(K, \mathbb{R})$ と表し，**双対鎖群** (co-chain) と呼ぶ．

双対空間 $C^m(K, \mathbb{R})$ を具体的に記述するために，m 単体 $\langle s \rangle \in C_m(K, \mathbb{R})$ に対する双対 $\varphi_{\langle s \rangle}$ を

$$\varphi_{\langle s \rangle}(\langle s' \rangle) = \begin{cases} \pm 1 & \langle s \rangle = \pm \langle s' \rangle \quad （複号同順） \\ 0 & \langle s \rangle \neq \pm \langle s' \rangle \end{cases} \tag{3.51}$$

を満たす $C_m(K, \mathbb{R})$ 上の線形写像とする．定義関係式から m 単体の向き付けについて $\varphi_{\pm \langle s \rangle}(\langle s \rangle) = \pm 1$, したがって $\varphi_{\pm \langle s \rangle} = \pm \varphi_{\langle s \rangle}$（複号同順）であることに注意されたい．双対鎖群 $C^m(K, \mathbb{R})$ はこれら $\varphi_{\langle s \rangle}$ によって生成されるベクトル空間として

$$C^m(K, \mathbb{R}) = \left\{ \sum_{|s| \in K : m \text{ 単体}} c_s \varphi_{\langle s \rangle} \,\middle|\, c_s \in \mathbb{R} \right\} \tag{3.52}$$

と定義される．境界準同型写像 $\partial : C_{m+1}(K, \mathbb{R}) \to C_m(K, \mathbb{R})$ に対して，その双対な写像 $\partial^* : C^m(K, \mathbb{R}) \to C^{m+1}(K, \mathbb{R})$ が関係式

$$(\partial^* \varphi)(c) = \varphi(\partial c) \quad (\varphi \in C^m(K, \mathbb{R}), c \in C_{m+1}(K, \mathbb{R})) \tag{3.53}$$

によって定義される．写像 ∂^* は**双対境界準同型**または**コバウンダリー作用素** (co-boundary operator) などと呼ばれる．双対境界準同型が $\partial^{*2} = 0$ の性質をもつことは定義から明らかであろう．

定義 3.16 双対鎖群 $C^m(K, \mathbb{R})$ と双対境界準同型 ∂^* を合わせて，$(C^*(K, \mathbb{R}), \partial^*)$ と表し**双対鎖複体** (co-chain complex) と呼ぶ．

$$0 \xrightarrow{\partial^*} C^0(K, \mathbb{R}) \xrightarrow{\partial^*} C^1(K, \mathbb{R}) \xrightarrow{\partial^*} \cdots \xrightarrow{\partial^*} C^n(K, \mathbb{R}) \xrightarrow{\partial^*} 0 \tag{3.54}$$

式 (3.46) と上式 (3.54) の "双対" な関係が見て取れるであろう．鎖複体のときと同様に，

$$Z^m(K, \mathbb{R}) = \{\varphi \in C^m(K, \mathbb{R}) \mid \partial^* \varphi = 0\}$$
$$B^m(K, \mathbb{R}) = \{\partial^* \varphi \mid \varphi \in C^{m-1}(K, \mathbb{R})\}$$

を考えて $Z^m(K, \mathbb{R})$ の元を**双対輪体** (cocycle), $B^m(K, \mathbb{R})$ の元を**双対境界輪体** (co-boundary) という．定義 3.15 と同様に

定義 3.17 双対鎖複体 $(C^*(K, \mathbb{R}), \partial^*)$ の各 m に対して

$$H^m(K, \mathbb{R}) = \frac{Z^m(K, \mathbb{R})}{B^m(K, \mathbb{R})} \tag{3.55}$$

を m 次のコホモロジー群(cohomology group) と呼ぶ.

係数を実数 $\mathbb{R}$ で考えるとき, ホモロジー群 $H_m(K, \mathbb{R})$ とコホモロジー群 $H^m(K, \mathbb{R})$ はともに "普通" のベクトル空間 (剰余空間) である. さらにそれらは互いに双対なベクトル空間, したがってベクトル空間としては互いに同型であることが示される.

問 3.20 ホモロジー群 $H_m(K, \mathbb{R})$ の双対空間 $(H_m(K, \mathbb{R}))^*$ がコホモロジー群 $H^m(K, \mathbb{R})$ に一致することを示せ.

後に用いるために, コバウンダリー作用素 ∂^* をあからさまに書き下しておこう.

命題 3.13 コバウンダリー作用素 ∂^* は $C^m(K, \mathbb{R})$ の基底 $\varphi_{\langle s \rangle} = \varphi_{\langle a_0 a_1 \cdots a_m \rangle}$ に次のように作用する.

$$\partial^* \varphi_{\langle a_0 a_1 \cdots a_m \rangle} = \sum_v {}' \varphi_{\langle v a_0 a_1 \cdots a_m \rangle} \tag{3.56}$$

ここで, 和 $\sum_v{}'$ は K の頂点 v に関するものであって $m+1$ 単体 $|v a_0 a_1 \cdots a_m|$ が K に含まれるようなもの全体にわたるものである.

証明) 向き付けられた $m+1$ 単体 $\langle s' \rangle = \langle b_0 b_1 \cdots b_m b_{m+1} \rangle$ に関して等式を確かめればよい. そこで, 定義式 (3.53) より

$$
\begin{aligned}
(\partial^* \varphi_{\langle s \rangle})(\langle s' \rangle) &= \varphi_{\langle s \rangle}(\partial \langle s' \rangle) \\
&= \varphi_{\langle s \rangle} \left(\sum_{i=0}^{m+1} (-1)^i \langle b_0 \cdots \hat{b}_i \cdots b_{m+1} \rangle \right) \\
&= \sum_{i=0}^{m+1} \varphi_{\langle s \rangle} \left((-1)^i \langle b_0 \cdots \hat{b}_i \cdots b_{m+1} \rangle \right)
\end{aligned}
$$

と書かれるが，最後の和は $\pm\langle s\rangle = (-1)^i\langle b_0\cdots\hat{b}_i\cdots b_{m+1}\rangle$ となる i がある
ときに限って ± 1 となる．向き付けに注意すると，ちょうど m 単体 $\langle s\rangle$ が
$m+1$ 単体 $\langle s'\rangle$ の 1 つの外向きの面として現れるときに 1 となり，向きが反
対となるときに -1 となることがわかる．

一方，$\left(\sum'_v\varphi_{\langle va_0a_1\cdots a_m\rangle}\right)(\langle s'\rangle)$ は $m+1$ 単体 $\langle va_0a_1\cdots a_m\rangle$ が $\pm\langle s'\rangle$ に等
しいとき ± 1 となる（複号同順）．$\langle va_0a_1\cdots a_m\rangle = \langle s'\rangle$ のとき m 単体 $\langle s\rangle$ は
$m+1$ 単体 $\langle s'\rangle$ の 1 つの外向きの面として現れ，$\langle va_0a_1\cdots a_m\rangle = -\langle s'\rangle$ の
とき向きは反対となる．

以上により，任意の $m+1$ 単体 $\langle s'\rangle$ について，等式が示されたことになる．

$\square$

3.3.3　ド・ラーム複体とド・ラームコホモロジー

さて，鎖複体の定義に現れた境界準同型の性質 $\partial^2 = 0$ $(\partial^{*2} = 0)$ が，何
やら微分形式の外微分 d がもつ性質 $d^2 = 0$ に似ていることにすでに気が付か
れたであろう．実際，外微分演算は k 次微分形式の成すベクトル空間 $\Omega^k(M)$
から $\Omega^{k+1}(M)$ への線形写像を与え，これを 2 回引き続いて行うと零となる
$(d^2 = 0)$ となるものであった．そこで，次の定義をしよう．

定義 3.18　可微分多様体 M の微分形式 $\Omega^k(M)$ とその外微分 d が定義する
双対鎖複体を $(\Omega^*(M), d)$ と表し，**ド・ラーム複体** (de Rham complex) と
いう．

$$0\xrightarrow{\ d\ }\Omega^0(M)\xrightarrow{\ d\ }\Omega^1(M)\xrightarrow{\ d\ }\cdots\xrightarrow{\ d\ }\Omega^n(M)\xrightarrow{\ d\ }0 \tag{3.57}$$

単体的複体のときと同じように

$$Z^m(M) = \left\{\omega \in \Omega^m(M) \mid d\omega = 0\right\}$$
$$B^m(M) = \left\{d\tau \mid \tau \in \Omega^{m-1}(M)\right\}$$

と定義して，$Z^m(M)$ の元を **m 次閉形式**(closed m-form)$B^m(M)$ の元を
m 次完全形式(exact m-form) という．

定義 3.19 ド・ラーム複体 $(\Omega^*(M), d)$ の各 m に対して，

$$H_{DR}^m(M) = \frac{Z^m(M)}{B^m(M)} \tag{3.58}$$

を m 次のド・ラームコホモロジー (de Rham cohomology) という.

定義から明らかなように，m 次のド・ラームコホモロジーでは，m 次微分形式であって $d(m-1$ 次微分形式$)$ の形に書けないものを剰余類として表現している.

各次数のド・ラームコホモロジーをすべて考えて

$$H_{DR}^*(M) = H_{DR}^0(M) \oplus H_{DR}^1(M) \oplus \cdots \oplus H_{DR}^n(M)$$

と表す. いま，$H_{DR}^m(M)$ と $H_{DR}^l(M)$ の元をそれぞれ，$[\omega]$, $[\mu]$ と表すことにする. $[\omega]$, $[\mu]$ は定義 (3.58) にしたがって，それぞれ微分形式 ω, μ を代表現とする剰余類である. このとき，$\omega + d\tau$, $\mu + d\sigma$ について

$$(\omega + d\tau) \wedge (\mu + d\sigma) = \omega \wedge \mu + d\tau \wedge \mu + \omega \wedge d\sigma + d\tau \wedge d\sigma$$
$$= \omega \wedge \mu + d(\tau \wedge \mu + (-1)^m \omega \wedge \sigma + \tau \wedge d\sigma)$$

と表されるので，積が $[\omega] \wedge [\mu] = [\omega \wedge \mu]$ によって定まることがわかる. また，この積が剰余類を表す代表元の取り方によらないで決まっていることが同様にして示される. すなわち，ド・ラームコホモロジー（全体）$H_{DR}^*(M)$ には自然な積が定義される. この積に着目するときには $H_{DR}^*(M)$ をド・ラームコホモロジー環という.

例題 3.4 （単位円周 S^1） 単位円周 $S^1 = \{(x, y) | x^2 + y^2 = 1\}$ のド・ラームコホモロジーが次のように決められることを示せ.

$$H_{DR}^0(S^1) = \mathbb{R} \quad , \quad H_{DR}^1(S^1) = \mathbb{R} \tag{3.59}$$

解） 最初に極座標 $(\cos\theta, \sin\theta)$ の角度関数を次のように解釈する. すなわち，角度変数 θ は $\theta = 0$ と $\theta = 2\pi$ が同じ点を表すので円周上の関数になっ

ていない．そこで，ε を正の数として円周を 3 つの部分

$$S_\alpha^1 = \{\theta^\alpha; -\varepsilon < \theta^\alpha < 2\pi/3 + \varepsilon\}$$
$$S_\beta^1 = \{\theta^\beta; 2\pi/3 - \varepsilon < \theta^\beta < 4\pi/3 + \varepsilon\}$$
$$S_\gamma^1 = \{\theta^\gamma; 4\pi/3 - \varepsilon < \theta^\gamma < 2\pi + \varepsilon\}$$

に分けて，$S_\alpha^1 \cap S_\beta^1$ 上で $\theta_\alpha = \theta_\beta$, $S_\beta^1 \cap S_\gamma^1$ 上で $\theta_\beta = \theta_\gamma$, $S_\gamma^1 \cap S_\alpha^1$ 上で $\theta_\gamma - 2\pi = \theta_\alpha$ であるとする．各 S_i^1 上では θ^i $(i = \alpha, \beta, \gamma)$ は関数で，特に座標関数になっている．

さて，$\Omega^0(S^1) = C^\infty(S^1)$ の元 f は座標近傍の交わりで値が一致する C^∞ 関数であるから，θ^i のそれぞれの定義域の共通部分で

$$f(\theta^\alpha) = f(\theta^\beta), \qquad f(\theta^\beta) = f(\theta^\gamma), \qquad f(\theta^\gamma) = f(\theta^\alpha)$$

を満たす関数である．すなわち極座標 θ で見れば，$f(\theta)$ は $0 \le \theta \le 2\pi$ での周期関数すなわち "S^1" 上の関数にほかならない．このような周期関数 f について $df = 0$ となるものは定数関数 $(f = c)$ しかないので，$H_{DR}^0(S^1) = \mathbb{R}$ であることがわかる．

次に $\Omega^1(S^1)$ の元である一次微分形式 ω は，各 S_i^1 の上で $\omega = g_i d\theta^i$ $(i = \alpha, \beta, \gamma)$ と書かれる．$d\theta^i = d\theta^j$ が成り立つので，係数関数 g_i は円周上の関数 $g_i = g(\theta^i)$ すなわち $0 \le \theta \le 2\pi$ の周期関数 $g(\theta)$ である．S^1 は一次元多様体であるので，そのような一次微分形式すべてが一次閉形式となる $(Z^1(S^1) = \Omega^1(S^1))$．いま任意の一次微分形式を $\omega = g(\theta)d\theta$ について，定数 c を ω の S^1 上の積分

$$c = \frac{1}{2\pi} \int_0^{2\pi} g(\theta)d\theta$$

とする．このとき一次微分形式 $g(\theta)d\theta - cd\theta$ は

$$g(\theta)d\theta - cd\theta = dG(\theta), \qquad G(\theta) = \int_0^\theta g(t)dt - c\theta \tag{3.60}$$

と書かれる．ここで，積分 $G(\theta)$ が $0 \le \theta \le 2\pi$ の周期関数，すなわち $\Omega^0(S^1)$ の元になっていることに注意されたい．式 (3.60) によって，任意の一次微分

形式（一次閉形式）が $\omega = cd\theta + (\omega - cd\theta) = cd\theta + dG(\theta)$ と表され，したがって，1次のコホモロジーは $H^1(S^1, \mathbb{R}) = \mathbb{R}$ となる． □

3.3.4 ポアンカレの補題

ここでは，"自明な" 多様体 $M = \mathbb{R}^n$ についてド・ラームコホモロジーを計算する．

原点のまわりの半径 r の球体を

$$B(0, r) = \{(x_1, \cdots, x_n) \in \mathbb{R}^n \mid \sum_i x_i^2 < r^2 \}$$

と表す．このとき，たとえば $\psi : B(0, r) \rightarrow \mathbb{R}^n$ を $\psi(x_1, \cdots, x_n) = \tan\left(\pi(x_1^2 + \cdots + x_n^2)^{1/2}/2r\right) \times (x_1, \cdots, x_n)$ とすると，ψ, ψ^{-1} ともに C^∞ 写像となることがわかる．したがって，多様体 $M = \mathbb{R}^n$ と $B(0, r)$ は C^∞ 多様体として同じで，その上の C^∞ 関数とか外微分形式は ψ によって同一視される．さらに，ド・ラームコホモロジーは等しいことがわかる（章末問題3）．そこで，$H^*_{DR}(B(0, 1), \mathbb{R})$ を調べることにしよう．

具体的な計算に入る前に，双対鎖複体一般に成り立つ性質を準備しておこう．

補題 3.1 双対鎖複体 (C^*, d),

$$\cdots \xrightarrow{d} C^{m-1} \xrightarrow{d} C^m \xrightarrow{d} C^{m+1} \xrightarrow{d} \cdots$$

の各 m に対して準同型写像 $h_m : C^m \rightarrow C^{m-1}$ で

$$d \circ h_m + h_{m+1} \circ d = \mathrm{id}_m \tag{3.61}$$

を満たすものが存在するとき $H^m(C^*, d) = 0$ である．ただし，id_m は C^m 上の恒等写像とする．

証明） 任意の $\omega \in C^m$ について，これが $d\omega = 0$ を満たすとする．このとき，

$$\omega = (d \circ h_m + h_{m+1} \circ d)\omega = d(h_m \omega)$$

となる. したがって $\omega \in Z^m$ の元はすべて $\omega \in B^m$ となり, $H^m = Z^m/B^m = 0$. □

補題に現れる準同型写像 $h_m : C^m \to C^{m-1}$ のことを**ホモトピー作用素**と呼んでいる. さて, $\mathbb{R}^n$ または $B(0,1)$ のド・ラーム複体についてホモトピー作用素が次のようにして作られる.

定理 3.7 (**ポアンカレの補題**) 半径 1 の単位球体 $B(0,1) \subset \mathbb{R}^n$ について

$$H_{DR}^m(B(0,1)) = H_{DR}^m(\mathbb{R}^n) = \begin{cases} \mathbb{R} & (m = 0) \\ 0 & \text{その他の } m \end{cases} \tag{3.62}$$

証明) 補題 3.1 の性質をもつホモトピー作用素を構成しよう. そのために, 半径が $0 \le t \le 1$ の球体 $B(0,t)$ を考えて, その座標を $(u_t^1, \cdots, u_t^n)$ と表すことにする. 単位球体 $B(0,1)$ は $t = 1$ の場合に自然に含まれていると考える. このとき k 次微分形式 $\omega \in \Omega^k(B(0,1))$

$$\omega = \sum_{i_1,\cdots,i_k} g_{i_1,\cdots,i_k}(u^1,\cdots,u^n) du^{i_1} \wedge \cdots \wedge du^{i_k}$$

に対して, $B(0,t)$ 上の k 次微分形式 $\omega_t \in \Omega^k(B(0,t))$ を

$$\omega_t = \sum_{i_1,\cdots,i_k} g_{i_1,\cdots,i_k}(u_t^1,\cdots,u_t^n) du_t^{i_1} \wedge \cdots \wedge du_t^{i_k}$$

自然に対応させることができる. また, 写像 $\Phi_t : B(0,1) \to B(0,t)$ を $\Phi_t(u^1,\cdots,u^n) = t(u^1,\cdots,u^n)$ によって定義する. 以上の準備のもとで, ホモトピー作用素 $h_k : \Omega^k(B(0,1)) \to \Omega^{k-1}(B(0,1))(k > 1)$ を次の線形写像として定義しよう.

$$h_k(\omega) = \int_0^1 \frac{dt}{t} \left(\Phi_t^* \circ i_E\right)(\omega_t) \tag{3.63}$$

ここで, i_E はベクトル場 $E = \sum_i u_t^i(\partial/\partial u_t^i) \in \mathfrak{X}(B(0,t))$ による内部積である. また, 写像 Φ_t による引き戻し $\left(\Phi_t^* \circ i_E\right)(\omega_t)$ は, 任意の t について $B(0,1)$ 上の $k-1$ 次微分形式になっている. h_k はそれを $[0,1]$ 区間で積分

（"平均"）した形になっている（$k > 1$ であるから，t についての積分は多項式の積分であることに注意）．このとき，写像による引き戻しと外微分演算が交換したこと（命題 3.7），およびカルタンの公式（定理 3.5, 1)）を使うと，任意の k 次微分形式 $\omega \in \Omega^k(B(0,1))$ について

$$(d \circ h_k + h_{k+1} \circ d)\omega = \int_0^1 \frac{dt}{t} \Phi_t^*(d \circ i_E + i_E \circ d)\omega_t$$
$$= \int_0^1 \frac{dt}{t} \Phi_t^* \mathcal{L}_E \omega_t$$

と計算される．ここで，h_k は線形写像であるから k 次微分形式として ω_t が

$$\omega_t = g(u_t^1, \cdots, u_t^n) du_t^{i_1} \wedge \cdots \wedge du_t^{i_k}$$

である形のものを調べれば十分である．ベクトル場 E に対する 1 係数局所変換は容易に $\varphi_s(u_t^1, \cdots, u_t^n) = (e^s u_t^1, \cdots, e^s u_t^n)$ と求められるので，上記の ω_t について

$$\int_0^1 \frac{dt}{t} \Phi_t^* \mathcal{L}_E \omega_t$$
$$= \int_0^1 \frac{dt}{t} \Phi_t^* \frac{d}{ds} \{g(e^s u_t^1, \cdots, e^s u_t^n) d(e^s u_t^{i_1}) \wedge \cdots \wedge d(e^s u_t^{i_k})\}\big|_{s=0}$$
$$= \int_0^1 \frac{dt}{t} \Phi_t^* \left(\sum_i u_t^i \frac{\partial g}{\partial u_t^i}(u_t^1, \cdots, u_t^n) + kg \right) du_t^{i_1} \wedge \cdots \wedge du_t^{i_k}$$
$$= \int_0^1 \frac{dt}{t} \left(\sum_i tu^i \frac{\partial g}{\partial u^i}(tu^1, \cdots, tu^n) + kg \right) d(tu^{i_1}) \wedge \cdots \wedge d(tu^{i_k})$$
$$= \int_0^1 \frac{d}{dt} \left(g(tu^1, \cdots, tu^n)t^k \right) du^{i_1} \wedge \cdots \wedge du^{i_k}$$
$$= g(u^1, \cdots, u^n) du^{i_1} \wedge \cdots \wedge du^{i_k}$$

と計算される．したがって，ホモトピー作用素 h_k

$$d \circ h_k + h_{k+1} \circ d = \mathrm{id}_k$$

が $k > 1$ に対して得られたことになる．補題 3.1 によって，$H_{DR}^k = 0$（$k > 1$）が結論される．$k = 1$ については，$\Omega^{-1} = 0$（と約束する）であるから $d\omega = 0$

である $\Omega^0(B(0,1)) = C^\infty(B(0,1))$ の元，すなわち定数関数全体であること
が直ちに結論される．　　　　　　　　　　　　　　　　　　　　□

　ポアンカレの補題の証明で用いた写像 $\Phi_t : B(0,1) \to B(0,t)$ $(0 \le t \le 1)$
は，自然に t の範囲を正数 ε によって $-\varepsilon < t < 1 + \varepsilon$ まで拡げられて，多
変数 C^∞ 写像 $\Phi : B(0,1) \times (-\varepsilon, 1 + \varepsilon) \to B(0,1)$ と見なすことができる
$(\Phi(u,t) = \Phi_t(u))$．$B(0,1)$ 上の恒等写像を $\mathrm{id}_{B(0,1)}$ と表し，f_{u_0} をすべての
$B(0,1)$ の点を原点に写す写像とすると，関係

$$\Phi_1 = \mathrm{id}_{B(0,1)}, \qquad \Phi_0 = f_{u_0}$$

が成り立つが，これは 2 つの写像 $\mathrm{id}_{B(0,1)}, f_{u_0} : B(0,1) \to B(0,1)$ が Φ_t
$(-\varepsilon < t < 1 + \varepsilon)$ によって "なめらかに" 結ばれると理解される．ここで，
"なめらかに" とは Φ_t を $B(0,1) \times (-\varepsilon, 1 + \varepsilon)$ 上の関数と見るときに多変
数関数として C^∞ 級であるという意味である．このように多様体 M, N の
間に 2 つの C^∞ 写像 $f, g : M \to N$ が与えられたとき，2 つが C^∞ 写像
$\Phi_t(-\varepsilon < t < 1 + \varepsilon)$ によって "結ばれる" とき，f と g あるいはそれらによ
る像 $f(M), g(M)$ はなめらかに**ホモトピック** (homotopic) であるという．特
に，上の例のように $M = N$ で，2 つの写像 $f = \mathrm{id}_M$，$g = f_a$ （すべての
$p \in M$ に対して $f_a(p) = a(a \in M)$ とする定値写像）がホモトピックである
とき，多様体 M は（なめらかに）**可縮** (contractible) であるという．ポアン
カレの補題は，可縮な多様体のド・ラームコホモロジーが 1 点 $a \in M$ のド・
ラームコホモロジーに等しいという主張である．

　ポアンカレの補題によって，球体 $B(0,r)$ のド・ラームコホモロジーが決
定されたことになるが，この結果の次の意味で重要である．すなわち，第 2
章で測地線の性質を調べたときに，リーマン多様体の任意の点 p は球体を同
相な近傍をもちこれから座標近傍 (U_p, φ_p) を作ることができることを示し，
出来上がる座標近傍系を標準座標系と呼んだ（命題 2.7）．したがって，多様
体 M には座標近傍系として標準座標系をつねに考えることができる．そし
て，定義から各座標近傍は球体と同相であり，そのド・ラームコホモロジー
はポアンカレの補題によって求められている．このように考えると，各座標

近傍では "自明" に求められているコホモロジー類が M 全体でどのように
して貼り合わさっているかを調べることによって，多様体 M のド・ラーム
コホモロジーが記述されることが理解されるであろう．このように，局所的
に "自明" なものが貼り合わさる様子を記述する考え方（道具）に **チェック**
(Čech) **コホモロジー** と呼ばれるものがある．次項で調べるド・ラームの定理
の証明に，このチェックのコホモロジーを用いたものがあり非常に見通しの
よい議論をすることができる．さらに，このように局所的には自明なものを
貼り合わせて全体を記述するという考え方は，一般の **層** (sheaf) と呼ばれる
ものの根底にある考え方で重要である．

　しかし本書では，チェックのコホモロジーについては立ち入らず，なるべ
く初等的な議論に基づいてド・ラームの定理に証明を与えることにする．

3.3.5　ド・ラームの定理

　すでに指摘したように，微分形式を用いて定義するド・ラーム複体（式
(3.57) 参照）と単体的複体の（コ）ホモロジー（式 (3.54) 参照）は大変よく
似ている．そこで，多様体は適当な単体的複体が定義する図形 $|K|$ と同相に
なることを仮定し，両者の関係を調べよう（実は，可微分多様体一般につい
て三角形分割の存在が示される）．このとき一方で，K の定義する単体的複
体のコホモロジーが考えられ，他方で微分形式を用いてド・ラームのコホモ
ロジーが考えられるが，両者が等しいことを主張するのが **ド・ラームの定理**
である．ド・ラーム複体は微分形式を用いて定義されるので，微分演算とい
う可微分多様体の微分構造に依存した量であるように思われるが，ド・ラー
ムの定理はこれが三角形分割を通して定義される単体的複体のコホモロジー
に等しく，したがって微分構造には依存しない量（連続変形のもとで不変な
位相不変量）であることを主張するものである．

　以下では，多様体の三角形分割可能性についてはあまり立ち入らないで仮
定することにして，ド・ラームの定理の証明を与えよう．

a. C^∞ 三角形分割

　3.1.2 項で 2 つの多様体 N, M の間の C^∞ 写像 $\varphi : N \to M$ について考察
し，その微分 $\varphi_* : T_p N \to T_{\varphi(p)} M$ が定義された（定義 3.2）．写像 φ_* が単

射であり，かつ N と $\varphi(N)$ が可微分同相，すなわち $\varphi: N \to \varphi(N)$ が 1 対 1 上への C^∞ 写像であるとき $\varphi: N \to M$ を**埋め込み** (embedding) と呼んでいる.

　さて n 次元多様体 M について，それを n 次元単体的複体 K と同相写像 h によって $h: |K| \approx M$ と表すことを多様体の三角形分割と呼んだ. 以下では，このような多様体の三角形分割を仮定することにするが，任意の可微分多様体 M は $\mathbb{R}^{2n+1}$ の中に埋め込むことができるという結果（Whitney の埋め込み定理，Guillemin and Pollack (1998)，第 1 章 §8）を認めれば，その存在は納得できるであろう.

　さらに，三角形分割について次の性質をもつものを考えよう.

定義 3.20 n 次元多様体 M の n 次元単体的複体 K による三角形分割 $h: |K| \approx M$ について，同相写像 h の任意の n 単体 $|s|$ への制限 $h|_{|s|}: |s| \to M$ が，$|s|$ が決める n 次元平面内で $|s|$ のある開近傍 U まで拡張されて U から M への埋め込み写像を定義するとき，三角形分割を C^∞ 三角形分割と呼ぶ.

　このような条件が必要なのは，後に微分形式を単体上で積分することを考えるからである. 可微分多様体についてこのような C^∞ 三角形分割が存在することが知られている（文献，森田 (1996)，§3.1，定理 3.3）. この事実は，次の例から類推して認めることにしよう.

問 3.21 xy 平面上の単位円周を，それに外接する正三角形の辺と頂点が定義する単体的複体 K を用いて C^∞ 三角形分割せよ（各辺から，単位円周への C^∞ 埋め込み写像を作り，定義 3.20 の性質を調べよ）.

　さて，単体的複体 K についてそれの頂点 (0 単体) に名前を付けて $v_1, v_2, \cdots$ と表すことにしよう. また，K の m 単体 $(m > 0)|s|$ から境界上の点を除いた開単体を (s) と表し，0 単体については $|v| = (v)$ と約束しよう. このとき，$|K|$ 内の任意の点 x はどれか 1 つの開単体 (s_x) に含まれることになる. そこで，$|K|$ 上の関数 $b_j(x) = b_{v_j}(x)$ $(j = 1, 2, \cdots)$ を

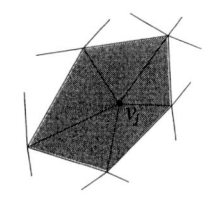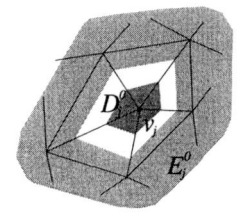

図 **3.6** 星状体 $St(v_j)$ (左) と閉集合 D_j^0, E_j^0 (右)

$$b_j(x) = \begin{cases} \text{点 } x \text{ の重心座標の } v_j \text{成分} & v_j \in |s_x| \text{ であるとき} \\ 0 & \text{その他のとき} \end{cases}$$

と定義し関数 $b_j(x)$ を頂点 v_j に関する**重心座標関数**と呼ぶ（重心座標については 3.3.1 項参照）.

また，各頂点 v_j に対して**星状体** $St(v_j)$ を v_j を頂点にもつ単体 $|s|$ に対する開単体 (s) の和集合と定義する．すなわち $St(v_j) = \bigcup_{v_j \in |s|} (s)$ とする．この定義をさらに一般の単体 $|t|$ に拡張して

$$St(|t|) = \bigcup_{|t| \prec |s|} (s) \tag{3.64}$$

と定義する．これは，単体 $|t|$ を面としてもつ単体 $|s|$ についてそれの開単体 (s) の和集合である．

n 次元多様体 M について，n 次元単体的複体 K が C^∞ 三角形分割 $h : |K| \approx M$ を与えているとき，$\{h(St(v_j))\}_{j=1,2,..}$ が M の開被覆を与えることは容易に理解されるであろう．以下でこの開被覆に従属する 1 の分割を構成しよう．そのために，$|K|$ 上で次の閉集合

$$D_j^0 = \{x \in |K| \mid b_j(x) \geq \frac{1}{n+1} \}$$
$$E_j^0 = \{x \in |K| \mid b_j(x) \leq \frac{1}{n+2} \}$$

を考えて，それぞれの h による像を $D_j = h(D_j^0)$, $E_j = h(E_j^0)$ と表す（図 3.6 参照）.

このとき，次の性質は定義から明らかであろう.

1) $D_j \subset h(St(v_j))$ 2) $M - h(St(v_j)) \subset E_j$ 3) $D_j \cap E_j = \phi$

命題 3.14

1) 各 j（頂点）について D_j 上では $f_j > 0$, E_j 上では $f_j = 0$ となる M 上の C^∞ 関数 f_j が存在する.

2) $\sum_{j=1,2,..} f_j > 0$ が成り立ち, $g_j = f_j/\sum_k f_k$ とすると $\{g_j\}_{j=1,2,..}$ は M の開被覆 $\{h(St(v_j))\}_{j=1,2,..}$ に従属する 1 の分割を与える.

証明） 1) について, たとえば $n = 1$ のとき, 1 つの頂点 v の星状体 $h(St(v))$ を実数軸上の開区間 $(-1,1)$ で表すことができる. $(-1,1)$ 上の関数

$$
f(x) = \begin{cases} e^{-1/(x-2/3)^2 - 1/(x+2/3)^2} & -2/3 < x < 2/3 \\ 0 & -1 < x \le -2/3, 2/3 \le x < 1 \end{cases}
$$

を星状体 $h(St(v))$ 上の関数と見なし, $M - h(St(v))$ 上で値 0 をとるようにすれば $f(x)$ は M 上の C^∞ 関数となり, 1) に述べる条件が満たされる. 一般の次元の場合も同様にして, 1) の条件を満たす関数を構成することができる（省略）.

各頂点に対して構成される関数 f_j について 2) の性質を調べる. $|K|$ の任意の点 x はどれか 1 つの開単体 (s) に含まれるので, この単体 (k 単体とする) を $|s| = |v_{j_0}, v_{j_1}, \cdots, v_{j_k}|$ と具体的に表す. このとき, 重心座標の性質から

$$
\sum_{i=0}^k b_{j_i}(x) = 1 \tag{3.65}
$$

が成り立つ. このことから, ある $j \in \{j_0, j_1, \cdots, j_k\}$ に対して $b_j(x) \ge 1/(n+1)$ が成り立っていなければならないことがわかる. なぜなら, すべての $j \in \{j_0, j_1, \cdots, j_k\}$ について $b_j(x) < 1/(n+1)$ であったとすると,

$$
\sum_{i=0}^k b_{j_i}(x) < \frac{k+1}{n+1} \le 1
$$

となって式 (3.65) に矛盾するからである. したがって, x はどれかの j について $b_j(x) \ge 1/n+1$ であり, D_j の定義から $h(x) \in D_j$ であることがわかる. したがって, (1) の性質から $\sum_j f_j(p) > 0$ がすべての $p \in M$ について成り立つ. f_j は $E_j \subset M - h(St(v_j))$ 上で 0 であるから, $g_j = f_j/\sum_k f_k$ が開被覆 $\{h(St(v_j))\}_{j=1,2,..}$ に従属する 1 の分割を与える. ☐

b. 微分形式の単体上の積分

多様体 M に C^∞ 三角形分割 $h: |K| \approx M$ が与えられているとき，k 次微分形式を k 単体上で積分することを考えよう．そこで，一方で $\omega \in \Omega^k(M)$ とし他方で $\langle s \rangle$ を K の向き付けられた k 単体としよう．写像 $h: |K| \to M$ を用いて ω の引き戻し $h^*\omega$ が得られるが，この引き戻しは C^∞ 三角形分割の定義から各 k 単体 $|s|$ が決める k 次元面 H の中で，$|s|$ を含む開集合 U 上で定義される．H の向き（座標の順番）を単体 $\langle s \rangle$ の向きに合わせてとることにして，ω の k 単体 $\langle s \rangle$ 上の積分を

$$\int_{\langle s \rangle} \omega = \int_{|s|} h^*\omega \tag{3.66}$$

によって定義しよう（次の例題 3.5 参照）．さらに，この定義を線形に拡張すれば鎖群 $C_k(K, \mathbb{R})$ の元 $c_1\langle s_1 \rangle + \cdots + c_l\langle s_l \rangle$ に対しても積分が定義される．

例題 3.5　（単体上の積分）　$k = 3$ の場合に，三次微分形式 ω について向き付けられた単体 $\langle s \rangle$ 上の積分を定義にしたがって具体的に書き下してみよ．また，ストークスの定理

$$\int_{\langle s \rangle} d\tau = \int_{\partial \langle s \rangle} \tau \tag{3.67}$$

を確かめよ．

解）　3 単体 $|s| = |a_0 a_1 a_2 a_3|$ が

$$\{t_0 a_0 + t_1 a_1 + t_2 a_2 + t_3 a_3 \mid t_0 + t_1 + t_2 + t_3 = 1, t_0, t_1, t_2, t_3 \geq 0\}$$

と書かれているとしよう．$|s|$ の向き付け $\langle a_0 a_1 a_2 a_3 \rangle$ に対して $|s|$ を含む "平面" に順序基底 $a_1 - a_0$，$a_2 - a_0$，$a_3 - a_0$ を入れて（右手系を定めて）"平面" の向きとする．$|s|$ 内点は $t_0 a_0 + t_1 a_1 + t_2 a_2 + t_3 a_3 = t_1(a_1 - a_0) + t_2(a_2 - a_0) + t_3(a_3 - a_0) + a_0$　$(0 \leq t_1 + t_2 + t_3 \leq 1,\ 0 \leq t_1, t_2, t_3)$ と表されるので t_1，t_2，t_3 が順序基底に対する座標となる．M 上の 3 次の微分形式 ω を引き戻すと $|s|$ 上の関数 $f(t_1, t_2, t_3)$ を用いて $h^*\omega = f(t_1, t_2, t_3)dt_1 \wedge dt_2 \wedge dt_3$ と表される．このとき $\langle s \rangle$ 上での ω の積分は式 (3.66) にしたがって解析学での重積

分を用いて

$$\int_{\langle s \rangle} \omega = \int_{0 \le t_1+t_2+t_3 \le 1, 0 \le t_1,t_2,t_3} f(t_1,t_2,t_3)dt_1dt_2dt_3$$

と定義される. さらに, $\omega = d\tau$ と書かれる場合 $h^*\tau = c_1(t_1,t_2,t_3)dt_2 \wedge dt_3 + c_2(t_1,t_2,t_3)dt_3 \wedge dt_1 + c_3(t_1,t_2,t_3)dt_1 \wedge dt_2$ と書くと $h^*\omega = \{\partial c_1/\partial t_1 + \partial c_2/\partial t_2 + \partial c_3/\partial t_3\}dt_1 \wedge dt_2 \wedge dt_3$ と書かれる. 簡単のため $c_2 = c_3 = 0$ の特別な場合 ω の積分を実行すると

$$\begin{aligned}
\int_{\langle s \rangle} \omega &= \int_{0 \le t_1+t_2+t_3 \le 1, 0 \le t_1,t_2,t_3} \frac{\partial}{\partial t_1} c_1(t_1,t_2,t_3)dt_1dt_2dt_3 \\
&= \int_{0 \le t_2+t_3 \le 1, 0 \le t_2,t_3} c_1(1 - t_2 - t_3, t_2, t_3)dt_2dt_3 \\
&\quad - \int_{0 \le t_2+t_3 \le 1, 0 \le t_2,t_3} c_1(0, t_2, t_3)dt_2dt_3 \\
&= \int_{\langle a_1 a_2 a_3 \rangle} \tau - \int_{\langle a_0 a_2 a_3 \rangle} \tau
\end{aligned}$$

と計算される. $c_2, c_3 \neq 0$ の一般の場合にも同様な計算によって, 単体上の積分に関するストークスの定理 (式 (3.67) 参照) が成り立つことが確かめられる.   □

さて, この微分形式の積分を用いて写像

$$\Phi_k : \Omega^k_{DR}(M) \to C^k(K, \mathbb{R})$$

を, k 次微分形式 ω に対し単体的複体の双対鎖 $\Phi_k(\omega)$ を対応させる写像としよう. より具体的に書けば, 双対鎖 $\Phi_k(\omega)$ を, $c_1\langle s_1 \rangle + \cdots + c_l\langle s_l \rangle \in C_k(K, \mathbb{R})$ に対して,

$$\Phi_k(\omega)(c_1\langle s_1 \rangle + \cdots + c_l\langle s_l \rangle) = c_1 \int_{\langle s_1 \rangle} \omega + \cdots + c_l \int_{\langle s_l \rangle} \omega$$

の値をとる線形写像として定める.

命題 3.15 線形写像 $\Phi_k : \Omega_{DR}^k(M) \to C^k(K, \mathbb{R})$ について

$$\Phi_k \circ d = \partial^* \circ \Phi_{k-1} \quad (k \geq 1) \tag{3.68}$$

が成り立ち，Φ_k はコホモロジー群の間の写像

$$\Phi_k : H_{DR}^k(M) \to H^k(K, \mathbb{R}) \tag{3.69}$$

を誘導する.

証明） 前半はストークスの定理である．実際，任意の $k-1$ 形式について

$$\Phi_k(d\tau)(\langle s \rangle) = \int_{\langle s \rangle} d\tau = \int_{\partial \langle s \rangle} \tau = \Phi_{k-1}(\tau)(\partial \langle s \rangle) = (\partial^* \Phi_{k-1}(\tau))(\langle s \rangle)$$

が成り立つ.

さて，$H_{DR}^k(M)$ に含まれるコホモロジー類 $[\omega] = w + dB^{k-1}(M)$ について式 (3.68) を用いると

$$\Phi_k(w + dB^{k-1}(M)) = \Phi_k(w) + \partial^* \{\Phi^{k-1}(B^{k-1}(M))\}$$

となるから，線形写像 $\Phi_k : H_{DR}^k(M) \to H^k(K, \mathbb{R})$ が $\Phi_k([w]) = [\Phi_k(w)]$ とすることによって定められることがわかる. □

問 3.22 2つのコチェイン複体 $(C^*, d), (D^*, d')$ が与えられたとき，線形写像 $f_k : C^k \to D^k$ で $f_k \circ d = d' \circ f_{k-1}$ が満たされるとき，f_k は**コチェイン写像** (co-chain map) と呼ばれる．コチェイン写像はコホモロジー上の線形写像 $f_k : H^k(C, d) \to H^k(D, d')$ を誘導することを示せ.

ド・ラームの定理は線形写像 Φ_k が同型写像であることを主張するものである.

定理 3.8 （**ド・ラーム (de Rham) の定理**） C^∞ 三角形分割 $h : |K| \approx M$ が与えられた多様体について，線形写像 Φ_k は同型写像である，

$$\Phi_k : H_{DR}^k(M) \cong H^k(K, \mathbb{R})$$

以下で，Φ_k の逆写像 $\Psi_k : H^k(K, \mathbb{R}) \to H^k_{DR}(M)$ をあからさまに作ることによって定理の証明を与えよう．そこで，p.170 にならって単体的複体の頂点を $v_1, v_2, \cdots$ と名付けることにする．向き付けられた k 単体 $\langle s \rangle = \langle v_{j_0}, v_{j_1}, \cdots, v_{j_k} \rangle$ についてその双対な元を $\varphi_{\langle s \rangle} \in C^k(K)$ とする．このとき，$\varphi_{\langle s \rangle}$ に対して $\Omega^k_{DR}(M)$ の元を次のように対応させる，

$$\varphi_{\langle v_{j_0}, v_{j_1}, \cdots, v_{j_k} \rangle} \mapsto k! \sum_{i=0}^{k} (-1)^i g_{j_i} dg_{j_0} \wedge \cdots \wedge \hat{dg_{j_i}} \wedge \cdots \wedge dg_{j_k} \qquad (3.70)$$

ここで，$\{g_j\}_{j=1,2,..}$ は命題 3.14 で構成された M の開被覆 $\{h(St(v_j))\}_{j=1,2,..}$ に従属する 1 の分割である．

定義 3.21　式 (3.70) を線形に拡張することによって線形写像

$$\Psi_k : C^k(K, \mathbb{R}) \to \Omega^k_{DR}(M) \qquad (3.71)$$

を定める．

　写像 Φ_k のときと同様に，線形写像 Ψ_k がコチェイン写像となり，したがってコホモロジー上の線形写像を誘導することが示される．その準備として，次を示そう．

補題 3.2　頂点 v_l と $v_{j_0}, v_{j_1}, \cdots, v_{j_k}$ が $k+1$ 単体を作らないとき

$$g_l dg_{j_0} \wedge \cdots \wedge dg_{j_k} = 0$$

証明)　$\{g_j\}$ は M の開被覆 $\{h(St(v_j))\}$ に従属する 1 の分割であるから，各 j について $\mathrm{supp}(g_j)$ （したがって $\mathrm{supp}(dg_j)$）は $h(St(v_j))$ に含まれる．星状体の定義から v_l と $v_{j_0}, v_{j_1}, \cdots, v_{j_k}$ が $k+1$ 単体と作らないならば，$h(St(v_l)) \cap h(St(v_{j_0})) \cap \cdots \cap h(St(v_{j_k})) = \phi$ となるから等式が得られる．

$\square$

命題 3.16 線形写像 $\Psi_k : C^k(K, \mathbb{R}) \to \Omega_{DR}^k(M)$ について

$$d \circ \Psi_k = \Psi_{k+1} \circ \partial^* \tag{3.72}$$

が成り立ち，Ψ_k はコホモロジー群の間の写像

$$\Psi_k : H^k(K, \mathbb{R}) \to H_{DR}^k(M) \tag{3.73}$$

を誘導する．

証明） 後半は命題 3.15 と同じなので前半の性質（チェイン写像であること）を示す．Ψ_k の線形性から，向き付けられた k 単体 $\langle s \rangle = \langle v_{j_0} v_{j_1} \cdots v_{j_k} \rangle$ に双対な元 $\varphi_{\langle s \rangle}$ について式 (3.72) を示せばよい．そこで，定義 (3.70) によって

$$d \circ \Psi_k(\varphi_{\langle s \rangle}) = (k+1)! dg_{j_0} \wedge dg_{j_1} \wedge \cdots \wedge dg_{j_k}$$

と計算される．一方で，命題 3.13 を用いると

$$\Psi_{k+1} \circ \partial^*(\varphi_{\langle s \rangle}) = \Psi_{k+1}\Big(\sum_{v_l}{}' \varphi_{\langle v_l v_{j_0} v_{j_1} \cdots v_{j_k}\rangle}\Big)$$
$$= \sum_{v_l}{}' (k+1)! \Big(g_l dg_{j_0} \wedge \cdots \wedge dg_{j_k}$$
$$+ \sum_{i=0}^k (-1)^{i+1} g_{j_i} dg_l \wedge dg_{j_0} \wedge \cdots \wedge d\hat{g}_{j_i} \wedge \cdots dg_{j_k}\Big)$$

と計算される．ここで現れる頂点に関する和 $\sum_{v_l}{}'$ は単体 $|v_l v_{j_0} v_{j_1} \cdots v_{j_k}|$ が複体 K に含まれるような頂点 v_l についての和であるが，補題 3.2 によって，すべての頂点にわたる和 $\sum_{v_l}$ に置き換えてよいことがわかる．このとき $\sum_{v_l} g_l = 1$ であるから右辺第 2 項は零となり，結局

$$\Psi_{k+1} \circ \partial^*(\varphi_{\langle s \rangle}) = (k+1)! dg_{j_0} \wedge \cdots \wedge dg_{j_k}$$

と計算され示すべき等式 (3.72) が得られる． $\square$

さて，以上の準備のもとに順に写像 $\Phi_k : H_{DR}^k(M) \to H^k(K, \mathbb{R})$ の全射性と単射性を順に示そう．

c. Φ_k の全射性

線形写像 Φ_k が全射であることは，Ψ_k が右逆写像を与えること；$\Phi_k \circ \Psi_k =$ id_k (id_k は $H^k(K, \mathbb{R})$ の恒等写像) を示せばよい．実際，このとき任意の元 $y \in H^k(K, \mathbb{R})$ は $y = \mathrm{id}_k(y) = \Phi_k(\Psi_k(y))$ と表されるからである．

命題 3.17 式 (3.69) および (3.73) で定義される Φ_k, Ψ_k について

$$\Phi_k \circ \Psi_k = \mathrm{id}_k \tag{3.74}$$

が成り立ち，$\Phi_k : H^k_{DR}(M) \to H^k(K, \mathbb{R})$ は全射である．

証明) k について帰納法で証明する．$k = 0$ のとき，$C^0(K, \mathbb{R})$ の基底は $\varphi_{\langle v_j \rangle}$ ($j = 1, 2, \cdots$) で与えられる．このとき定義から，$\Phi_0 \circ \Psi_0(\varphi_{\langle v_j \rangle}) =$ $\Phi_0(g_j) \in C^0(K, \mathbb{R})$ と計算されるので，

$$\{\Phi_0 \circ \Psi_0(\varphi_{\langle v_j \rangle})\}(\langle v_l \rangle) = \Phi_0(g_j)(\langle v_l \rangle) = \int_{\langle v_l \rangle} g_j = g_j(h(v_l))$$

ここで，頂点 v_l は $St(v_j)(j = 1, 2, \cdots)$ の内 $St(v_l)$ にのみ含まれ，$\{g_j\}_{j=1,2,..}$ が $\{h(St(v_j))\}_{j=1,2,..}$ に従属する 1 の分割であることを用いると，$1 =$ $\sum_j g_j(h(v_l)) = g_l(h(v_l))$ となり $g_j(h(v_l)) = \delta_{jl}$ （クロネッカーのデルタ記号）であることがわかる．他方で双対基底の定義から，$\varphi_{\langle v_j \rangle}(\langle v_l \rangle) = \delta_{jl}$ であるので，

$$\{\Phi_0 \circ \Psi_0(\varphi_{\langle v_j \rangle})\}(\langle v_l \rangle) = \delta_{jl} = \varphi_{\langle v_j \rangle}(\langle v_l \rangle) \tag{3.75}$$

であることがわかり，$\Phi_0 \circ \Psi_0(\varphi_{\langle v_j \rangle}) = \varphi_{\langle v_j \rangle}$ が結論される．

式 (3.74) が $k - 1$ について成り立つとして k の場合を考える．双対鎖群 $C^k(K, \mathbb{R})$ の基底 $\varphi_{\langle s \rangle}$ の定義関係式 (3.51) をまとめて簡単に

$$\varphi_{\langle s \rangle}(\langle t \rangle) = \delta_{\langle s \rangle \langle t \rangle}$$

表すことにしよう．すなわち，$|s| = |t|$ であるとき $\delta_{\langle s \rangle \langle t \rangle} = \pm 1$ として符号は $\langle s \rangle, \langle t \rangle$ の符号が一致するときに 1 をとり，そうでないとき -1 をとるものとする．また，$|s| \neq |t|$ であるときには値 0 をとるものとする．この了解

のもとで, 式 (3.75) に対応して

$$\{\Phi_k \circ \Psi_k(\varphi_{\langle s \rangle})\}(\langle t \rangle) = \int_{\langle t \rangle} \Psi_k(\varphi_{\langle s \rangle}) = \delta_{\langle s \rangle \langle t \rangle} \tag{3.76}$$

が成り立つことが示されればよい.

- $\langle s \rangle \neq \pm \langle t \rangle$ のとき. このとき, k 次微分形式 $\Psi_k(\varphi_{\langle s \rangle})$ の台は定義式 (3.70) によって $\mathrm{supp}(\Psi_k(\varphi_{\langle s \rangle})) \subset h(St(|s|))$ であることがわかるので, $\langle s \rangle \neq \pm \langle t \rangle$ である $\langle t \rangle$ に対しては, その積分は零となる.

- $\langle s \rangle = \langle t \rangle$ のとき. 具体的に $\langle s \rangle = \langle v_{j_0} v_{j_1} \cdots v_{j_k} \rangle$ と表し, $\langle r \rangle = \langle v_{j_1} \cdots v_{j_k} \rangle$ と定義する. このとき, $\partial^* \varphi_{\langle r \rangle}$ について命題 3.13 を用いると $\partial^* \varphi_{\langle r \rangle} = \sum_v {}' \varphi_{\langle v v_{j_1} \cdots v_{j_k} \rangle}$ と書かれ, 右辺に $\varphi_{\langle s \rangle}$ が現れるが, これを

$$\varphi_{\langle s \rangle} = \partial^* \varphi_{\langle r \rangle} - \sum_{\langle t \rangle \neq \langle s \rangle} {}' \varphi_{\langle t \rangle}$$

と表す. ストークスの定理を用いると,

$$
\begin{aligned}
\int_{\langle s \rangle} \Psi_k(\varphi_{\langle s \rangle}) &= \int_{\langle s \rangle} \Psi_k \Big(\partial^* \varphi_{\langle r \rangle} - \sum_{\langle t \rangle \neq \langle s \rangle} {}' \varphi_{\langle t \rangle}\Big) \\
&= \int_{\partial \langle s \rangle} \Psi_{k-1}(\varphi_{\langle r \rangle}) = \int_{\langle r \rangle} \Psi_{k-1}(\varphi_{\langle r \rangle}) \\
&= \Phi_{k-1}\big(\Psi_{k-1}(\varphi_{\langle r \rangle})\big)(\langle r \rangle) = 1
\end{aligned}
$$

と計算される. ここで, 最後の等式では帰納法の仮定, $k-1$ に対して, 式 (3.76) が成り立つことを用いた.

以上によって式 (3.76) が示された. □

d. 写像 Φ_k の単射性

最後に残された単射性の証明を行う. 線形写像 $\Phi_k : H_{DR}^k(M) \to H^k(K, \mathbb{R})$ の単射性は, コチェイン写像 $\Phi_k : \Omega_{DR}^k(M) \to C^k(K, \mathbb{R})$ に関して次の性質が満たされることである.

命題 3.18　k 次閉形式 ω について，$\Phi_k(\omega) = \partial^* c$ $(c \in C^{k-1}(K, \mathbb{R}))$ と書かれるとき，ある $k-1$ 次微分形式 $\tau \in \Omega_{DR}^{k-1}(M)$ が存在して

$$\Phi_{k-1}(\tau) = c, \qquad d\tau = \omega$$

と表される．

以前に調べたように，コチェイン写像はコホモロジー群上の線形写像 $\Phi_k : H_{DR}^k(M) \to H^k(K, \mathbb{R})$ を誘導した．この命題はコホモロジー群で見るとき，$[\Phi_k(\omega)] = 0$ であるとき $[\omega] = 0$ を主張し，したがって Φ_k の単射性を主張するものである．命題の証明のために次の補題を準備する．補題を述べるに当たって，k 次微分形式 ω の l 単体 $\langle s \rangle$ 上を

$$\int_{\langle s \rangle} \omega = \begin{cases} \int_{|s|} h^* \omega & l = k \text{ のとき} \\ 0 & l \neq k \text{ のとき} \end{cases} \tag{3.77}$$

と定義して式 (3.66) を拡張しておくと便利である．また，ここでは記号の煩雑さを避けるために，単体 $|s|$ とそれの C^∞ 三角形分割 $h : |K| \approx M$ による像 $h(|s|)$ を同一視することにして毎回 $h(..)$ を書かないで省略することにする．

補題 3.3　$l(\geq 1)$ 単体 $\langle s \rangle$ について，$|s|$ の開近傍を $U(|s|)$，$|s|$ の $l-1$ 次元面（たち）の開近傍（の和集合）を $U(|s|_{l-1})$ と表す．このとき，k 次微分形式 ω $(0 \leq k \leq \dim|K|)$ について，

- (A_k) k 次微分形式 ω が開集合 $U(|s|_{l-1})$ 上で定義される閉形式であり，かつ条件 $\int_{\partial\langle s \rangle} \omega = 0$ を満たすならば，$U(|s|)$ 上の閉形式で $U(|s|_{l-1})$ 上で ω と一致する k 次閉形式 $\bar{\omega}$ が存在する．
- (B_k) k 次微分形式 ω が $U(|s|)$ 上で閉形式であり，$U(|s|_{l-1})$ 上で（その上で定義された）$k-1$ 次微分形式 τ によって $\omega = d\tau$ と書かれ $\int_{\langle s \rangle} \omega = \int_{\partial\langle s \rangle} \tau$ が満たされるならば，τ の定義域を $U(|s|)$ まで拡げて $\omega = d\tau$ と表すことができる．

証明）

- (A_0) ($k = 0$ のときの前半の主張) 0 形式 ω が $U(|s|_{l-1})$ 上で $d\omega = 0$ で あるとする. $l > 1$ ならば ω は $U(|s|_{l-1})$ 上で定数 ($= a$ とする) であり, 条件 $\int_{\partial\langle s\rangle} w = 0$ は自明であるから, $\bar{\omega} = a$ とすればよい. $l = 1$ のとき は, $U(|s|_{l-1})$ が 2 つの連結成分からなり, ω はそれぞれで定数 a_0, a_1 を とることができる. しかし, 条件 $\int_{\partial\langle s\rangle} \omega = 0$ から $a_1 - a_0 = 0$ であるの で, やはり $\bar{\omega} = a_0 = a_1$ とすればよい.

- (B_1) ($k = 1$ のときの後半の主張) 一次微分形式 ω が $U(|s|)$ 上で $d\omega = 0$ を満たすとき, ポアンカレの補題 (式 (3.62) 参照) によって $U(|s|)$ 上で 定義される関数 τ_0 によって $\omega = d\tau_0$ と書かれる. いま, $U(|s|_{l-1})$ 上で $\omega = d\tau$ と書かれているとすると, $U(|s|_{l-1})$ 上で $d(\tau - \tau_0) = 0$ であり, また (B_1) の仮定により $\int_{\partial\langle s\rangle}(\tau_0 - \tau) = \int_{\langle s\rangle} \omega - \int_{\partial\langle s\rangle} \tau = 0$ が成り立つ. したがって $\tau_0 - \tau$ について (A_0) が適用されて, $U(|s|)$ 上の零次閉形式 μ であって $U(|s|_{l-1})$ 上では $\tau - \tau_0 = \mu$ となるものが存在する. したがっ て τ の定義域は $U(|s|)$ 上に拡げられて, かつ $\omega = d\tau = d(\tau_0 + \mu)$ と書 かれる.

- (B_k) が成り立つとき (A_k) を示す. ω が和集合 $|s|_{l-1}$ のある開近傍 $U_0(|s|_{l-1})$ 上閉形式でさらに $\int_{\partial\langle s\rangle} \omega = 0$ を満たしているとする. $l - 1$ 次元面の和集合 $|s|_{l-1}$ からどれか 1 つの面 $|t|$ を除いた集合を $|\tilde{s}|_{l-1}$ と 表し, その開近傍を $U_0(|\tilde{s}|_{l-1})$ と表す. $U_0(|\tilde{s}|_{l-1})$ は可縮となるように とれるので, ポアンカレの補題によって, $U_0(|\tilde{s}|_{l-1})$ 上で $\omega = d\mu$ と表 す $k - 1$ 微分形式が存在する. 1 つ除いた $l - 1$ 次元面 $|t|$ の $l - 2$ 次元 面の開近傍を $U(|t|_{l-2})$ と表す. k 形式 ω は $U_0(|\tilde{s}|_{l-1}) \cap U(|t|_{l-2})$ 上で $\omega = d\mu$ と表され, さらに仮定より $\int_{\partial\langle s\rangle} \omega = 0$ であるから

$$\int_{\langle t\rangle} \omega = \int_{\langle t\rangle - \partial\langle s\rangle} \omega = \int_{\langle t\rangle - \partial\langle s\rangle} d\mu = \int_{\partial\langle t\rangle} \mu$$

が成り立つ. そこで, (B_k) を単体 $\langle t\rangle$ に対して用いると $U(|t|)$ 上で定義 される $k - 1$ 形式 μ' で $U_0(|\tilde{s}|_{l-1}) \cap U(|t|_{l-2})$ 上で $\mu = \mu'$ となるものが存 在することがわかる. したがって, $U_0(|\tilde{s}|_{l-1})$ 上で定義されている μ と $U(|t|)$ 上で定義されている μ' を貼り合わせて, $U_0(|s|_{l-1})$ 上で $k - 1$ 形

式 $\bar{\mu}$ を定義することができる. 作り方から, この $\bar{\mu}$ について $U_0(|s|_{l-1})$ 上で $\omega = d\bar{\mu}$ が成り立つ. $U_0(|s|_{l-1})$ に含まれる適当な開集合 $U(|s|_{l-1})$ 上で値 1 をとり, $U(|s|) - U_0(|s|_{l-1})$ 上では値 0 をとる $U(|s|)$ 上の C^∞ 関数 f を作ることができるので, これを用いて $U(|s|)$ 上の k 次微分形式を $\bar{\omega} = d(f\bar{\mu})$ とするとこれは $U(|s|_{l-1})$ 上で ω と一致する $U(|s|)$ 上の閉形式となる. これが (A_k) が主張する k 次微分形式を与える.

- (A_k) が成り立つとき (B_{k+1}) を示す. $k+1$ 次微分形式 ω が $U(|s|)$ 上で閉形式で, $U(|s|_{l-1})$ で $\omega = d\tau$ と書かれ, $\int_{\langle s \rangle} \omega = \int_{\partial \langle s \rangle} \tau$ が成り立っているとする. ω は $U(|s|)$ 上で閉形式であるのでポアンカレの補題によって $\omega = d\tau_1$ と書かれる. したがって, $U(|s|_{l-1})$ 上で $d(\tau - \tau_1) = 0$ と書かれ, また仮定より k 次微分形式 $\tau - \tau_1$ について $\int_{\partial \langle s \rangle}(\tau - \tau_1) = \int_{\langle s \rangle} \omega - \int_{\langle s \rangle} d\tau_1 = 0$ が成り立つ. ここで, すでに上で示された (A_k) を用いれば, $U(|s|_{l-1})$ で $\tau - \tau_1$ に一致する $U(|s|)$ 上の k 次閉形式 $\bar{\tau}$ が存在する. これによって $\tau = \tau_1 + \bar{\tau}$ とすれば $U(|s|_{l-1})$ 上定義された τ が $U(|s|)$ 上の k 次微分形式 τ で $d\tau = \omega$ を満たすものに拡張されたことになる.

以上によって帰納法が完結する.   □

さて, 命題 3.18 の証明を与えることができる.

命題 3.18 の証明) 単体的複体 K の中で, m 単体の成す部分集合を $K^{(m)}$ と表すことにし, $K = K^{(0)} \cup K^{(1)} \cup \cdots \cup K^{(n)}$ と表す. $|K| \simeq M$ 上の k 次閉形式 ω について $\Phi_k(\omega) = \partial^* c$ であるとき, $\Phi_{k-1}(\tau) = c$ を満たす $k-1$ 形式 $\tau := \tau_n$ を次のような各 $|K^{(l)}|$ の開近傍で定義される $k-1$ 形式の系列 $\{\tau_l\} = \{\tau_0, \tau_1, \cdots \tau_n\}$ として順に構成しよう (k および ω は固定して考える).

1) τ_l は $|K^{(l)}|$ のある開近傍 $U(|K^{(l)}|)$ 上で定義される $k-1$ 形式
2) $U(|K^{(l)}|)$ 上で $\omega = d\tau_l$ と表される
3) $U(|K^{(l-1)}|)$ 上で $\tau_{l-1} = \tau_l$ が成り立つ
4) $l \geq k$ については $\quad \Phi_{k-1}(\tau_{l-1}) = c$

- $l = 0$ のとき, $|K^{(0)}|$ は頂点の集合で, その開近傍としてそれぞれの頂

点のまわりの開円板でかつ互いに交わりをもたないものをとることができる（これらの和集合を $U(|K^{(0)}|)$ にとる）．このときポアンカレの補題から閉形式 ω について $U(|K^{(0)}|)$ 上で $\omega = d\tau'_0$ とする $k-1$ 形式 τ'_0 が存在する．$k-1 \neq 0$ であるならば，$\tau_0 = \tau'_0$ とする．また，$k-1 = 0$ であるならば $k-1 = 0$ 形式を，各頂点のまわりの開円板上での定数関数 C_j で $C_j(v_l) = \delta_{jl}$ なるものを用いて

$$\tau_0 = \tau'_0 + \sum_j \{c(\langle v_j \rangle) - \tau'_0(\langle v_j \rangle)\} C_j$$

とすると，$\Phi_{k-1}(\tau_0) = c$ が満たされる；

$$\Phi_{k-1}(\tau_0)(\langle v_l \rangle) = \int_{\langle v_l \rangle} \tau_0 = \tau_0(\langle v_l \rangle) = c(\langle v_l \rangle)$$

- $l = m-1$ まで 1)～4) の性質を満たす $\tau_0, \cdots, \tau_{m-1}$ が得られたとして $l = m$ の場合を考える．このとき $U(|K^{(m-1)}|)$ 上で定義された $k-1$ 形式 τ_{m-1} で $\omega = d\tau_{m-1}$ と書かれ，τ_{m-1} の $U(|K^{(i)}|)$ への制限が τ_i $(i = 0, 1, .., m-1)$ を与えるようになっている．さらに，$m \geq k$ ならば仮定より $\Phi_{k-1}(\tau_{m-1}) = c$ が満たされている．したがって，各 m 単体 $\langle s \rangle$ について，その $m-1$ 次元面の開近傍 $U(|s|_{m-1})$ で $\omega = d\tau_{m-1}$ と書かれ，

$$\int_{\langle s \rangle} \omega = \{\Phi_k(\omega)\}(\langle s \rangle) = \partial^* c(\langle s \rangle)$$

$$= c(\partial \langle s \rangle) = \Phi_{k-1}(\tau_{m-1})(\partial \langle s \rangle) = \int_{\partial \langle s \rangle} \tau_{m-1}$$

が成り立っている．上の等式は，$m < k$ のときも式 (3.77) の約束から $0 = 0$ という自明な形で成り立っていると理解する．よって補題 3.3 (B_k) の仮定が満たされることがわかるので，各 m 単体 $U(|s|)$ 上で $\omega = d\tau'_m$ と表し $U(|s|_{m-1})$ 上では τ_{m-1} に一致する $k-1$ 形式が存在する．すなわち τ_{m-1} の定義域が $U(|K^{(m)}|)$ 上まで延長されたことになる．このとき，$m \geq k$ ならば，$\Phi_{k-1}(\tau_{m-1}) = c$ がすでに満たされているので $\tau_m = \tau'_m$ とする．$m < k$ で $m \neq k-1$ のときも $\tau = \tau'$ とする．$m = k-1$ のと

きは,

$$\tau_m = \tau'_m + \Psi_{k-1}(c - \Phi_{k-1}(\tau'_m)) \tag{3.78}$$

と定めると，写像 Ψ_{k-1} の定義から $\mathrm{supp}(\Psi_{k-1})$ は $|K^{(k-1)}| = |K^{(m)}|$ の開集合に含まれるので，τ_m と τ'_m は $U(|K^{(m-1)}|)$ 上で一致する（そのような開近傍 $U(|K^{(m-1)}|)$ をとることができる）．さらに，このとき

$$\Phi_{k-1}(\tau_m) = \Phi_{k-1}(\tau'_m) + \Phi_{k-1} \circ \Psi_{k-1}(c - \Phi_{k-1}(\tau'_m)) = c$$

が成り立つうえに

$$\begin{aligned}
d\tau_m &= d\tau'_m + d\Psi_{k-1}(c - \Phi_{k-1}(\tau'_m)) \\
&= d\tau'_m + \Psi_k(\partial^* c - \Phi_k(d\tau'_m)) = d\tau'_m
\end{aligned}$$

であることが確かめられる（したがって，$d\tau_m = \omega$）．以上によって，$l = m$ まで 1)~4) の性質をもった $k-1$ 次微分形式 $\tau_0, \tau_1, \cdots, \tau_m$ が構成されることになる．この操作を $l = n$ となるまで繰り返せば性質 1)~4) を満たす $\tau_0, \cdots, \tau_n$ が得られる．

こうして得られる $k-1$ 形式 $\tau = \tau_n$ は $\omega = d\tau$ かつ $\Phi_{k-1}(\tau) = c$ を満たし命題 3.18 が示されたことになる．   □

全射性（p.178）と命題 3.18 を合わせて，ド・ラームの定理（定理 3.8）の証明が完結する．

こうして C^∞ 三角形分割 $h : |K| \approx M$ に関する 2 つのコホモロジー，単体的複体のコホモロジーとド・ラームのコホモロジー，が等しい（同型）であることが示された．特に，第 2 章で扱った曲面の例からもわかるように多様体の C^∞ 三角形分割はいく通りもあるが，どの C^∞ 三角形分割に関しても対応する単体的複体のコホモロジーは同型になり，したがって，それから定義されるオイラー数などは一定であることが結論される．

位相幾何学では，単体的複体 K に関する（コ）ホモロジー群は対応する図形（多面体）$|K|$ に関する位相不変量であることが知られている．図形にあいている穴の数などは図形の連続的な変形の下で不変な性質で典型的な位相不変量であるが，このような性質を数式で表現することは，それほど容易

なことではない. 単体的複体の（コ）ホモロジー群はその 1 つの手段を与えるものであるが, 多様体の C^∞ 三角形分割に関して成り立つド・ラームの定理は, そこで捉えられる位相不変量が微分形式を使って具体的に表現されることを主張するものである.

章 末 問 題

1 　$\varphi : M \to M'$ が微分同相であるとき, M 上のベクトル場 $X \in \mathfrak{X}(M)$ に対して, M' 上のベクトル場 $\varphi_* X \in \mathfrak{X}(M')$ を $(\varphi_* X)_{\varphi(p)} = \varphi_* X_p$ によって定める. このとき $\varphi_* X$ は自然に C^∞ ベクトル場 $(\varphi_* X \in C^\infty(M'))$ となり, さらに

$$[\varphi_* X, \varphi_* Y] = \varphi_* [X, Y] \quad (X, Y \in \mathfrak{X}(M))$$

が成立することを示せ.

2 　$X \in \mathfrak{X}(M)$ をベクトル場とし, φ_t を X の一径数局所変換とする. 座標近傍 $(U, \phi; u^1, \cdots, u^n)$ を用いるとこれらは具体的に, $X = \sum_i \xi^i (\partial/\partial u^i)$, $\phi(\varphi_t(p)) = (u^1(t, p), \cdots, u^n(t, p))$ と書くことができる. このとき,

1) $du^i(t, p)/dt = \xi^i(p)$ であることを示せ.

2) 一般の (r, s) テンソル, たとえば $(1, 2)$ テンソル $T = \sum_{i,j,k} T^k_{ij} (\partial/\partial u^k) \otimes du^i \otimes du^j$ のリー微分を

$$\mathcal{L}_X T = \sum_{i,j,k} \frac{d}{dt} \left\{ T^k_{ij} \left(\frac{\partial}{\partial u^k(t, p)} \right) \otimes du^i(t, p) \otimes du^j(t, p) \right\} \Big|_{t=0}$$

によって定義する. この定義が, $(1, 0)$ テンソルまたは $(0, 1)$ テンソルの場合リー微分の定義式 (3.9), (3.34) に一致することを確かめ, 右辺が局所座標近傍によらないで定義されていることを示せ.

3) 2) のリー微分の係数を $\mathcal{L}_X T = \sum_{i,j,k} (\mathcal{L}_X T^k_{ij}) (\partial/\partial u^k) \otimes du^i \otimes du^j$ によって定義する. M がリーマン多様体であるとき

$$\mathcal{L}_X T^k_{ij} = \sum_l \left(\xi^l \nabla_l T^k_{ij} + (\nabla_i \xi^l) T^k_{lj} + (\nabla_j \xi^l) T^k_{il} - (\nabla_l \xi^k) T^l_{ij} \right)$$

と書かれることを示せ.

3　C^∞ 写像 $\varphi : M \to M'$ は引き戻し写像 $\varphi^* : \Omega^k(M') \to \Omega^k(M)$ を定める．φ^* はド・ラームのコホモロジー上の写像 $\bar{\varphi}^* : H^k_{DR}(M') \to H^k_{DR}(M)$ を定めることを示せ．

4　$\mathbb{R}^3$ から原点を除いた所で定義される微分形式

$$\omega = \frac{1}{(x^2 + y^2 + z^2)^{\frac{3}{2}}} (xdy \wedge dz + ydz \wedge dx + zdx \wedge dy)$$

のついてこれが閉形式であることを示せ．また，ω は完全形式であるか．

5　1) n 次元多様体 M が向き付け可能であることと，M 上すべての点で 0 にならない n 次微分形式が存在することは同値であることを示せ．向き付け可能な多様体のこのような n 次微分形式を**体積要素** (volume element) という．

2) 向き付け可能な，コンパクトかつ境界のない多様体（閉じた多様体）について体積要素は $H^n_{DR}(M)$ の非自明な元となることを示せ．

A

付　　　録

A.1　陰関数定理

本文中で用いられた陰関数定理を 2 変数の場合に最小の形でまとめておく．証明は解析学のテキストを参照されたい．

定理 A.1　（陰関数定理）　C^∞ 級関数 $F_i(x_1, x_2, y_1, y_2)$ $(i = 1, 2)$ について，$F_i(a_1, a_2, b_1, b_2) = 0$ $(i = 1, 2)$ かつ関数行列式の点 (a_1, a_2, b_1, b_2) での値が

$$\frac{\partial(F_1, F_2)}{\partial(y_1, y_2)} \neq 0$$

ならば，点 (a_1, a_2) のある近傍で定義された C^∞ 級の関数 $y_i = f_i(x_1, x_2)$ $(i = 1, 2)$ で，

$$f_i(a_1, a_2) = b_i, \qquad F_i(x_1, x_2, f_1(x_1, x_2), f_2(x_1, x_2)) = 0 \qquad (i = 1, 2)$$

を満たすものが一意的に存在する．

　C^∞ 級の関数によって関係 $x_i = g_i(y_1, y_2)$ $(i = 1, 2)$ が与えられ，$a_1 = g_1(b_1, b_2)$, $a_2 = g_2(b_1, b_2)$ が成り立っていたとする．このとき，上の陰関数定理を

$$F_i(x_1, x_2, y_1, y_2) = x_i - g_i(y_1, y_2) \qquad (i = 1, 2)$$

に対して考えれば，$\partial(g_1, g_2)/\partial(y_1, y_2) \neq 0$ であるとき，$(x_1, x_2) = (a_1, a_2)$ の近傍で定義される C^∞ 級関数 $y_i = f_i(x_1, x_2)$ $(i = 1, 2)$ が一意的に決ま

り，$x_i = g_i(y_1, y_2)$ の逆関数を与えることがわかる．

A. 2 解の存在と一意性に関する定理

$f_1(x_1, \cdots, x_n), \cdots, f_n(x_1, \cdots, x_n)$ を n 変数の C^∞ 級関数として，n 個の連立常微分方程式

$$\frac{dx_i(t)}{dt} = f_i(x_1(t), \cdots, x_n(t)) \quad (i = 1, \cdots, n) \tag{a.1}$$

を考える．$t = 0$ で初期値が $x_i(0) = a_i$ であるような (a.1) の解について，その存在と一意性に関して次の定理が成り立つ．

定理 A.2 （常微分方程式の解の存在と一意性に関する定理）
微分方程式 (a.1) の解について

1) 任意の初期値 $x_i(0) = a_i$ に対して，十分小さな $\varepsilon > 0$ をとれば $|t| < \varepsilon$ で定義される C^∞ 級の解が存在する．

2) 初期値 $x_i(0) = a_i$ に対して微分方程式の解は一意的に定まる．

3) 初期値 $x_i(0) = a_i$ に対する解を $x_i(t; a_1, \cdots, a_n)$ と表す．このとき，点 $(a_1, \cdots, a_n)$ の近傍 U を十分小さくとれば，すべての $(b_1, \cdots, b_n) \in U$ に対して，ある $\varepsilon > 0$ が存在して $|t| < \varepsilon$ の範囲で解 $x_i(t; b_1, \cdots, b_n)$ が存在する．さらに，解 $x_i(t; b_1, \cdots, b_n)$ は t と $b_1, \cdots, b_n$ の関数と見るとき，C^∞ 級である．

高階の微分方程式，たとえば

$$\frac{d^2 x}{dt^2} + c(x, t)\frac{dx}{dt} + d(x, t)x = 0$$

などは，$\xi = dx/dt$ などとおくことによって

$$\frac{dx}{dt} = \xi, \qquad \frac{d\xi}{dt} = -c(x, t)\xi - d(x, t)x$$

式 (a.1) の形に表すことができる．

A.3 1の分割の存在について

X を位相空間として，$\mathcal{O}_X$ をその全開集合族とする（2.2.1項，p.46参照）.
X の開集合の族（"集まり" のこと）$\{U_\alpha\} \subset \mathcal{O}_X$ で，$\cup_\alpha U_\alpha = X$ となるもの
を X の**開被覆** (open covering) と呼んでいる．各点 $p \in X$ に対してその開
近傍 U で，$U \cap U_\alpha \neq \phi$ となる α が有限個となるような U が存在するとき，
開被覆 $\{U_\alpha\}$ は**局所有限**であるという．また，2つの開被覆 $\{U_\alpha\}$ と $\{V_\beta\}$ に
ついて，任意の β についてある α が存在して $V_\beta \subset U_\alpha$ となっているとき，
$\{V_\beta\}$ は $\{U_\alpha\}$ の**細分** (refinement) であるといわれる．

さて，X の開被覆はいくらでも存在するが，任意の開被覆に対して有限個
の開集合からなる部分開被覆（**有限部分開被覆**）が存在するとき，X をコン
パクトといったのであった（X をユークリッド空間の部分集合とすると，X
がコンパクトであることは X が有界閉集合であることに同値であることが
知られている）．任意の開被覆が局所有限な細分をもつという性質は**パラコ
ンパクト** (paracompact) と呼ばれる．コンパクト，パラコンパクトどちら
も開被覆を用いて述べられる性質であるが，後者は前者に比べてずっと "弱
い" 条件である．

多様体がこのパラコンパクトな位相空間の性質をもつとき**パラコンパクト
多様体**という．（可微分）多様体上の微積分を議論するときは，（特に断らない
限り）つねにパラコンパクト多様体を考える．その理由は次の**1の分割**の存
在が保証されるからである．

定義 A.1 可微分多様体 M の局所有限な開被覆 $\{U_\alpha\}$ に対して，C^∞ 級関
数の族（"集まり"）$\{f_\alpha\}$ で次の性質をもつものを開被覆 $\{U_\alpha\}$ に従属する
1の分割 (partition of unity) という.

1) $0 \leq f_\alpha \leq 1$
2) $\mathrm{supp}(f_\alpha) \subset U_\alpha$
3) 各 $p \in M$ に対して $\sum_\alpha f_\alpha(p) = 1$

位相空間 X の部分集合 V について V を含む最小の閉集合を閉包と呼び $\bar{V}$ と書く. 2) に現れる集合 $\mathrm{supp}(f_\alpha)$ は, $f_\alpha(p) \neq 0$ である点 p の集まりの閉包で f_α の台 (support) と呼ばれる. すなわち

$$\mathrm{supp}(f_\alpha) = \overline{\{p \in M \mid f_\alpha(p) \neq 0\}}$$

2) の台に関する条件と開被覆の局所有限性によって, 3) に現れる和 $\sum_\alpha$ は実質有限個の α に関する和である.

以下に, パラコンパクトな多様体には 1 の分割の存在が存在することを示す.

補題 A.1 パラコンパクト多様体 M の開被覆を $\{U_\alpha\}_{\alpha \in A}$ とする. このとき, 同じ添字をもつ開被覆 $\{V_\alpha\}_{\alpha \in A}$ で, 各 α について $\bar{V}_\alpha \subset U_\alpha$ となるものが存在する.

証明 各点 $p \in M$ は, $\mathbb{R}^n$ の開集合と同相な開近傍 (座標近傍) をもつので, p の開近傍 V_p で, a) $\bar{V}_p$ は座標近傍でコンパクト (同相な $\mathbb{R}^n$ の開集合の中で有界閉集合), b) $\bar{V}_p$ はある U_α に含まれる, ようなものをとることができる. V_p をすべて集めて開被覆 $\{V\}_{p \in M}$ を作ると, M はパラコンパクトなので, それの細分で局所有限な開被覆 $\{V_b'\}_{b \in B}$ が存在する. 各 α に対して $V_\alpha = \bigcup_{V_b' \subset U_\alpha} V_b'$ なる開集合を考えると, $\{V_\alpha\}_{\alpha \in A}$ は M の開被覆である. このとき, V_α の閉包 $\bar{V}_\alpha$ について, $\bar{V}_\alpha \supset \bigcup_{V_b' \subset U_\alpha} \bar{V}_b'$ であることは自明であるが,

$$\bar{V}_\alpha = \bigcup_{V_b' \subset U_\alpha} \bar{V}_b' \tag{a.2}$$

であることが示される. これを認めると, $\bar{V}_b' \subset U_\alpha$ であるから $\bar{V}_\alpha \subset U_\alpha$ となり, 求める開被覆が得られたことになる. 等号 (a.2) を示すために, $\bar{V}_\alpha \subset \bigcup_{V_b' \subset U_\alpha} \bar{V}_b'$ を示す. 任意の $p \in \bar{V}_\alpha$ について, 開被覆 $\{V_b'\}_{b \in B}$ は局所有限としたので, 開近傍 W_p が存在して $W_p \cap V_b' \neq \phi$ である $b \in B$ が有限であるようにすることができる. $W_p \cap V_b' \neq \phi$ かつ $\bar{V}_b' \subset U_\alpha$ である添字を

$b_1, b_2, \cdots, b_s$ と表すと, (背理法により p はどれかの $\bar{V}'_{b_k}$ には含まれることが示されるので)$p \in \bigcup_{i=1}^{s} \bar{V}'_{b_i}$ である. したがって, $p \in \bigcup_{i=1}^{s} \bar{V}'_{b_i} \subset \bigcup_{\bar{V}'_b \subset U_\alpha} \bar{V}'_b$. □

補題 A.2 多様体 M のコンパクトな部分集合 F とそれを含む開集合 U に対して, 次の性質をもつ M 上の C^∞ 関数が存在する. 1) $0 \leq f(p) \leq 1$ $(p \in M)$, 2) $f(p) > 0$ $(p \in F)$, 3) $f(p) = 0$ $(p \in M - U)$ (U の M における補集合を $M - U$ と表す).

証明) M の各点 p について, 次の性質をもつ M 上の C^∞ 関数 f_p と開近傍 V_p を決めることができる;1) $f_p(q) > 0$ $(q \in V_p)$, 2) $f_p(q) = 0$ $(q \in M - V_p)$. これは p の座標近傍 $(V; u^1, \cdots, u^n)$ をとり, たとえば次のように作ればよい. 半径 r_p を $\bar{V}_p \subset V$ となるように十分小さく選んで, $V_p = \{q \in V \mid (u^1(q) - u^1(p))^2 + \cdots + (u^n(q) - u^n(p))^2 < r_p^2\}$ とする. $q \in V_p$ に対しては $f_p(q) = 1/f_p(p) \exp\left(-1/\{(u^1(q)-u^1(p))^2+\cdots+(u^n(q)-u^n(p))^2-r_p^2\}\right)$, $q \in M-V_p$ では $f_p(q) = 0$ として M 上の関数 f_p を定義すると, これが C^∞ 級となることが確かめられる.

コンパクト集合 F の各点 p に対して, $\bar{V}_p \subset U$ の条件のもとで上述の対 (f_p, V_p) を考える. F はコンパクトであるから, 有限個の点 $p_1, p_2, \cdots, p_m$ を選んで, $F \subset V_{p_1} \cup V_{p_2} \cup \cdots \cup V_{p_m}$ とすることができる. このとき, $f = (f_{p_1} + f_{p_2} + \cdots + f_{p_m})/m$ が求める関数である. □

定理 A.3 M をパラコンパクトな可微分多様体とし, それの局所有限な開被覆を $\{U_\alpha\}$ とする. 各 α について閉包 $\bar{U}_\alpha$ がコンパクトならば, $\{U_\alpha\}$ に従属する 1 の分割が存在する.

証明) 開被覆 $\{U_\alpha\}_{\alpha \in A}$ に対して, 補題 A.1 により, 開被覆 $\{W_\alpha\}_{\alpha \in A}$ で $\bar{W}_\alpha \subset U_\alpha$ を満たすものが存在する. 同様に開被覆 $\{W_\alpha\}_{\alpha \in A}$ に対して, 開被覆 $\{V_\alpha\}_{\alpha \in A}$ で $\bar{V}_\alpha \subset W_\alpha$ を満たすものがとれる.

$$\bar{V}_\alpha \subset W_\alpha \ , \ \bar{W}_\alpha \subset U_\alpha \quad (\alpha \in A)$$

このとき, 仮定より $\bar{U}_\alpha$ はコンパクトであるから $\bar{V}_\alpha$ もコンパクトである.

そこで各対 $(\bar{V}_\alpha, W_\alpha)$ に対して, 補題 A.2 を適用すると M 上の C^∞ 関数 g_α で, 1) $0 \leq g_\alpha(p) \leq 1$ $(p \in M)$, 2) $g_\alpha(p) > 0$ $(p \in \bar{V}_\alpha)$, 3) $g_\alpha(p) = 0$ $(p \in M - W_\alpha)$ を満たすものがとれる. このとき, $\mathrm{supp}(g_\alpha) \subset \bar{W}_\alpha \subset U_\alpha$ となっている. また, 開被覆 $\{U_\alpha\}_{\alpha \in A}$ の局所有限性より, 各点 $p \in M$ で, $U \cap U_\alpha \neq \phi$ となる U_α が有限個となるような開近傍 U が存在する. したがって, $g_\alpha(p)$ は有限個の $\alpha \in A$ を除いて零に等しいので, $g(p) = \sum_{\alpha \in A} g_\alpha(p)$ が決まり, かつ $g(p) > 0$ である. そこで, $f_\alpha = g_\alpha/g$ とおくと $\{f_\alpha\}_{\alpha \in A}$ が $\{U_\alpha\}_{\alpha \in A}$ に従属する 1 の分割となる.   □

定理 A.3 では局所有限な開被覆について閉包 $\bar{U}_\alpha$ がコンパクトという条件が用いられているが, これは本質的ではない. 実際パラコンパクトな多様体 M について, そのような開被覆を次のように作ればよい.

M の局所座標近傍 $(U, \phi; u^1, \cdots, u^n)$ に対して, $p \in M$ の近傍 (立方近傍) を十分小さな r_p について

$$Q(p) = \{\, q \in U \mid |u^i(q) - u^i(p)| < r_p \ (i = 1, \cdots, n) \,\}$$

と定義して, これらによって M の開被覆 $\{Q(p)\}_{p \in M}$ を作ることができる. M がパラコンパクトであるとき局所有限な細分 $\{U_\alpha\}$ が存在する. $\{U_\alpha\}$ は細分であるから, U_α はどれかの立体近傍 Q に含まれ, $\bar{Q}$ はコンパクトであるから $\bar{U}_\alpha$ はコンパクトとなり, 欲しい性質を持った局所有限な開被覆が得られる.

こうして, パラコンパクトな多様体一般について 1 の分割の存在が示されたことになる.

最後に, 文献によってパラコンパクトといわないで, 可算開基をもつ (または第二可算公理を満たす) 多様体ということがある. 両者の関係は, 可算開基をもつ多様体 ⇔ 連結成分が有限なパラコンパクトな多様体, であるので違いはほとんどないとしてよい (松島 (1965), 定理 1, p.88 参照).

<h1>問題・章末問題の解答</h1>

第1章

問 1.1 $(x + \lambda y) \cdot (x + \lambda y) = ||x||^2 + 2\lambda(x \cdot y) + \lambda^2||y||^2 \geq 0.$ （判別式）$/4 = (x \cdot y)^2 - ||x||^2||y||^2 \leq 0.$ したがって，$-||x||||y|| \leq x \cdot y \leq ||x||||y||.$

問 1.2 行列式を用いた表示 $a \times b = \begin{vmatrix} i & a_1 & b_1 \\ j & a_2 & b_2 \\ k & a_3 & b_3 \end{vmatrix}$ を用いるとよい．1) は行列式の交代性，2), 3), 4) は多重線形性からしたがう．5) は $(a \times b) \cdot c = \begin{vmatrix} c_1 & a_1 & b_1 \\ c_2 & a_2 & b_2 \\ c_3 & a_3 & b_3 \end{vmatrix}$ と書かれることを用いるとよい．

問 1.3 $\det g = ||x_u||^2||x_v||^2 - (x_u \cdot x_v)^2 \geq 0$ （シュワルツの不等式）．さらに，x_u, x_v は一次独立であるから $\det g = 0$ となることはない．

問 1.4 命題 1.1 の証明で行った計算により $||x_u \times x_v||^2 = ||x_u||^2||x_v||^2 - (x_u \cdot x_v)^2 = \det g.$

問 1.5 ガウス曲率の定義から $K = \det h/\det g$ と書かれることは明らか．平均曲率については，$g^{-1} = (1/\det g)\begin{pmatrix} g_{vv} & -g_{uv} \\ -g_{uv} & g_{vv} \end{pmatrix}$ であることから，$H = (g_{vv}h_{uu} + g_{uu}h_{vv} - g_{uv}h_{uv})/(2\det g) = \mathrm{Tr}(g^{-1}h)/2$ であることがわかる．ここで，Tr は行列のトレースである．

問 1.6 微分方程式の解の存在と一意性に関する定理（付録 A.2）を用いる．クリストッフェルの記号 Γ_{ij}^{k} は第 1 基本形式 $g_{ij} = g_{ij}(u^1, u^2)$ を通して u^1, u^2 の C^∞ 関数である．

章末問題（第 1 章）

1 $ds = \sqrt{\dot{x}^2 + \dot{y}^2}dt$ より単位接ベクトル e_1 は，$e_1 = (dt/ds)(dx/dt) = (1/\sqrt{\dot{x}^2 + \dot{y}^2})(\dot{x}, \dot{y})$ と表される．単位法線ベクトル e_2 は，その向きに注意して $e_2 = (1/\sqrt{\dot{x}^2 + \dot{y}^2})(-\dot{y}, \dot{x})$ と決められる．フレネー・セレの公式（例題 1.2）を使って，$\kappa = e_2 \cdot (de_1/ds) = (dt/ds)e_2 \cdot (de_1/dt) = (1/(\dot{x}^2 + \dot{y}^2)^{3/2})(\dot{x}\ddot{y} - \dot{y}\ddot{x})$ となる．$y = f(x)$ が表す曲線は $x(t) = (t, f(t))$ と理解されるので，曲率は $\kappa = f''/(1 + (f')^2)^{3/2}$ と表されることがわかる．

2 $ds = \sqrt{(1 + \cos t)^2 + \sin^2 t}dt$ を積分して，$s = \int_0^{2\pi} \sqrt{2 + \cos t}dt = \int_0^{2\pi} \sin(t/2)dt = 4.$

3 曲線の長さを s とすると, $ds/dt = ||\dot{x}||$. 合成関数の微分とフレネー・セレの公式 (例題 1.4) を使って, $\dot{x} = (ds/dt)(dx/ds) = (ds/dt)e_1$, $\ddot{x} = (d^2s/dt^2)(e_1) + (ds/dt)^2(de_1/ds) = (d^2s/dt^2)e_1 + (ds/dt)^2\kappa e_2$, $\dddot{x} = (d^3s/dt^3)e_1 + (d^2s/dt^2)\kappa e_2 + (ds/dt)(d\kappa/dt)e_2 + (ds/dt)^3\kappa\{-\kappa e_1 + \tau e_3\}$ と計算される. ここで, $e_3 = e_1 \times e_2$ と定義され $e_1 \times e_1 = 0$ であるので, $\dot{x} \times \ddot{x} = (ds/dt)^3\kappa e_3$ となる. これより, $\kappa = ||\dot{x} \times \ddot{x}||/(ds/dt)^3 = ||\dot{x} \times \ddot{x}||/||\dot{x}||^3$ が得られる. さらに, $(\dot{x} \times \ddot{x}) \cdot \dddot{x} = (ds/dt)^6\kappa^2\tau$ と計算されるので, これから $\tau = (\dot{x} \times \ddot{x}) \cdot \dddot{x}/||\dot{x} \times \ddot{x}||^2$ が得られる.

4 $\tau = 0$ のとき, フレネー・セレの公式は $de_1/ds = \kappa e_2$, $de_2/ds = -\kappa e_1$, $de_3/ds = 0$ となり, $e_3(s) = e_3(0)$ (定数ベクトル) であることがわかる. 空間曲線は微分方程式 $dx/ds = e_1(s)$ の解として決まる. このとき $d(x \cdot e_3)/ds = e_1 \cdot e_3 = 0$ であるから, $x(s) \cdot e_3 = c$ (定数) となり, 解曲線は平面 $(x, y, z) \cdot e_3 = c$ 上にある平面曲線である.

5 $g_{uu} = x_u \cdot x_u = 1 + f_u^2$ などと計算され, 第 1 基本形式は $g = \begin{pmatrix} 1 + f_u^2 & f_u f_v \\ f_u f_v & 1 + f_v^2 \end{pmatrix}$ と決められる. また, $x_u \times x_v = (1, 0, f_u) \times (0, 1, f_v) = (-f_u, -f_v, 1)$ から, 単位法ベクトルは $n = (1/\sqrt{1 + f_u^2 + f_v^2})(-f_u, -f_v, 1)$ と決められる. $h_{uu} = x_{uu} \cdot n$ などによって, 第 2 基本形式は $h = (1/\sqrt{1 + f_u^2 + f_v^2})\begin{pmatrix} f_{uu} & f_{uv} \\ f_{uv} & f_{vv} \end{pmatrix}$ と決められる. 以上を用いて, $K = \det h/\det g = (f_{uu}f_{vv} - f_{uv}^2)/(1 + f_u^2 + f_v^2)^2$, $H = \text{Tr}(g^{-1}h)/2 = \{(1 + f_u^2)f_{vv} + (1 + f_v^2)f_{uu} - 2f_u f_v f_{uv}\}/2(1 + f_u^2 + f_v^2)^{3/2}$ が得られる.

6 $x_{vv} = 0$ であることから, $h = \begin{pmatrix} x_{uu} \cdot n & x_{uv} \cdot n \\ x_{uv} \cdot n & 0 \end{pmatrix}$. これより $\det h = -(x_{uv} \cdot n)^2 \leq 0$. したがって, $K = \det h/\det g \leq 0$. 線織面の例; $(a\cos u, a\sin u, 0) + v(-a\sin u, a\cos u, \pm c)$ は, 一葉双曲面 $x^2/a^2 + y^2/a^2 - z^2/c^2 = 1$ $(a, c > 0)$ を表す. また, $(0, u, -u^2/b^2) + v(\pm a, b, -2u/b)$ は, 双曲放物面 $z = x^2/a^2 - y^2/b^2$ $(a, b > 0)$ を表す.

7 $x' = dx(v)/dv$, $z' = dz(v)/dv$ などと表すと, $x_u = (-x\sin u, x\cos u, 0)$, $x_v = (x'\cos u, x'\sin u, z')$ と書かれ, 第 1 基本形式は $g = \begin{pmatrix} x^2 & 0 \\ 0 & (x')^2 + (z')^2 \end{pmatrix}$ となる. また, 単位法ベクトルは $n = x_u \times x_v/||x_u \times x_v|| = (1/\sqrt{(x')^2 + (z')^2}) \times (z'\cos u, z'\sin u, -x')$ と求められ, これを用いて第 2 基本形式は $h = (1/\sqrt{(x')^2 + (z')^2})\begin{pmatrix} -xz' & 0 \\ 0 & x''z' - x'z'' \end{pmatrix}$ と決められる. ガウス曲率は, $K = \det h/\det g = z'(x'z'' - x''z')/\left(x\left((x')^2 + (z')^2\right)\right)$. また, 平均曲率は $H = \text{Tr}g^{-1}h/2 = -z'/(2x\sqrt{(x')^2 + (z')^2}) - (x'z'' - x''z')/\left(2\left((x')^2 + (z')^2\right)^{3/2}\right)$ となる.

また, パラメーター v を xz 平面上の曲線 C の長さ s にとると $(s = v)$, $1 = ds/dv = \sqrt{(x')^2 + (z')^2}$ が成り立ち, K, H の表式が簡単になる. すなわち, この

とき $x'x'' + z'z'' = 0$ となるので, $z'(x'z'' - x''z') = -x''(x')^2 - x''(z')^2 = -x''$ となり, $K = -x''/x$ となる. 同様にして, $H = (-z'/x + x''/z')/2$ が得られる.

8　曲面の微小変形 S_ε について, 第 1 基本形式を求める. 例えば, $g(\varepsilon)_{uu}$ について, $\boldsymbol{x}_u \cdot \boldsymbol{n} = \boldsymbol{x}_v \cdot \boldsymbol{n} = 0$ を用いると, $g(\varepsilon)_{uu} = (\boldsymbol{x}_u + \varepsilon f_u \boldsymbol{n} + \varepsilon f \boldsymbol{n}_u) \cdot (\boldsymbol{x}_u + \varepsilon f_u \boldsymbol{n} + \varepsilon f \boldsymbol{n}_u) = g_{uu} + 2\varepsilon f \boldsymbol{x}_u \cdot \boldsymbol{n}_u + O(\varepsilon^2) = g_{uu} - 2\varepsilon f \boldsymbol{x}_{uu} \cdot \boldsymbol{n} + O(\varepsilon^2) = g_{uu} - 2\varepsilon f h_{uu} + O(\varepsilon^2)$ のように計算される. 他の成分についても同様で, 微小変形 S_ε の第 1 基本形式は $g(\varepsilon) = g - 2\varepsilon f h + O(\varepsilon^2)$ のように S の第 2 基本形式 h を用いて表される. これより, $\det g(\varepsilon) = \det g - 2\varepsilon f(h_{uu}g_{vv} + h_{vv}g_{uu} - 2h_{uv}g_{uv}) + O(\varepsilon^2)$ と計算され, $d/d\varepsilon \sqrt{\det g(\varepsilon)}|_{\varepsilon=0} = -\varepsilon f/\sqrt{\det g}(h_{uu}g_{vv} + h_{vv}g_{uu} - 2h_{uv}g_{uv}) = -\varepsilon f H \sqrt{\det g}$ とまとめられることがわかる. したがって, どのような無限小変形 $S_\varepsilon : \boldsymbol{x} + \varepsilon f \boldsymbol{n}$ に対しても, $H = 0$ であるならば $dA(S_\varepsilon)/\varepsilon|_\varepsilon = 0$ (面積極小) となる. また, 逆に任意の関数を $f = H$ とおけば $dA(S_\varepsilon)/d\varepsilon|_\varepsilon = -\int H^2 \sqrt{\det g} du dv \geq 0$ となるので, $dA(S_\varepsilon)/d\varepsilon|_\varepsilon = 0$ (面積極小) であるならば, $H = 0$ が結論される (曲面 S が境界をもち境界を固定して考えるときは, 境界で零をとり, それ以外で正の値をとるなめらかな関数 $\varphi(u,v)$ を用いて $f = \varphi H$ とすればよい. また, 条件を満たすなめらかな関数 $\varphi(u,v)$ が存在することも示される).

第 2 章

問 2.1　添字 α を省略して曲面片を $(S, (u^1, u^2))$ と書くことにする. 曲面片の定義より, $\boldsymbol{x} = \boldsymbol{x}(u^1, u^2)$ は領域 D から $\mathbb{E}^3$ への 1 対 1 写像であるから $\boldsymbol{x}^{-1} : S \to D$ が決まる. さらに, D 内の各点で $\boldsymbol{x}_u, \boldsymbol{x}_v$ が一次独立であるから, たとえば $\partial(x,y)/\partial(u^1, u^2) \neq 0$ が成り立つ (式 (2.2) 参照). 陰関数定理 (付録 A.1) を使うと逆写像が C^∞ 級であることがわかる.

問 2.2　$u_\alpha^i = u^i, u_\beta^i = \bar{u}^i$ と記す.

$$\begin{pmatrix} \frac{\partial \bar{u}^1}{\partial u^1} & \frac{\partial \bar{u}^1}{\partial u^2} \\ \frac{\partial \bar{u}^2}{\partial u^1} & \frac{\partial \bar{u}^2}{\partial u^2} \end{pmatrix} \begin{pmatrix} \frac{\partial u^1}{\partial \bar{u}^1} & \frac{\partial u^1}{\partial \bar{u}^2} \\ \frac{\partial u^2}{\partial \bar{u}^1} & \frac{\partial u^2}{\partial \bar{u}^2} \end{pmatrix} = \begin{pmatrix} \frac{\partial \bar{u}^1}{\partial u^1}\frac{\partial u^1}{\partial \bar{u}^1} + \frac{\partial \bar{u}^1}{\partial u^2}\frac{\partial u^2}{\partial \bar{u}^1} & \frac{\partial \bar{u}^1}{\partial u^1}\frac{\partial u^1}{\partial \bar{u}^2} + \frac{\partial \bar{u}^1}{\partial u^2}\frac{\partial u^2}{\partial \bar{u}^2} \\ \frac{\partial \bar{u}^2}{\partial u^1}\frac{\partial u^1}{\partial \bar{u}^1} + \frac{\partial \bar{u}^2}{\partial u^2}\frac{\partial u^2}{\partial \bar{u}^1} & \frac{\partial \bar{u}^2}{\partial u^1}\frac{\partial u^1}{\partial \bar{u}^2} + \frac{\partial \bar{u}^2}{\partial u^2}\frac{\partial u^2}{\partial \bar{u}^2} \end{pmatrix}$$

$$= \begin{pmatrix} 1 & 0 \\ 0 & 1 \end{pmatrix}$$

問 2.3　$u_\alpha^i = u^i, g_{ij}^{(\alpha)} = g_{ij}, \Gamma_{ij}^{(\alpha)\ k} = \Gamma_{i\ j}^{\ k}; u_\beta^i = \bar{u}^i, g_{ij}^{(\beta)} = \bar{g}_{ij}, \Gamma_{ij}^{(\beta)\ k} = \bar{\Gamma}_{i\ j}^{\ k}$ と表してあからさまに計算する. たとえば,

$$\begin{aligned} \partial g_{lj}/\partial u^i = \sum_{m,n} & \left((\partial \bar{u}^m/\partial u^l)(\partial \bar{u}^n/\partial u^j)(\partial \bar{g}_{mn}/\partial u^i) \right. \\ & + (\partial^2 \bar{u}^m/\partial u^i \partial u^l)(\partial \bar{u}^n/\partial u^j)\bar{g}_{mn} \\ & \left. + (\partial \bar{u}^m/\partial u^l)(\partial^2 \bar{u}^n/\partial u^i \partial u^j)\bar{g}_{mn} \right) \end{aligned}$$

と計算され, $\partial g_{li}/\partial u^j$, $\partial g_{ij}/\partial u^l$ なども同様である. これを用いて,

$$\Gamma_{ij}^k = (1/2)\sum_l g^{kl}\big(\partial g_{lj}/\partial u^i + \partial g_{li}/\partial u^j - \partial g_{ij}/\partial u^l\big)$$
$$= 1/2\sum_{r,s,l} \bar{g}^{rs}(\partial u^k/\partial \bar{u}^r)(\partial u^l/\partial \bar{u}^s)$$
$$\sum_{m,n}\big((\partial \bar{u}^m/\partial u^l)(\partial \bar{u}^n/\partial u^i)(\partial \bar{g}_{mn}/\partial u^j)$$
$$+(\partial \bar{u}^m/\partial u^l)(\partial \bar{u}^n/\partial u^j)(\partial \bar{g}_{mn}/\partial u^i)$$
$$-(\partial \bar{u}^m/\partial u^i)(\partial \bar{u}^n/\partial u^j)(\partial \bar{g}_{mn}/\partial u^l)$$
$$+2(\partial \bar{u}^m/\partial u^l)(\partial^2 \bar{u}^n/\partial u^i\partial u^j)\bar{g}_{mn}\big)$$

と計算される. ここで $\sum_l(\partial u^l/\partial \bar{u}^s)(\partial \bar{u}^m/\partial u^l) = \delta_s{}^m$ などを使うと, 式 (2.8) が得られる.

問 2.4　$\boldsymbol{n} = \boldsymbol{x}_1 \times \boldsymbol{x}_2/\|\boldsymbol{x}_1 \times \boldsymbol{x}_2\|$ と定義された. 式 (2.9) を用いると, $\boldsymbol{E}_3 = \boldsymbol{E}_1 \times \boldsymbol{E}_2 = \sum_{i,j} E_1^i E_2^j \boldsymbol{x}_i \times \boldsymbol{x}_j = (\det E_a{}^i)\boldsymbol{x}_i \times \boldsymbol{x}_j$. $\boldsymbol{E}_3$ は単位ベクトルであるから $\|\boldsymbol{x}_1 \times \boldsymbol{x}_2\| = 1/|\det E_a{}^i|$ となる. したがって, $\boldsymbol{n} = (|\det E_a{}^i|/\det E_a{}^i)\boldsymbol{E}_3$.

問 2.5　$U_\alpha \cap U_\beta$ 上で, $g^{(\alpha)} = g^{(\beta)}$ である. このとき, 式 (2.22), (2.24) によって

$$g_{ij}^{(\alpha)}(p) = g^{(\alpha)}\left(\big(\partial/\partial u_\alpha^i\big)_p, \big(\partial/\partial u_\alpha^j\big)_p\right)$$
$$= \sum_{k,l} \partial u_\beta^k/\partial u_\alpha^i\, \partial u_\beta^l/\partial u_\alpha^j\, g^{(\alpha)}\left(\big(\partial/\partial u_\beta^k\big)_p, \big(\partial/\partial u_\beta^j\big)_p\right)$$
$$= \sum_{k,l} \partial u_\beta^k/\partial u_\alpha^i\, \partial u_\beta^l/\partial u_\alpha^j\, g_{kl}^{(\beta)}.$$

問 2.6　$U_\alpha \cap U_\beta \neq \phi$ のとき, 座標変換関数は $u_\alpha^i = u_\alpha^i(u_\beta^1, u_\beta^2)$ $(i = 1, 2)$ と書かれる (式 (2.18) 参照). このとき, $du_\alpha^i(c(t))/dt = du_\alpha^i(u_\beta^1(c(t)), u_\beta^2(c(t)))/dt = \sum_j(\partial u_\alpha^i/\partial u_\beta^j)(du_\beta^j(c(t))/dt)$ である. 他方で, $\sum_i(\partial u_\alpha^i/\partial u_\beta^j)\big(\partial/\partial u_\alpha^i\big) = \partial/\partial u_\beta^j$ であるから, $\sum_i(du_\alpha^i/dt)(\partial/\partial u_\alpha^i) = \sum(du_\beta^j/dt)\big(\partial/\partial u_\beta^j\big)$ となり座標によらないで $dc(t)/dt$ が決まることがわかる.

問 2.7　$f, g \in V^*$ について, $\varphi\boldsymbol{v}(f + g) = (f + g)(\boldsymbol{v}) = f(\boldsymbol{v}) + g(\boldsymbol{v}) = \varphi\boldsymbol{v}(f) + \varphi\boldsymbol{v}(g)$, $\varphi\boldsymbol{v}(cf) = cf(\boldsymbol{v}) = c\varphi\boldsymbol{v}(f)$. よって $\varphi\boldsymbol{v}$ は V^* 上線形写像となり, 双対空間の定義より $\varphi\boldsymbol{v} \in (V^*)^*$ といえる. 対応 $\nu : \boldsymbol{v} \mapsto \varphi\boldsymbol{v}$ が定める写像 $\nu : V \to (V^*)^*$ について, $\varphi\boldsymbol{v+w}(f) = f(\boldsymbol{v}+\boldsymbol{w}) = f(\boldsymbol{v}) + f(\boldsymbol{w}) = (\varphi\boldsymbol{v} + \varphi\boldsymbol{w})(f)$, $\varphi_{c\boldsymbol{v}}(f) = cf(\boldsymbol{v}) = c\varphi\boldsymbol{v}(f)$ となるから $\varphi\boldsymbol{v+w} = \varphi\boldsymbol{v} + \varphi\boldsymbol{w}$, $\varphi_{c\boldsymbol{v}} = c\varphi\boldsymbol{v}$, すなわち $\nu(\boldsymbol{v}+\boldsymbol{w}) = \nu(\boldsymbol{v}) + \nu(\boldsymbol{w})$, $\nu(c\boldsymbol{v}) = c\nu(\boldsymbol{v})$ であり, ν が線形写像であることがわかる.

　$\boldsymbol{b}_1, \cdots, \boldsymbol{b}_n$ を V の基底, $f^1, \cdots, f^n$ をその双対基底とする. $(V^*)^*$ の任意の元 F について対応 $F \mapsto \sum_i F(f^i)\boldsymbol{b}_i$ によって写像 $\mu : (V^*)^* \to V$ を定める. このとき, $\mu\circ\nu(\boldsymbol{b}_i) = \mu(\varphi_{\boldsymbol{b}_i}) = \sum_j \varphi_{\boldsymbol{b}_i}(f^j)\boldsymbol{b}_j = \boldsymbol{b}_i$ より $\mu\circ\nu = \mathrm{id}_V$ となり, ν が単射であることがわかる. 次に, $(V^*)^*$ の元 F について $\nu\circ\mu(F) = \nu(\sum_i F(f^i)\boldsymbol{b}_i) = \sum_i F(f^i)\varphi_{\boldsymbol{b}_i}$ となる. V^* の基底 $f^1, \cdots, f^n$ について $\sum_i F(f^i)\varphi_{\boldsymbol{b}_i}(f^j) = F(f^j)$ となるから,

$\sum_i F(f^i)\varphi_{\boldsymbol{b}_i} = F$ であることが結論されて $\nu \circ \mu = \mathrm{id}_{V^*}$ がいえる．すなわち ν は全射である．以上から ν は全単射線形写像で，$\nu : V \cong (V^*)^*$ である．

問 2.8　(r,s) 階のテンソル $T, S \in \mathcal{T}_{r,s}$ について $(T+S)(f^{k_1}, \cdots, f^{k_r}, \boldsymbol{b}_{j_1}, \cdots, \boldsymbol{b}_{j_s})$ $= T(f^{k_1}, \cdots, f^{k_r}, \boldsymbol{b}_{j_1}, \cdots, \boldsymbol{b}_{j_s}) + S(f^{k_1}, \cdots, f^{k_r}, \boldsymbol{b}_{j_1}, \cdots, \boldsymbol{b}_{j_s})$，$(cT)(f^{k_1}, \cdots, f^{k_r},$ $\boldsymbol{b}_{j_1}, \cdots, \boldsymbol{b}_{j_s}) = cT(f^{k_1}, \cdots, f^{k_r}, \boldsymbol{b}_{j_1}, \cdots, \boldsymbol{b}_{j_s})$ とすれば自然にベクトル空間となる．このとき，すべての元を 0 に写す多重線形写像（零写像）が零ベクトルである．

（一次独立性）$\sum_{\substack{i_1, \cdots, i_r \\ j_1, \cdots, j_s}} c^{i_1 \cdots i_r}_{j_1 \cdots j_s} \boldsymbol{b}_{i_1} \otimes \cdots \otimes \boldsymbol{b}_{i_r} \otimes f^{j_1} \otimes \cdots \otimes f^{j_s} = 0$ （零写像）とすると $c^{k_1 \cdots k_r}_{l_1 \cdots l_s} = \left(\sum_{\substack{i_1, \cdots, i_r \\ j_1, \cdots, j_s}} c^{i_1 \cdots i_r}_{j_1 \cdots j_s} \boldsymbol{b}_{i_1} \otimes \cdots \otimes \boldsymbol{b}_{j_r} \otimes f^{j_1} \otimes \cdots \otimes f^{j_s} \right)(f^{k_1}, \cdots, f^{k_r}, \boldsymbol{b}_{l_1}, \cdots, \boldsymbol{b}_{l_s}) = 0$ であるから，$\boldsymbol{b}_{i_1} \otimes \cdots \otimes \boldsymbol{b}_{j_r} \otimes f^{j_1} \otimes \cdots \otimes f^{j_s}$ は一次独立である．（完全性）任意の (r,s) 階のテンソル $T \in \mathcal{T}_{r,s}$ について $\tilde{T} = \sum_{\substack{i_1, \cdots, i_r \\ j_1, \cdots, j_s}} T(f^{i_1}, \cdots, f^{i_r}, \boldsymbol{b}_{j_1}, \cdots, \boldsymbol{b}_{j_s}) \boldsymbol{b}_{i_1} \otimes \cdots \otimes \boldsymbol{b}_{i_r} \otimes f^{j_1} \otimes \cdots \otimes f^{j_s}$ とおくとき，$(\tilde{T} - T)(f^{k_1}, \cdots, f^{k_r}, \boldsymbol{b}_{l_1}, \cdots, \boldsymbol{b}_{l_s}) = 0$ が確かめられる．したがって $\tilde{T} - T$ は零写像であり $T = \tilde{T}$ となり，T が $\boldsymbol{b}_{i_1} \otimes \cdots \otimes \boldsymbol{b}_{i_r} \otimes f^{j_1} \otimes \cdots \otimes f^{j_s}$ の一次結合で表されることになる．

問 2.9　$U_\alpha \cap U_\beta \neq \phi$ であるとき，$\tilde{t}^{(\alpha)i_2 \cdots i_r}_{j_2 \cdots j_s}$ と $\tilde{t}^{(\beta)i_2 \cdots i_r}_{j_2 \cdots j_s}$ の関係は

$$
\begin{aligned}
\tilde{t}^{(\alpha)i_2 \cdots i_r}_{j_2 \cdots j_s} &= \sum_{i_1} t^{(\alpha)i_1 i_2 \cdots i_r}_{i_1 j_2 \cdots j_s} \\
&= \sum_{i_1} \sum_{\substack{k_1 k_2 \cdots k_r \\ l_1 l_2 \cdots l_s}} (\partial u_\alpha^{i_1}/\partial u_\beta^{k_1})(\partial u_\alpha^{i_2}/\partial u_\beta^{k_2}) \cdots (\partial u_\alpha^{i_r}/\partial u_\beta^{k_r}) \\
&\qquad (\partial u_\beta^{l_1}/\partial u_\alpha^{i_1}) \cdots (\partial u_\beta^{l_2}/\partial u_\alpha^{i_2}) \cdots (\partial u_\beta^{l_s}/\partial u_\alpha^{i_s}) t^{(\beta)k_1 k_2 \cdots k_r}_{l_1 l_2 \cdots l_s} \\
&= \sum_{\substack{k_2 \cdots k_r \\ l_2 \cdots l_s}} (\partial u_\alpha^{i_2}/\partial u_\beta^{k_2}) \cdots (\partial u_\alpha^{i_r}/\partial u_\beta^{k_r}) \\
&\qquad (\partial u_\beta^{l_2}/\partial u_\alpha^{i_2}) \cdots (\partial u_\beta^{l_s}/\partial u_\alpha^{i_s}) \sum_{k_1} t^{(\beta)k_1 k_2 \cdots k_r}_{k_1 l_2 \cdots l_s} \\
&= \sum_{\substack{k_2 \cdots k_r \\ l_2 \cdots l_s}} (\partial u_\alpha^{i_2}/\partial u_\beta^{k_2}) \cdots (\partial u_\alpha^{i_r}/\partial u_\beta^{k_r})(\partial u_\beta^{l_2}/\partial u_\alpha^{i_2}) \\
&\qquad \cdots (\partial u_\beta^{l_2}/\partial u_\alpha^{i_s}) \tilde{t}^{(\beta)k_2 \cdots k_r}_{l_2 \cdots l_s}
\end{aligned}
$$

のように決められる．したがって，命題 2.4 より $(r-1, s-1)$ 階のテンソル場であることがわかる．

問 2.10　式 (2.42) は $(\partial/\partial u_\alpha^j)_{p+\Delta p} - (\partial/\partial u_\alpha^j)_p = \sum_i \Delta u_\alpha^i \Gamma^{(\alpha)k}_{ij}(\partial/\partial u_\alpha^k)_p$ と書かれるが，この左辺は (2.44) 上の式を用いると次のように変形される．

$$
\begin{aligned}
(左辺) &= \sum_n \left\{ (\partial u_\beta^n/\partial u_\alpha^j)_{p+\Delta p}(\partial/\partial u_\beta^n)_{p+\Delta p} - (\partial u_\beta^n/\partial u_\alpha^j)(\partial/\partial u_\beta^n)_p \right\} \\
&= \sum_n (\partial u_\beta^n/\partial u_\alpha^j)_p \left\{ (\partial/\partial u_\beta^n)_{p+\Delta p} - (\partial/\partial u_\beta^n)_p \right\} \\
&\quad + \sum_{n,i} (\partial^2 u_\beta^n/\partial u_\alpha^i \partial u_\alpha^j)_p \Delta u_\alpha^i (\partial/\partial u_\beta^n)_p \\
&= \sum_{n,m,l} (\partial u_\beta^n/\partial u_\alpha^j)_p \Delta u_\beta^m \Gamma^{(\beta)l}_{mn}(\partial/\partial u_\beta^l)_p \\
&\quad + \sum_{n,i} (\partial^2 u_\beta^n/\partial u_\alpha^i \partial u_\alpha^j)_p \Delta u_\alpha^i (\partial/\partial u_\beta^n)_p
\end{aligned}
$$

$$= \sum_{n,m,l,i,k} \left(\partial u_\beta^n/\partial u_\alpha^j\right)\left(\partial u_\beta^m/\partial u_\alpha^i\right)\Delta u_\alpha^i \Gamma_{mn}^{(\beta)\,l}\left(\partial u_\alpha^k/\partial u_\beta^l\right)\left(\partial/\partial u_\alpha^k\right)_p$$
$$+ \sum_{n,i,k}\left(\partial^2 u_\beta^n/\partial u_\alpha^i \partial u_\alpha^j\right)\left(\partial u_\alpha^k/\partial u_\beta^n\right)\Delta u_\alpha^i\left(\partial/\partial u_\alpha^k\right)_p$$

この結果を右辺と比較すればよい.

問 2.11　$\Gamma_{i\,j}^{\,k}$ について (2.44) を確かめればよい. 座標近傍 U_α, U_β 上の座標関数をそれぞれ (u^1,u^2), $(\bar{u}^1,\bar{u}^2)$ と表し, また行列成分を $(\xi_{(m)}^j)$, $(\zeta_i^{(j)})$, $(\bar{\xi}_{(m)}^j)$, $(\bar{\zeta}_i^{(j)})$ と表すことにする. $U_\alpha \cap U_\beta \neq \phi$ であるとき, $\bar{\xi}_{(m)}^k = \sum_r \partial \bar{u}^k/\partial u^r \xi_{(m)}^r$, $\bar{\zeta}_j^{(m)} = \sum_s \partial u^s/\partial \bar{u}^j \zeta_s^{(m)}$ と書かれるので

$$\bar{\Gamma}_{i\,j}^{\,k} = \sum_m \bar{\xi}_{(m)}^k \partial \bar{\zeta}^{(m)}/\partial \bar{u}^i$$
$$= \sum_{r,s,t}(\partial \bar{u}^k/\partial u^r)(\partial u^t/\partial \bar{u}^i)(\partial u^s/\partial \bar{u}^j)\left(\sum_m \xi_{(m)}^r \partial \zeta_s^{(m)}/\partial u^t\right)$$
$$+ \sum_r(\partial \bar{u}^k/\partial u^r)(\partial^2 u^r/\partial \bar{u}^i \partial \bar{u}^j)$$
$$= \sum_{r,s,t}(\partial \bar{u}^k/\partial u^r)(\partial u^t/\partial \bar{u}^i)(\partial u^s/\partial \bar{u}^j)\Gamma_{s\,t}^{\,r}$$
$$+ \sum_r(\partial \bar{u}^k/\partial u^r)(\partial^2 u^r/\partial \bar{u}^i \partial \bar{u}^j)$$

となることが確かめられる. なお, 戻率テンソル $S_{ij}^k = \Gamma_{i\,j}^{\,k} - \Gamma_{j\,i}^{\,k} = \sum_m \left(\xi_{(m)}^k \partial \zeta_j^{(m)}/\partial u^i - \xi_{(m)}^k \partial \zeta_i^{(m)}/\partial u^j\right)$ は一般には零でない.

問 2.12　式 (2.45) 以下に得られた式を用いればよい. ベクトル場 $f\xi = \sum_i f\xi^i\left(\partial/\partial u^i\right)$ の成分について $\nabla_i(f\xi^j) = \partial(f\xi^j)/\partial u^i + \sum \Gamma_{i\,k}^{\,j}(f\xi^k) = \partial f/\partial u^i \xi^j + f(\nabla_i \xi^j)$ であるので, $\nabla_i(f\xi) = \partial f/\partial u^i \xi + f\nabla_i \xi$.

問 2.13　$\sum_{i,j}(\nabla_l t^{ij})s_{ij} = \sum_{i,j} \partial t^{ij}/\partial u^l s_{ij} + \sum_{i,j,m}\left(\Gamma_{l\,m}^{\,i} t^{mj} + \Gamma_{l\,m}^{\,j} t^{im}\right)s_{ij}$, $\sum_{i,j} t^{ij}(\nabla_l s_{ij}) = \sum_{i,j} t^{ij}\partial s_{ij}/\partial u^l - \sum_{i,j,m} t^{ij}\left(\Gamma_{l\,i}^{\,m} s_{mj} + \Gamma_{l\,j}^{\,m} s_{im}\right)$ と計算され, これらを加えると $\sum_{i,j}\left(\partial t^{ij}/\partial u^l s_{ij} + t^{ij}\partial s_{ij}/\partial u^l\right) = \partial/\partial u^l\left(\sum_{i,j} t^{ij}s_{ij}\right)$ に等しいことがわかる.

問 2.14　リーマン接続に関して $\Gamma_{i\,j}^{\,k} = \Gamma_{j\,i}^{\,k}$ であることを使う. 関数 f について, $\nabla_i \nabla_j f = \partial \nabla_j f/\partial u^i - \sum_l \Gamma_{i\,j}^{\,l} \nabla_l f = \partial^2 f/\partial u^i \partial u^j - \sum_l \Gamma_{i\,j}^{\,l} \nabla_l f$ と計算されるので $\nabla_i \nabla_j f - \nabla_j \nabla_i f = 0$. 同様にして $\nabla_i \nabla_j \xi^l = \partial \nabla_j \xi^l/\partial u^i - \sum_k \Gamma_{i\,j}^{\,k} \nabla_k \xi^l + \sum_m \Gamma_{i\,m}^{\,l} \nabla_j \xi^m = \left(\partial^2 \xi^l/\partial u^i \partial u^j + \sum_m \partial \Gamma_{j\,m}^{\,l}/\partial u^i \xi^m + \sum_m \Gamma_{j\,m}^{\,l} \partial \xi^m/\partial u^i\right) - \sum_k \Gamma_{i\,j}^{\,k} \nabla_k \xi^l + \sum_m \Gamma_{i\,m}^{\,l} \partial \xi^m/\partial u^j + \sum_{m,n} \Gamma_{i\,m}^{\,l} \Gamma_{j\,n}^{\,m} \xi^n$ と計算されて, $\nabla_i \nabla_j \xi^l - \nabla_j \nabla_i \xi^l = \sum_m \left(\partial \Gamma_{j\,m}^{\,l}/\partial u^i - \partial \Gamma_{i\,m}^{\,l}/\partial u^j\right) + \sum_{m,n}\left(\Gamma_{i\,m}^{\,l} \Gamma_{j\,n}^{\,m} - \Gamma_{j\,m}^{\,l} \Gamma_{i\,n}^{\,m}\right)\xi^n = \sum_m R^l_{\,mij} \xi^m$ が得られる. 残りの 2 つも同様にして計算すれば得られる.

問 2.15　$[[\nabla_i, \nabla_j], \nabla_k] = (\nabla_i \nabla_j - \nabla_j \nabla_i)\nabla_k - \nabla_k(\nabla_i \nabla_j - \nabla_j \nabla_i)$ のように書いて直接確かめられる.

問 2.16　R_{ijkl} は i, j について反対称 ($R_{ijkl} = -R_{jikl}$ であるから i, j の添字について $_nC_2 = n(n-1)/2$ 通り, 同様に k, l についても反対称であるから $_nC_2 = n(n-1)/2$ 通りの成分がある. 添字 i,j と k,l は対称 ($R_{ijkl} = R_{klij}$) であるか

ら，全体で，$\left\{\left(n(n-1)/2\right)^2 - n(n-1)/2\right\}/2 + n(n-1)/2 = n(n-1)(n^2-n+2)/8$
通りの成分がある．これらに，$R_{ijkl} + R_{iklj} + R_{iljk} = 0$ の関係が存在するが，この関係は i, j, k, l がすべて異なるときに新しい条件を与えることがわかる．したがって，全体で $n(n-1)(n^2-n+2)/8 - {}_nC_4 = n^2(n^2-1)/12$ 個の成分が一般に独立となる．

問 2.17

$$\nabla_{\dot{c}(t)}\dot{c}(t) = \sum_i du^i/ds \nabla_i \left\{ \sum_j (du^j/ds)(\partial/\partial u^j) \right\}$$
$$= \sum_{i,j}(du^i/ds)\partial/\partial u^i \left((du^j/ds)\right)(\partial/\partial u^j) + \sum_{i,j}(du^i/ds)(du^j/ds)\Gamma_{ij}^{\ l}(\partial/\partial u^l)$$
$$= \sum_j \left\{ d^2u^j/ds^2 + \sum_{k,l}\Gamma_{k\,l}^{\ j}(du^k/ds)(du^l/ds) \right\}(\partial/\partial u^j) = 0$$

問 2.18　$\dot{y} = y\sqrt{1-c^2y^2}$ を変数分離した $dy/(y\sqrt{1-c^2y^2}) = ds$ を積分する．$y = \sin\theta/c$ $(0 \le \theta \le \pi)$ とおくと，左辺の積分は，$\int dy/(y\sqrt{1-c^2y^2}) = \int d\theta/\sin\theta$
$= \log\tan(\theta/2) + \text{const.}$ となるので，$\tan(\theta/2) = Ae^s$（A は積分定数）が得られる．よって，$y = (1/c)(2\tan(\theta/2)/(1+\tan^2(\theta/2))) = (2/c)\{Ae^s/(1+A^2e^{2s})\}$ となる．また，$\dot{x} = cy^2$ を積分すれば，$x = -(2/c)(1/(1+A^2e^{2s})) + B$（$B$ は積分定数）が得られる（ちなみに，$(x - B + 1/c)^2 + y^2 = 1/c^2$ が確かめられる）．

問 2.19　$u^i(t) = u^i(u_0, \xi_0, t), \xi^i(t) = \xi^i(u_0, \xi_0, t)$ が式 (2.62) の解であったとき，$du^i(u_0, c\xi_0, t/c)/dt = (1/c)(du^i(u_0, c\xi_0, t/c)/d(t/c)) = (1/c)\xi^i(u_0, c\xi_0, t/c)$，$d(1/c)\xi^i(u_0, c\xi_0, t/c)/dt = (1/c^2)d\xi^i(u_0, c\xi_0, t/c)/d(t/c) = \sum_{j,k}\Gamma_{j\,k}^i(1/c)\xi^j(u_0,$
$c\xi_0, t/c)1/c\xi^k(u_0, c\xi_0, t/c)$ となるので，$u^i(u_0, c\xi_0, t/c)$，$(1/c)\xi^i(u_0, c\xi_0, t/c)$ は式 (2.62) の解である．さらに，初期値について $u^i(u_0, c\xi_0, 0) = u_0^i$，$(1/c)\xi^i(u_0, c\xi_0, 0)$
$= (1/c)c\xi_0^i = \xi_0$ である．常微分方程式の解の存在と一意性に関する定理（付録 A.2）を使えば，$|t|$ が十分小さな t の範囲で，$u^i(u_0, c\xi_0, t/c) = u^i(u_0, \xi_0, t)$，$(1/c)\xi^i(u_0, c\xi_0, t/c) = \xi^i(u_0, \xi_0, t)$ であることがわかる．

問 2.20　$e^a(\boldsymbol{E}_b) = \left(\sum_i e_i{}^a du^i\right)\left(\sum_j E_b{}^j(\partial/\partial u^j)\right) = \sum_{i,j}e_i{}^a E_b{}^j(du^i)(\partial/\partial u^j)$
$= \sum_i e_i{}^a E_b{}^i = \delta_b^a$

問 2.21　直交枠の定義より $g(\boldsymbol{E}_a, \boldsymbol{E}_b) = \delta_{ab}$ が成り立つ．リーマン接続は $\nabla_i g = 0$
を満たすので，$0 = \nabla_i \delta_{ab} = g(\nabla_i \boldsymbol{E}_a, \boldsymbol{E}_b) + g(\boldsymbol{E}_a, \nabla_i \boldsymbol{E}_b) = w_{ia}{}^b + w_{ib}{}^a = w_{iab}$
$+ w_{iba}$ が得られる．

問 2.22　ベクトル場 $\xi = \sum_i \xi^i(\partial/\partial u^i) = \sum_a \xi^a \boldsymbol{E}_a$ について 2 通りの計算をする．第一に，$\nabla_i \nabla_j \xi = \nabla_i \left(\sum_a (\nabla_j \xi^a) \boldsymbol{E}_a \right) = \sum_a \left\{ \partial \nabla_j \xi^a/\partial u^i - \sum_m \Gamma_{ij}^m(\nabla_m \xi^a) + \sum_b w_{ib}{}^a(\nabla_j \xi^b) \right\} \boldsymbol{E}_a = \sum_a \left\{ \partial^2 \xi^a/\partial u^i \partial u^j + \sum_c \left(\partial w_{jc}{}^a/\partial u^i \xi^c + w_{jc}{}^a \partial \xi^c/\partial u^i \right) - \sum_m \Gamma_{ij}^m(\nabla_m \xi^a) + \sum_b w_{ib}{}^a \partial \xi^b/\partial u^j + \sum_{b,c} w_{ib}{}^a w_{jc}{}^b \xi^c \right\} \boldsymbol{E}_a$ と計算され，これより
$[\nabla_i, \nabla_j]\xi = \sum_{a,c} \left\{ \partial w_{jc}{}^a/\partial u^i - \partial w_{ic}{}^a/\partial u^j + \sum_b \left(w_{ib}{}^a w_{jc}{}^b - w_{jb}{}^a w_{ic}{}^b \right) \right\} \xi^c \boldsymbol{E}_a$
が得られる．他方で，定理 2.2 により，$[\nabla_i, \nabla_j]\xi = \sum_{k,l} R^l{}_{kij}\xi^k(\partial/\partial u^l) =$

$\sum_{k,l} R^b{}_{aij}\xi^a \boldsymbol{E}_b$ と計算される. これより, $R^b{}_{aij} = \partial w_{ja}{}^b/\partial u^i - \partial w_{ia}{}^b/\partial u^j + \sum_c \left(w_{ia}{}^c w_{jc}{}^b - w_{ja}{}^c w_{ic}{}^b \right)$ が得られる. 問 2.21 の結果を用いると $a,b,c = 1,2$ のとき右辺第 2 項は零であることが容易にわかる.

章末問題 (第 2 章)

1 M の座標近傍系を $\{(U_\alpha, \phi_\alpha)\}$ とし, 開被覆 $\{U_\alpha\}$ は局所有限である とする (付録 A.3). 各 U_α は写像 ϕ_α によって $\mathbb{R}^n$ の開集合と同相であ る, $\phi_\alpha : U_\alpha \simeq D_\alpha$. D_α 上で正定値二次形式を $A_\alpha(u^1, \cdots, u^n) : \mathbb{R}^n \times \mathbb{R}^n \to \mathbb{R}$ を考える (A_α は正定値な対称行列に値をとる D_α 上の関数). こ のとき, $p \in U_\alpha$ について $g_\alpha(p) = \phi_\alpha^* A_\alpha : T_pM \times T_pM \to \mathbb{R}$ を, $g_\alpha(p)(\xi, \eta) = A_\alpha(u_1(p), \cdots, u^n(p))(\xi_\alpha(p), \eta_\alpha(p))$ ($\xi_p = \sum_i \xi_\alpha(p)^i \left(\partial/\partial u_\alpha^i \right)_p, \eta_p = \sum_i \eta_\alpha(p)^i \left(\partial/\partial u_\alpha^i \right)_p$) によって定めると, $g_\alpha(p)$ ($p \in U_\alpha$) は正定値二次形式である. これらを貼り合わせて $g = \sum_\alpha f_\alpha g_\alpha$ とすると M 上の正定値二次形式 (リーマン計 量) が得られる. ここで, $\{f_\alpha\}$ は局所有限な開被覆に従属する 1 の分割 ($1 \geq f_\alpha(p) \geq 0$, $\sum_\alpha f_\alpha(p) = 1$, $\mathrm{supp}(f_\alpha) \subset U_\alpha$) である. 構成からわかるように M 上のリーマ ン計量はかなり自由に作ることができる.

2 1) $(U_p, \varphi_p; x^1, \cdots, x^n)$ が p が標準座標系であるとき,「$c(t)$ 測地線 ($c(0) = p$) $\Leftrightarrow$ ある $\xi \in T_pM$ ($g_p(\xi, \xi) = 1$) を用いて $x^i(c(t)) = \xi^i t$」 (定理 2.6) である. 一方 で, 測地線は微分方程式, $d^2 x^k/dt^2 + \sum \sum_{i,j} \Gamma_{ij}^{\ k}(dx^i/dt)(dx^j/dt) = 0$ を満たすの で, 任意の測地線 $c(t)$ ($c(0) = p$) について $\sum \sum_{i,j} \Gamma_{ij}^{\ k}(x)(dx^i/dt)(dx^j/dt) = 0$ が成り立つ.

2) 1) より $\sum_{i,j} \Gamma_{ij}^{\ k}(x(t))\xi^i \xi^j = 0 (\xi \in T_pM)$ であるから, $t = 0$ とおいて, $\sum_{i,j} \Gamma_{ij}^{\ k}(p)\xi^i \xi^j = 0$. ξ は任意であるから, $\Gamma_{ij}^{\ k}(p) = 0$ を得る. 次に, リーマン接 続について $\nabla_l g_{ij} = 0$ であるから, これと合わせて $(\nabla_l g_{ij})(p) = \partial g_{ij}/\partial x^l(p) = 0$ となる. まとめて,

$$\Gamma_{ij}^{\ k}(p) = 0, \qquad \partial g_{ij}/\partial x^l(p) = 0 \qquad\qquad (*)$$

再び, $\sum_{i,j} \Gamma_{ij}^{\ k}(x(t))\xi^i \xi^j = 0$ について, $x^i(t) = \xi^i t$ であったので, t^2 を掛ける ことによって, $\sum_{i,j} \Gamma_{ij}^{\ k}(x(t))x^i(t)x^j(t) = 0$ を得る. ここで, $x^i(t) = \xi^i t$ におい て $\xi \in T_pM$ は任意にとれたので, $x^i(t)$ は T_pM の原点近傍 ($\varphi_p(U_p)$) の点をすべ て表す. したがって, $\varphi_p(U_p) \subset T_pM$ 上で, $\sum_{i,j} \Gamma_{ij}^{\ k}(x)x^i x^j = 0$ が成り立つ. こ の関係式を微分して, $\sum_{i,j}(\partial \Gamma_{ij}^{\ k}/\partial x^l)x^i x^j + 2\sum_j \Gamma_{ij}^{\ k} x^j = 0$ を得るが, これに x^l を掛けて l について足し上げると, $\sum_{i,j,k}(\partial \Gamma_{ij}^{\ k}/\partial x^l)x^i x^j x^l = 0$ が得られる. $\partial \Gamma_{ij}^{\ k}/\partial x^l(x) = \partial \Gamma_{ij}^{\ k}/\partial x^l(p) + \cdots$ と原点 p のまわりでテイラー展開するとその初項 について $\sum_{i,j,k}(\partial \Gamma_{ij}^{\ k}/\partial x^l)(p)x^i x^j x^l = (1/3)\sum_{i,j,k} \left(\partial \Gamma_{ij}^{\ k}/\partial x^l(p) + \partial \Gamma_{jl}^{\ k}/\partial x^i(p) \right.$

$+\,\partial\Gamma_{l\,i}^{\ k}/\partial x^j(p)\big)x^ix^jx^l = 0$ であるから,

$$\sum_{i,j,k}\big(\partial\Gamma_{i\,j}^{\ k}/\partial x^l(p) + \partial\Gamma_{j\,l}^{\ k}/\partial x^i(p) + \partial\Gamma_{l\,i}^{\ k}/\partial x^j(p)\big) = 0 \qquad (**)$$

となる. (*) および (**) 式を用いると,

$$\sum_{i,k}x^ix^kR^l_{\ kij}(p) = \sum_{i,k}x^ix^k\big(\partial\Gamma_{j\,k}^{\ l}/\partial x^i(p) - \partial\Gamma_{i\,k}^{\ l}/\partial x^j(p)\big)$$
$$= \sum_{i,k}x^ix^k\big(2\partial\Gamma_{j\,k}^{\ l}/\partial x^i(p) + \partial\Gamma_{i\,j}^{\ l}/\partial x^k(p)\big) = 3\sum_{i,k}x^ix^k\partial\Gamma_{j\,k}^{\ l}/\partial x^i(p)$$
$$= (3/2)\sum_{i,k,m}g^{lm}(p)x^ix^k\big((\partial^2 g_{jm}/\partial x^i\partial x^k)(p) + (\partial^2 g_{km}/\partial x^i\partial x^j)(p)$$
$$-\,(\partial^2 g_{jk}/\partial x^i\partial x^m)(p)\big)$$

を得る. ここで $R_{lkij}(p) = R_{jikl}(p)$ に注意すると, $\sum_{i,k}x^ix^kR_{lkij}(p) = (3/2)(\partial^2 g_{jl}/\partial x^i\partial x^k)(p)x^ix^k$ となり, テイラー展開 $g_{jl}(x) = g_{jl}(p) + (1/2)\sum_{i,k}(\partial^2 g_{jl}/(\partial x^i\partial x^k))(p)x^ix^k + O(x^3) = g_{jl}(p) + (1/3)\sum_{i,k}x^ix^kR_{lkij}(p) + O(x^3)$ が得られる.

3　補題 2.1 で示された関係 $\nabla_{c'_\lambda}\dot{c}_\lambda = \nabla_{\dot{c}_\lambda}c'_\lambda$, $(\partial/\partial\lambda)g(\dot{c}_\lambda,\dot{c}_\lambda) = 2g(\nabla_{c'_\lambda}\dot{c}_\lambda,\dot{c}_\lambda)$, $(\partial/\partial\lambda)g(\nabla_{\dot{c}_\lambda}c'_\lambda,\dot{c}_\lambda) = g(\nabla_{c'_\lambda}\nabla_{\dot{c}_\lambda}c'_\lambda,\dot{c}_\lambda) + g(\nabla_{\dot{c}_\lambda}c'_\lambda,\nabla_{c'_\lambda}\dot{c}_\lambda)$ を用いると,

$$(\partial^2/\partial\lambda^2)\sqrt{g(\dot{c}_\lambda,\dot{c}_\lambda)} = (\partial/\partial\lambda)(1/\sqrt{g(\dot{c}_\lambda,\dot{c}_\lambda)})g(\nabla_{\dot{c}_\lambda}c'_\lambda,\dot{c}_\lambda)$$
$$= (1/\sqrt{g(\dot{c}_\lambda,\dot{c}_\lambda)})\big\{g(\nabla_{c'_\lambda}\nabla_{\dot{c}_\lambda}c'_\lambda,\dot{c}_\lambda) + g(\nabla_{\dot{c}_\lambda}c'_\lambda,\nabla_{c'_\lambda}\dot{c}_\lambda)$$
$$-g(\nabla_{\dot{c}_\lambda}c'_\lambda,\dot{c}_\lambda)g(\nabla_{c'_\lambda}\dot{c}_\lambda,\dot{c}_\lambda)/g(\dot{c}_\lambda,\dot{c}_\lambda)\big\}$$
$$= 1/\sqrt{g(\dot{c}_\lambda,\dot{c}_\lambda)}\big\{g(\nabla_{\dot{c}_\lambda}\nabla_{c'_\lambda}c'_\lambda,\dot{c}_\lambda) - g([\nabla_{\dot{c}_\lambda},\nabla_{c'_\lambda}]c'_\lambda,\dot{c}_\lambda)$$
$$+g(\nabla_{\dot{c}_\lambda}c'_\lambda,\nabla_{\dot{c}_\lambda}c'_\lambda) - g(\nabla_{\dot{c}_\lambda}c'_\lambda,\dot{c}_\lambda)^2/g(\dot{c}_\lambda,\dot{c}_\lambda)\big\}$$

と計算される. さらにここで, $[\nabla_{\dot{c}_\lambda},\nabla_{c'_\lambda}]c'_\lambda = \sum_{i,j}[(\partial u^i/\partial t)\nabla_i,(\partial u^j/\partial\lambda)\nabla_j]c'_\lambda = \sum_{i,j}\big((\partial u^i/\partial t)(\partial u^j/\partial\lambda)[\nabla_i,\nabla_j]c'_\lambda + (\partial u^i/\partial t)(\partial/\partial u^i)(\partial u^j/\partial\lambda)\nabla_j c'_\lambda - (\partial u^j/\partial\lambda)(\partial/\partial u^j)(\partial u^i/\partial t)\nabla_i c'_\lambda\big) = \sum_{i,j,k,l}(\partial u^i/\partial t)(\partial u^j/\partial\lambda)R^l_{\ kij}(\partial u^k/\partial\lambda)(\partial/\partial u^l)$ と計算されることを使うと,

$$-g([\nabla_{\dot{c}_\lambda},\nabla_{c'_\lambda}]c'_\lambda,\dot{c}_\lambda) = \sum_{i,j,k,l}(\partial u^i/\partial t)(\partial u^j/\partial\lambda)(\partial u^k/\partial\lambda)(\partial u^l/\partial t)R_{ijkl}$$
$$=: R(\dot{c}_\lambda,c'_\lambda,c'_\lambda,\dot{c}_\lambda)$$

と表される. また, $g(\nabla_{\dot{c}_\lambda}\nabla_{c'_\lambda}c'_\lambda,\dot{c}_\lambda) = (\partial/\partial t)g(\nabla_{c'_\lambda}c'_\lambda,\dot{c}_\lambda) - g(\nabla_{c'_\lambda}c'_\lambda,\nabla_{\dot{c}_\lambda}\dot{c}_\lambda)$ を使うと,

$$(d^2/d\lambda^2)s(C_\lambda) = \int_{t_0}^{t_1}dt(1/\sqrt{g(\dot{c}_\lambda,\dot{c}_\lambda)})\big\{g(\nabla_{c'_\lambda}c'_\lambda,\dot{c}_\lambda)g(\nabla_{\dot{c}_\lambda}\dot{c}_\lambda,\dot{c}_\lambda)/g(\dot{c}_\lambda,\dot{c}_\lambda)$$
$$-g(\nabla_{c'_\lambda}c'_\lambda,\nabla_{\dot{c}_\lambda}\dot{c}_\lambda)+R(\dot{c}_\lambda,c'_\lambda,c'_\lambda,\dot{c}_\lambda)+g(\nabla_{\dot{c}_\lambda}c'_\lambda,\nabla_{\dot{c}_\lambda}c'_\lambda)-g(\nabla_{\dot{c}_\lambda}c'_\lambda,\dot{c}_\lambda)^2/g(\dot{c}_\lambda,\dot{c}_\lambda)\big\}$$

が得られる. 停留曲線については, $\nabla_{\dot{c}_0}\dot{c}_0 = 0, g(\dot{c}_0,\dot{c}_0) = 1$ であることを使うと求める第二変分が決まる.

第 3 章

問 3.1　$f_\alpha = f \circ \phi_\alpha$, $f_\beta = f \circ \phi_\beta$ と書くことにすると $f_\alpha = f_\beta \circ \phi_{\beta\alpha}$ と書かれ，
$df_\alpha = \sum_j (\partial f_\alpha / \partial u_\alpha^j) du_\alpha^j = \sum_{i,j} (\partial f_\beta / \partial u_\beta^i)(\partial u_\beta^i / \partial u_\alpha^j) du_\alpha^j = \sum_i (\partial f_\beta / \partial u_\beta^i) du_\beta^i$
$= df_\beta$ となる．

問 3.2　関数の引き戻しについて，$\varphi^*(f + g) = \varphi^*(f) + \varphi^*(g)$, $\varphi^*(cf) = c\varphi^*(f)$, $\varphi^*(fg) = \varphi^*(f)\varphi^*(g)$（$fg$ は f と g の積）が成り立つので，$\varphi_*(X_p)(f + g) = X_p(\varphi^*(f + g)) = X_p(\varphi^*(f) + \varphi^*(g)) = \varphi_*(X_p)(f) + \varphi_*(X_p)(g)$, $\varphi_*(X_p)(cf) = c\varphi_*(X_p)(f)$, $\varphi_*(X_p)(fg) = X_p(\varphi^*(f)\varphi^*(g)) = X_p(\varphi^*(f))\varphi^*(g) + \varphi^*(f)X_p(\varphi^*(g)) = \varphi_*(X_p)(f)(g \circ \varphi) + (f \circ \varphi)\varphi_*(X_p)(g)$ が確かめられる．

問 3.3　任意の $f \in C^\infty(M'')$ について，$(\varphi' \circ \varphi)_*(X_p)(f) = X_p\big((\varphi' \circ \varphi)^* f\big) = X_p(\varphi^* \circ (\varphi')^* f) = \varphi_*(X_p)((\varphi')^* f) = (\varphi'_* \circ \varphi_*)(X_p)(f)$ が成り立つ．

問 3.4　任意の $w \in T_{\varphi' \circ \varphi(p)} M''$ について，$(\varphi' \circ \varphi)^* w(X_p) = w((\varphi' \circ \varphi)_*(X_p)) = w((\varphi') \circ \varphi_*(X_p)) = (\varphi')^* w(\varphi_*(X_p)) = \varphi^* \circ (\varphi')^* w(X_p)$ が成り立つ．

問 3.5　$\varphi : M \to M'$ が微分同相であるとするとき，C^∞ 写像の定義より任意の $f \in C^\infty(M')$ について引き戻し $\varphi^* f$ は $C^\infty(M)$ の元となり，写像 $\varphi^* : C^\infty(M') \to C^\infty(M)$ が定義される．同様に，微分同相 $\varphi^{-1} : M' \to M$ について $(\varphi^{-1})^* : C^\infty(M) \to C^\infty(M')$ が定義され，$\varphi^* \circ (\varphi^{-1})^* = \mathrm{id}_{C^\infty(M)}$, $(\varphi^{-1})^* \circ \varphi^* = \mathrm{id}_{C^\infty(M')}$ が成り立つ．したがって，$C^\infty(M) \cong C^\infty(M')$. また，問 3.3 を $M \xrightarrow{\varphi} M' \xrightarrow{\varphi^{-1}} M$, $M' \xrightarrow{\varphi^{-1}} M \xrightarrow{\varphi} M'$ に対して当てはめれば直ちに $T_p M \cong T_{\varphi(p)} M'$ が得られる．

問 3.6　各局所座標近傍で $X = \sum_i \xi^i \big(\partial/\partial u^i\big)$ と書くとき，ξ^i が C^∞ 級であるならば任意の $f \in C^\infty(M)$ について $Xf = \sum_i \xi^i (\partial f/\partial u^i)$ は M 上 C^∞ 関数である．逆に，任意の $f \in C^\infty(M)$ について Xf が C^∞ 関数であるとき，特に f を局所座標近傍での座標関数 u^i にとれば $Xf = \xi^i$ は C^∞ 級である．

問 3.7　$[X, fY] = XfY - fYX = (Xf - fX)Y + f(XY - YX) = [X, f]Y + f[X, Y]$. ここで，$[X, f] = Xf - fX = (Xf)$ は関数となる．

問 3.8　$x_0 \neq 0$ であるならば，$x(t) = x_0/(x_0^2 t^2 + (1 - y_0 t)^2)$, $y(t) = \big(y_0(1 - y_0 t) + x_0^2 t\big)/\big(x_0^2 t^2 + (1 - y_0 t)^2\big)$ と書かれるので，写像 $\varphi : (t, x_0, y_0) \mapsto (x(t), y(t))$ は t, x_0, y_0 に関して C^∞ 級である．ところが，$x_0 = 0$ であるときは，$x(t) = 0$, $y(t) = y_0/(1 - y_0 t)$ となり $t = 1/y_0$ （$y_0 \neq 0$）で C^∞ 級とならない．したがって，写像 φ は C^∞ 写像 $\mathbb{R} \times \mathbb{R}^2 \to \mathbb{R}^2$ を定めない（初期値 (x_0, y_0) の領域を V とするとき，これが y 軸と交わりをもたなければ φ_t はすべての t で定義され，写像 $\varphi : \mathbb{R} \times V \to \mathbb{R}^2$ は C^∞ 写像である．しかし，V を $\mathbb{R}^2$ 全体にすることはできない．図 3.1 からも読み取れるように，初期値が y 軸上の流れに "乗る" ときに問題が

生じる).

問 3.9 $du^i/dt = \xi^i$ $(i = 1, 2)$ を書くと $du^1/dt = 0$, $du^2/dt = 1$ となり,初期値を $(0, 1)$ とする解は $u^1(t) = 0$, $u^2(t) = t + 1$ となる.したがって一径数局所変換は $\varphi_t((0, 1)) = (0, t + 1)$ と決まるが,条件 $y > 0$ のためにこれを $\mathbb{R}$ 全体まで拡張することはできない.$X = \partial/\partial x$ のとき,微分方程式は $du^1/dt = 1$, $du^2/dt = 0$ となり,$u^1(t) = t + x_0, u^2(t) = y_0$ $(x_0,\ y_0$ は初期値$)$ が解となる.したがって $\varphi_t((x_0, y_0)) = (t + x_0, y_0)$ であり,任意の初期値に対して t は実軸全体 $\mathbb{R}$ で定義される.

問 3.10 命題 3.4 の結果を用いる.1) $\mathcal{L}_X(aY + bZ) = [X, aY + bZ] = a[X, Y] + b[X, Z]$, 2) $\mathcal{L}_X[Y, Z] = [X, [Y, Z]] = [[X, Y], Z] + [Y, [X, Z]]$ (ヤコビの恒等式(命題 3.3))

問 3.11 式 (3.5) と命題 3.4 によって $\mathcal{L}_X Y = [X, Y] = \sum_{i,j} \left(\xi^i \partial \eta^j / \partial u^i - \eta^i \partial \xi^j / \partial u^i \right) \partial / \partial u^j$ と書かれる.ここで,$\nabla_i \eta^j = \partial \eta^j / \partial u^i + \sum_k \Gamma^j_{ik} \eta^k$, $\nabla_i \xi^j = \partial \xi^j / \partial u^i + \sum_k \Gamma^j_{ik} \xi^k$ と定義され,またリーマン接続について $\Gamma^j_{ik} = \Gamma^j_{ki}$ が成り立つので $\mathcal{L}_X Y = \sum_{i,j} \left(\xi^i \nabla_i \eta^j - \eta^i \nabla_i \xi^j \right) (\partial / \partial u^j)$ と書かれる.

問 3.12 $\omega = \sum_{j_1 < \cdots < j_k} \omega_{j_1 \cdots j_k} du^{j_1} \wedge \cdots \wedge du^{j_k}$, $\mu = \sum_{m_1 < \cdots < m_l} \omega_{m_1 \cdots m_l} du^{m_1} \wedge \cdots \wedge du^{m_l}$ と書く.定義の線形性によって,$(du^{j_1} \wedge \cdots \wedge du^{j_k}) \wedge (du^{m_1} \wedge \cdots \wedge du^{m_l})$ について調べれば十分である.そこで,定義にしたがって $(du^{j_1} \wedge \cdots \wedge du^{j_k}) \wedge (du^{m_1} \wedge \cdots \wedge du^{m_l})(X_1, \cdots, X_{k+l}) = \sum_{\sigma \in \mathfrak{S}_{k+l}} \mathrm{sgn}(\sigma) du^{j_1}(X_{\sigma(1)}) \cdots du^{j_k}(X_{\sigma(k)}) du^{m_1}(X_{\sigma(k+1)}) \cdots du^{m_{k+l}}(X_{\sigma(k+l)}) = 1/k!l! \sum_{\sigma \in \mathfrak{S}_{k+l}} \mathrm{sgn}(\sigma)(du^{j_1} \wedge \cdots \wedge du^{j_k})(X_{\sigma(1)}, \cdots, X_{\sigma(k)})(du^{m_1} \wedge \cdots \wedge du^{m_l})(X_{\sigma(k+1)}, \cdots, X_{\sigma(k+l)})$ 計算される.ここで,最後の等式は例えば $k = l = 2$ の場合に具体的に書き下してみればよく理解されるであろう.(例:$(du^1 \wedge du^2) \wedge (du^3 \wedge du^4)(\partial / \partial u^1, \partial / \partial u^2, \partial / \partial u^3, \partial / \partial u^4) = (du^1 \wedge du^2)(\partial / \partial u^1, \partial / \partial u^2)(du^3 \wedge du^4)(\partial / \partial u^3, \partial / \partial u^4) = 1/2!2! \sum_{\sigma \in \mathfrak{S}_4} \mathrm{sgn}(\sigma)(du^1 \wedge du^2)(\partial / \partial u^{\sigma(1)}, \partial / \partial u^{\sigma(2)})(du^3 \wedge du^4)(\partial / \partial u^{\sigma(3)}, \partial / \partial u^{\sigma(4)}))$

問 3.13 座標近傍 U_α, U_β に関する局所座標関数を $u^i_\alpha = u^i$, $u^i_\beta = \bar{u}^i$ と書くことにする.このとき $U_\alpha \cap U_\beta \neq \phi$ 上で,$dw = (1/2!) \sum_{r,s,t} (\partial \bar{w}_{st} / \partial \bar{u}^r) d\bar{u}^r \wedge d\bar{u}^s \wedge d\bar{u}^t = (1/2!) \sum_{j,s,t} \sum_{k,l} (\partial \bar{w}_{st} / \partial u^j)(\partial \bar{u}^s / \partial u^k)(\partial \bar{u}^t / \partial u^l) du^j \wedge du^k \wedge du^l = (1/2!) \sum_{j,k,l} \sum_{s,t} \partial / \partial u^j \left(\bar{w}_{st}(\partial \bar{u}^s / \partial u^k)(\partial \bar{u}^t / \partial u^l) \right) du^j \wedge du^k \wedge du^l = (1/2!) \sum_{j,k,l} (\partial w_{kl} / \partial u^j) du^j \wedge du^k \wedge du^l$ と計算されて座標系によらないことがわかる.

問 3.14 $\mathcal{L}_X(\omega \wedge \mu) = \lim_{t \to 0}((\varphi^*(\omega \wedge \mu) - \omega \wedge \mu)/t) = \lim_{t \to 0}(\varphi_t^* \omega \wedge \varphi_t^* \mu - \omega \wedge \mu)/t = \lim_{t \to 0} \left((\varphi_t^* \omega - \omega) \wedge \varphi_t^* \mu + \omega \wedge (\varphi_t^* \mu - \mu) \right)/t = (\mathcal{L}_X \omega) \wedge \mu + \omega \wedge \mathcal{L}_X \mu$. $f \in C^\infty(M)$ については,$\mathcal{L}_X f = \lim_{t \to 0} (\varphi_t^* f - f)/t = \lim_{t \to 0} (f \circ \varphi_t - f)/t = Xf$

となるので $\mathcal{L}_X(f\omega) = (Xf)\omega + f(\mathcal{L}_X\omega)$.

問 3.15 　定義に現れる行列式を第 1 行について展開すると $i_{X_1}(du^1 \wedge du^2 \wedge \cdots \wedge du^s)(X_2, \cdots, X_s) = \det(du^i(X_j))_{1 \le i,j \le n} = \sum_i (-1)^{i+1} du^i(X_1) \det(du^k(X_j))_{2 \le j \le s, k=1, \cdots, \hat{i}, \cdots, s} = \sum_i (-1)^{i+1} du^i(X_1)(du^1 \wedge \cdots \wedge \hat{du^i} \wedge \cdots \wedge du^s)(X_2, \cdots, X_s)$ と計算される. この結果を用いて, $\omega = du^{i_1} \wedge \cdots \wedge du^{i_k}, \mu = du^{j_1} \wedge \cdots \wedge du^{j_l}$ について $i_X(\omega \wedge \mu) = (i_X\omega) \wedge \mu + (-1)^k \omega \wedge (i_X\mu)$ が示される. i_X は線形であるから, この関係は任意の ω, μ について成立する.

問 3.16 　$\mathcal{L}_X \circ d = d \circ \mathcal{L}_X$ （命題 3.9）とカルタンの公式を用いると次のように導かれる;$\mathcal{L}_X\mathcal{L}_Y - \mathcal{L}_Y\mathcal{L}_X = \mathcal{L}_X(i_Y \circ d + d \circ i_Y) - (i_Y \circ d + d \circ i_Y)\mathcal{L}_X = (\mathcal{L}_X i_Y - i_Y\mathcal{L}_X) \circ d + d \circ (\mathcal{L}_X i_Y - i_Y\mathcal{L}_X) = i_{[X,Y]} \circ d + d \circ i_{[X,Y]} = \mathcal{L}_{[X,Y]}$.

問 3.17 　問 3.11 と同じように計算する.

問 3.18 　$p = t_0 a_0 + t_1 a_1 + \cdots + t_m a_m = t_0' a_0 + t_1' a_1 + \cdots + t_m' a_m$ と表されたとする $(t_0 + t_1 + \cdots + t_m = t_0' + t_1' + \cdots + t_m' = 1)$. このとき, $(t_0 - t_0')a_0 + (t_1 - t_1')a_1 + \cdots + (t_m - t_m')a_m = 0$ が得られるが, $(t_0 - t_0') + (t_1 - t_1') + \cdots + (t_m - t_m') = 0$ を使うと $(t_1 - t_1')(a_1 - a_0) + \cdots + (t_m - t_m')(a_m - a_0) = 0$ となる. $a_0, a_1, \cdots, a_m$ は独立な位置にあるから $t_k = t_k'$ $(k = 0, 1, \cdots, m)$ が得られる.

問 3.19 　頂点の座標を $a_0 = (0,0,0), a_1 = (1,0,0), a_2 = (0,1,0), a_3 = (0,0,1)$ などとして図を描いてみるとよい.

問 3.20 　$C_m(K, \mathbb{R})$ の基底を

$$a_1, \cdots, a_r, \underbrace{\overbrace{b_1, \cdots, b_s}^{Z_m}, c_1, \cdots, c_t}_{B_m = \partial C_{m+1}}$$

と表し, $b_1, \cdots, b_s, c_1, \cdots, c_t$ が Z_m の基底となり, $b_1, \cdots, b_s$ が $B_m = \partial C_{m+1}$ の基底になるようにとる. このとき, $H_m(K, \mathbb{R}) \cong \langle c_1, \cdots, c_t \rangle (c_1, \cdots, c_t$ が生成するベクトル空間) である. 同様に, C_{m-1}, C_{m+1} の基底を

$$C_{m-1}: \quad a_1', \cdots, a_{r'}', \underbrace{\overbrace{b_1', \cdots, b_{s'}'}^{Z_{m-1}}, c_1', \cdots, c_{t'}'}_{B_{m-1} = \partial C_m} \quad (s' = r)$$

$$C_{m+1}: \quad a_1'', \cdots, a_{r''}'', \underbrace{\overbrace{b_1'', \cdots, b_{s''}''}^{Z_{m+1}}, c_1'', \cdots, c_{t''}''}_{B_{m+1} = \partial C_{m+2}} \quad (r'' = s)$$

となるようにとる. さらに, このとき $\partial a_i = b_i'$ $(i = 1, \cdots, r)$, $\partial a_j'' = b_j$ $(j = 1, \cdots, s)$ が満たされるようにする（ことができる）. C_m, C_{m-1}, C_{m+1} そ

れぞれの基底に関し，その双対基底をとり C^m, C^{m-1}, C^{m+1} の基底とする．

$$C^{m-1}: \quad \varphi_{a'_1}, \cdots, \varphi_{a'_{r'}}, \varphi_{b'_1}, \cdots, \varphi_{b'_{s'}}, \varphi_{c'_1}, \cdots, \varphi_{c'_{t'}} \quad (s' = r)$$
$$C^m: \quad \varphi_{a_1}, \cdots, \varphi_{a_r}, \varphi_{b_1}, \cdots, \varphi_{b_s}, \varphi_{c_1}, \cdots, \varphi_{c_t}$$
$$C^{m+1}: \quad \varphi_{a''_1}, \cdots, \varphi_{a''_{r''}}, \varphi_{b''_1}, \cdots, \varphi_{b''_{s''}}, \varphi_{c''_1}, \cdots, \varphi_{c''_{t''}} \quad (r'' = s)$$

このとき，双対複体に関して，$Z^m = \langle \varphi_{a_1}, \cdots, \varphi_{a_r}, \varphi_{c_1}, \cdots, \varphi_{c_t} \rangle, B^m = \langle \varphi_{a_1}, \cdots, \varphi_{a_r} \rangle$ であることを示す．まず，$\varphi = \sum_i \alpha_i \varphi_{a_i} + \sum_j \beta_j \varphi_{b_j} + \sum_k \gamma_k \varphi_{c_k}$ について，任意の $c \in C_{m+1}$ について $(\partial^* \varphi)(c) = \varphi(\partial c) = 0 \ (\partial c \in \langle b_1, \cdots, b_s \rangle)$ が成立する必要十分条件は $\beta_1 = \cdots = \beta_s = 0$ であるので，$Z^m = \langle \varphi_{a_1}, \cdots, \varphi_{a_r}, \varphi_{c_1}, \cdots, \varphi_{c_t} \rangle$ がわかる．次に，同様な議論によって $Z^{m-1} = \langle \varphi_{a'_1}, \cdots, \varphi_{a'_{r'}}, \varphi_{c'_1}, \cdots, \varphi_{c'_{t'}} \rangle$ が示されるので，$\partial^* C^{m-1} = \partial^* \langle \varphi_{b'_1}, \cdots, \varphi_{b'_r} \rangle$ であることがわかる．また，$\partial^* \varphi_{b'_j}(a_i) = \varphi_{b'_j}(\partial a_i) = \varphi_{b'_j}(b'_i) = \delta_{ij} = \varphi_{a_j}(a_i), \ (1 \le i, j \le r)$ であるから結局 $\partial^* C^{m-1} = \langle \partial^* \varphi_{b'_1}, \cdots, \partial^* \varphi_{b'_r} \rangle = \langle \varphi_{a_1}, \cdots, \varphi_{a_r} \rangle$ となる．以上によって，$H^m = Z^m/(\partial^* C^{m-1}) \cong \langle \varphi_{c_1}, \cdots, \varphi_{c_t} \rangle$ が示され，$H_m \cong \langle c_1, \cdots, c_t \rangle$ と同型であることが示された．$H^m = (H_m)^*$ (H_m の双対空間) であることは結果から明らかであろう．

問 3.21 単位円周に外接する正三角形 $\triangle P_1 P_2 P_3$ の頂点を $P_1 : (0, 2), P_2 : (\sqrt{3}, -1), P_3 : (-\sqrt{3}, -1)$ となるようにとり，3辺を $\overline{P_1 P_2} = \{(t_1, 2 - \sqrt{3}t_1) | 0 \le t_1 \le \sqrt{3}\}$, $\overline{P_3 P_1} = \{(t_2, 2 + \sqrt{3}t_2) | -\sqrt{3} \le t_2 \le 0\}$, $\overline{P_3 P_2} = \{(t_3, -1) | -\sqrt{3} \le t_3 \le \sqrt{3}\}$ のように表す．外接する正三角形 $\triangle P_1 P_2 P_3$ が定義する単体的複体は $K = \{P_1, P_2, P_3, \overline{P_1 P_2}, \overline{P_3 P_1}, \overline{P_3 P_2}\}$ と書かれ，$|K| = $（正三角形 $\triangle P_1 P_2 P_3$ の外周）である．S^1 への同相写像 $h : |K| \approx S^1$（三角形分割）は，$(x, y) \in |K|$ に対して，$h(x, y) = (x/\sqrt{x^2 + y^2}, y/\sqrt{x^2 + y^2})$ によって与えられる．このとき，同相写像 h の各一単体（3辺）への制限は，例えば $h_{\overline{P_1 P_2}}(t_1, 2 - \sqrt{3}t_1) = (t_1/\sqrt{t_1^2 + (2 - \sqrt{3}t_1)^2}, (2 - \sqrt{3}t_2)/\sqrt{t_1^2 + (2 - \sqrt{3}t_1)^2}) \ (0 \le t_1 \le \sqrt{3})$ で与えられるが，これらは明らかに埋め込み写像 $h_{\overline{P_i P_j}} : \overline{P_i P_j} \to S^1$ を定める（$h_{\overline{P_i P_j}} : \overline{P_i P_j} \simeq h_{\overline{P_i P_j}}(\overline{P_i P_j})$ は微分同相である）．さらに，$h_{\overline{P_1 P_2}}$ の定義域を $-\varepsilon \le t_1 \le \sqrt{3} + \varepsilon(\varepsilon > 0)$ まで拡げても埋め込み写像となっている．$h_{\overline{P_3 P_1}}, h_{\overline{P_3 P_2}}$ についても同様であり，したがって三角形分割 $h : |K| \approx S^1$ は C^∞ 三角形分割になっている．

問 3.22

$$
\begin{array}{ccc}
\longrightarrow & C^{k-1} \xrightarrow{d} C^k & \longrightarrow \\
& \downarrow{f_{k-1}} \quad \downarrow{f_k} & \\
\longrightarrow & D^{k-1} \xrightarrow{d'} D^k & \longrightarrow
\end{array}
$$

$H^k(C, d)$ の元 $[w] = w + dC^{k-1}$ について，$f_k([w]) = f_k(w) + d'D^{k-1}$ を対応させる．このとき，1) $d'f_k(w) = f_k(dw) = f_k(0) = 0$ より $f_k(w) \in Z^k(D, d')$ であ

り $f_k([w]) \in H^k(D, d')$ であることがわかる. 2) $[w] = w + dC^{k-1} = w' + dC^{k-1}$ であるとき $f_k([w]) = f_k([w'])$, すなわち $f_k([w])$ が代表元 w の取り方によらないで "うまく" 定義されていることがわかる. 実際, $w' = w + d\mu$ $(\mu \in C^{k-1})$ と書かれるから $f_k([w]) = f_k(w) + d'D^{k-1} = f_k(w' - d\mu) + d'D^{k-1} = f_k(w') - d'f_{k-1}(\mu) + d'D^{k-1} = f_k(w') + d'D^{k-1} = f_k([w'])$ である. 線形性は明らかであるので $f_k : H^k(C, d) \to H^k(D, d')$ が定義される.

章末問題（第3章）

1 点 $p \in M$ のまわりの座標近傍を (U, ϕ), 点 $\varphi(p) \in M'$ のまわりの座標近傍を (V, ϕ') として C^∞ 写像 $\varphi : M \to M'$ がそれぞれの座標関数 $u^1, \cdots, u^n; v^1, \cdots, v^n$ によって $v^i = v^i(u^1, \cdots, u^n)$ $(i = 1, \cdots, n)$ と表されているとする. このとき, 命題 3.2 によって $\varphi_*\big((\partial/\partial u^i)_p\big) = \sum_j (\partial v^j/\partial u^i)_p (\partial/\partial v^j)_{\varphi(p)}$ が成り立つ. この関係を用いると $X = \sum_i \xi^i (\partial/\partial u^i) \in \mathfrak{X}(M)$ に対して $\varphi_* X$ は $(\varphi_* X)_{\varphi(p)} = \varphi_* X_p = \varphi_*\big(\sum_i \xi^i(p)(\partial/\partial u^i)_p\big) = \sum_{i,j} \xi^i(p)(\partial v^j/\partial u^i)_p(\partial/\partial v^j)_{\varphi(p)}$ と表される. ここで, ベクトルの成分を $\sum_i \xi^i(p)(\partial v^j/\partial u^i)_p = \sum_i \xi^i(\varphi^{-1} \circ \varphi(p))(\partial v^j/\partial u^i)_{\varphi^{-1}\circ\varphi(p)} =: \tilde{\xi}^j(\varphi(p))$ と表し, $\varphi(p) \in M'$ の近傍 V 上の関数と見なすと, φ, φ^{-1} が C^∞ 写像であるから, $\tilde{\xi}^j(\varphi(p))$ は V 上 C^∞ 関数となる. 各座標近傍についてこの議論ができるので, $\varphi_* X$ は M' 上の C^∞ 級ベクトル場を定める. 次に, $(\varphi_* X)_{\varphi(p)} = \sum_{i,j} \xi^i(p)(\partial v^j/\partial u^i)_p(\partial/\partial v^j)_{\varphi(p)} =: \sum_j \tilde{\xi}^j(\varphi(p))(\partial/\partial v^j)_{\varphi(p)}$, $(\varphi_* Y)_{\varphi(p)} = \sum_{i,j} \eta^i(p)(\partial v^j/\partial u^i)_p(\partial/\partial v^j)_{\varphi(p)} =: \sum_{i,j} \tilde{\eta}^j(\varphi(p))(\partial/\partial v^j)_{\varphi(p)}$ と表すとき,

$$
\begin{aligned}
[(\varphi_* X)_{\varphi(p)}, (\varphi_* Y)_{\varphi(p)}] &= \sum_{j,k} (\tilde{\xi}^j \partial\tilde{\eta}^k/\partial v^j - \tilde{\eta}^j \partial\tilde{\xi}^k/\partial v^j)_{\varphi(p)} (\partial/\partial v^k)_{\varphi(p)} \\
&= \sum_{j,k} \sum_l \big(\xi^l(p)(\partial v^j/\partial u^l)_p(\partial\tilde{\eta}^k/\partial v^j)_{\varphi(p)} \\
&\qquad - \eta^l(p)(\partial v^j/\partial u^l)_p(\partial\tilde{\xi}^k/\partial v^j)_{\varphi(p)}\big)(\partial/\partial v^k)_{\varphi(p)} \\
&= \sum_{k,l} \sum_m \big(\xi^l \partial/\partial u^l(\eta^m \partial v^k/\partial u^m) - \eta^l \partial/\partial u^l(\xi^m \partial v^k/\partial u^m)\big)_p (\partial/\partial v^k)_{\varphi(p)} \\
&= \sum_{k,l} \sum_m \big(\xi^l \partial\eta^m/\partial u^l - \eta^l \partial\xi^m/\partial u^l\big)_p (\partial v^k/\partial u^m)_p(\partial/\partial v^k)_{\varphi(p)} \\
&= (\varphi_*[X, Y])_{\varphi(p)}
\end{aligned}
$$

と計算される. すなわち写像 $\varphi_* : \mathfrak{X}(M) \to \mathfrak{X}(M')$ がリー環の準同型写像となる. φ が微分同相であるから, φ^{-1} についても同様で, 結局 φ_* はリー環の同型写像である. ($\varphi : M \to M'$ が埋め込み写像であるときも同様な定義が可能である.)

2 1) ベクトル場の積分曲線を決める微分方程式 (3.6) である. 2) T が $(1,0)$ テンソル場（ベクトル場）で, 座標近傍 $(U, \phi; u^1, \cdots, u^n)$ において $T = \sum_k T^k(\partial/\partial u^k)$ と表されているとき, 微分写像 $(\varphi_{-t})_* : T_{\varphi_t(p)}M \to T_p M$ について (3.3) を用いると, $(\varphi_{-t})_* T_{\varphi_t(p)} = (\varphi_{-t})_*\big(\sum_k T^k(\varphi_t(p))(\partial/\partial u^k)_{\varphi_t(p)}\big) = $

$\sum_{k,l} T^k(\varphi_t(p))\partial u^l(0,p)/\partial u^k(t,p)(\partial/\partial u^l(0,p))_p = \sum_k T^k(\varphi_t(p))(\partial/\partial u^k(t,p))_{\varphi_t(p)}$
と表される. リー微分の定義 (3.9) は $(\mathcal{L}_X T)_p = d/dt(\varphi_{-t})_* T_{\varphi_t(p)}\big|_{t=0}$ と書くこ
とができるので, $(\mathcal{L}_X T)_p = \sum_k d/dt\{T^k(\varphi_t(p))(\partial/\partial u^k(t,p))_{\varphi_t(p)}\}\big|_{t=0}$ である.
(0,1) テンソル場 (一次微分形式)$\omega = \sum_k \omega_k du^k$ についても同様にして, $(\mathcal{L}_X\omega)_p =$
$d/dt\varphi_t^*\omega_{\varphi_t(p)} = \sum_k d/dt\{\omega_k(\varphi_t(p))du^k(t,p)\}\big|_{t=0}$ であることが示される. これ
らは, 一般の (r,s) テンソル場に拡張されて, また定義が座標近傍の取り方によら
ないことはほぼ明らかである. 3) 定義にしたがって $\mathcal{L}_X T$ を計算する. このとき,
$(d/dt)\ d\ u^i\ (t,p)|_{t=0} = (d/dt)\sum_m(\partial u^i(t,p)/\partial u^m(0,p))\ du^m(0,p)|_{t=0} =$
$\sum_m(\partial\xi^i/\partial u^m)_p(du^m)_p$ および $(d/dt)(\partial/\partial u^k(t,p))|_{t=0} = (d/dt)\sum_l(\partial u^l(0,p)/$
$\partial u^k(t,p))|_{t=0}(\partial/\partial u^l(0,p)) = -\sum_l(\partial\xi^l/\partial u^k)_p(\partial/\partial u^l)_p$ を使う. ここで後者
の関係式では, $\sum_s(\partial u^l(0,p)/\partial u_s(t,p))\ (\partial u^s(t,p)/\partial u_k(0,p)) = \delta_k^l$ を微分し
て得られる関係式 $(d/dt)\ (\partial u^l(0,p)/\partial u^k(t,p))|_{t=0} = -(\partial\xi^l/\partial u^k)_p$ を用いる.
$(\mathcal{L}_X T)_p = \sum_{i,j,k}(\mathcal{L}_X T_{ij}^k)_p(\partial/\partial u^k)_p \otimes (du^i)_p \otimes (du^j)_p$ と表すとき, $(\mathcal{L}_X T_{ij}^k)_p$
$= \sum_l(\xi^l\partial/\partial u^l T_{ij}^k - \partial\xi^k/\partial u^l T_{lj}^k + \partial\xi^l/\partial u^i T_{lj}^k + \partial\xi^l/\partial u^j T_{il}^k)$ であることがわか
る. さらに, リーマン接続 $\Gamma_{ij}^k = \Gamma_{ji}^k$ に関する共変微分が $\nabla_l T_{ij}^k = \partial/\partial u^l T_{ij}^k +$
$\sum_s(\Gamma_{ls}^k T_{ij}^s - \Gamma_{li}^s T_{sj}^k - \Gamma_{lj}^s T_{is}^k), \nabla_l\xi^k = \partial\xi^k/\partial u^l + \sum_s \Gamma_{ls}^k\xi^s, \nabla_i\xi^l = \partial\xi^l/\partial u^i +$
$\sum_s \Gamma_{is}^l\xi^s, \nabla_j\xi^l = \partial\xi^l/\partial u^j + \sum_s \Gamma_{js}^l\xi^s$ と書かれることを用いると, $(\mathcal{L}_X T_{ij}^k)_p =$
$\sum_l(\xi^l\nabla_l T_{ij}^k - \nabla_l\xi^k T_{lj}^l + \nabla_i\xi^l T_{lj}^k + \nabla_j\xi^l T_{il}^k)$ と表されることがわかる.

3　2 つのコチェイン複体 $(\Omega^*(M), d), (\Omega^*(M'), d)$ について, 引き戻し写像 $\varphi^*:$
$\Omega^k(M') \to \Omega^k(M)$ は $\varphi^*\circ d = d\circ\varphi^*$ (命題3.7) を満たすのでコチェイン写像である.
したがって, 問 3.20 によってコホモロジー上の線形写像 $\bar\varphi^*: H_{DR}^k(M') \to H_{DR}^k(M)$
が誘導される.

4　閉形式であることを示すのに, 直接外微分演算をしてもよいが $\mathbb{R}^3 \setminus \{0\}$ 上
の極座標を用いて計算する. $xdy \wedge dz = r\cos\theta\cos\varphi d(r\sin\theta\sin\varphi) \wedge d(r\cos\theta)$,
$ydz\wedge dx = r\sin\theta\sin\varphi d(r\cos\theta)\wedge d(r\sin\theta\cos\varphi), zdx\wedge dy = r\cos\theta d(r\sin\theta\cos\varphi)\wedge$
$d(r\sin\theta\sin\varphi)$ について外微分演算の反対称性に注意して計算すると, $xdy \wedge dz +$
$ydz\wedge dx + zdx\wedge dy = r^3\sin\theta d\theta\wedge d\varphi$ が得られる. これより, $\omega = \sin\theta d\theta\wedge d\varphi$ となり
$d\omega = \cos\theta d\theta\wedge d\theta\wedge d\varphi = 0$ であることがわかる. また, ω を単位球面 S^2 上積分すると
4π が得られる. 一方で, ω が完全形式であるとすると $\omega = d\tau$ のように一次微分形式
τ を用いて書かれる. このときストークスの定理より, $\int_{S^2}\omega = \int_{S^2}d\tau = \int_{\partial S^2}\tau = 0$
$(\partial S^2 = \{\phi\})$ となり, $\int_{S^2}\omega = 4\pi$ に矛盾する. したがって, ω は完全形式ではな
い. 実は, $H_{DR}^*(\mathbb{R}^3 \setminus \{0\}) \cong H_{DR}^*(S^2)$ であることが示され (ホモトピー不変性),
$\omega = \sin\theta d\theta \wedge \varphi$ は S^2 の体積要素である.

5　1) ⇒) を示す. M が向き付け可能であるとき, $U_\alpha \cap U_\beta \neq \phi$ なる α, β

について $\partial(u_\alpha^1, \cdots, u_\alpha^n)/\partial(u_\beta^1, \cdots, u_\beta^n)(p) > 0$ が成り立つように，座標近傍系 $\{(U_\alpha, \phi_\alpha; u_\alpha^1, \cdots, u_\alpha^n)\}_{\alpha \in A}$ をとることができる．$\{U_\alpha\}_{\alpha \in A}$ に従属する 1 の分割を $\{f_\alpha\}_{\alpha \in A}$ として，$\omega = \sum_\alpha f_\alpha \phi_\alpha^*(du_\alpha^1 \wedge \cdots \wedge du_\alpha^n)$ とするとこれは M 上どの点でも零にならない n 次微分形式である．実際，ω を局所座標 (U_β, ϕ_β) で表すと，$\omega = (\sum_{\alpha \in A} f_\alpha \partial(u_\alpha^1, \cdots, u_\alpha^n)/\partial(u_\beta^1, \cdots, u_\beta^n))du_\beta^1 \wedge \cdots \wedge du_\beta^n$ となり，向き付け可能であることから係数は零にならない．$\Leftarrow$) 逆に，M 上どの点でも零にならない n 次微分形式 ω があったときこれを座標近傍 (U_α, ϕ_α) で表すと $\omega = c_\alpha(p)du_\alpha^1 \wedge \cdots \wedge du_\alpha^n$ となる．M 上のどの点でも零にならないことから，$c_\alpha(p) > 0$ または $c_\alpha(p) < 0$ $(p \in U_\alpha)$ であるが，必要であれば座標関数 $u_\alpha^1, \cdots, u_\alpha^n$ の順番を並び換えればよいので $c_\alpha(p) > 0$ $(p \in U_\alpha)$ が各 α について成り立っているとしてよい．このとき，$c_\alpha(p) = \partial(u_\alpha^1, \cdots, u_\alpha^n)/\partial(u_\beta^1, \cdots, u_\beta^n)(p)c_\beta(p)$ であるから，座標変換のヤコビアンはつねに正となり向き付け可能であることがわかる．

2) M が向き付け可能な閉じた多様体のとき，体積素 ω の M 上の積分について $\int_M \omega > 0$ となる一方で，$\omega = d\tau$ とすると $\int_M \omega = \int_{\partial M} \tau = 0$ となり矛盾するので，ω は $H_{DR}^n(M)$ の自明でない元となる．さらに，$h: |K| \simeq M$ であるとき体積要素 ω は，同型 $H_{DR}^n(M) \simeq H^n(K, \mathbb{R}) \simeq (H_n(K, \mathbb{R}))^* \simeq \mathbb{R}$ （ここで $|K| \simeq M$ は連結であると仮定する）によって，三角形分割 K の向き付け (2.6.4 項の冒頭を参照) を決める元 $[K] = \sum_{|s| \in K : n \text{ 単体}} \langle s \rangle$ の定数倍と同一視される（一般に，「K 向き付け可能 $\Leftrightarrow \partial[K] = 0$ となるように各 n 単体 $|s| \in K$ の向き $\langle s \rangle$ が決められる」と定義される）．ここで，$[K]$ は整数係数のホモロジー類 $(H_n(K, \mathbb{Z})$ の元) となっていて，$[K]$ を $|K| \simeq M$ の**基本類** (fundamental class) という．

あ と が き

本書では，第1章で曲線・曲面論，第2章で曲面を念頭においたリーマン幾何学，第3章で多様体上の微積分学を取り扱った．第3章はリーマン計量を仮定しない多様体論の一般論で，第1，2章に比べて議論が抽象的または代数的になってしまった感がある．このような抽象化・代数化は，図形の幾何学が本来もつ具体性を失わせるもので，身近な幾何学を抽象の世界に遠ざけてしまうようにも思われる．しかし，ご存じのように，このような抽象化が現代数学の出発点でありそこには広い世界が拡がっている．第3章はそのような抽象の世界を覗くための準備となるように心掛けたが，その意図がどれ程成し遂げられたかいささか不安である．この点を含めて本書で扱いが不十分な所を補い，さらに進んで勉強するための参考文献を以下に挙げておきたい．

微分幾何学に関する書は今日数多く出版されているが，本書を執筆するに当たって主に以下の文献を参考にした．

1）小林昭七，"曲線と曲面の微分幾何学（改訂版）"，裳華房 (1995)
2）荻上紘一，"多様体"，共立出版 (1997)
3）シンガー・ソープ 共著 （赤・松江・一楽共訳），"トポロジーと幾何学入門"，培風館 (1976)
4）森田茂之，"微分形式の幾何学1"，岩波書店 (1996)
5）立花俊一，"リーマン幾何学"，朝倉書店 (1967)
6）J. M. Lee, "Riemannian Manifolds – An Intoroduction to Curvature –", Springer-Verlag(1991)
7）F.D. Warner, "Fountations of Differentiable Manifolds and Lie Groups", Graduate Texts in Mathematics, Springer-Verlag(1983)

特にド・ラームの定理の証明は 3) にしたがった．ド・ラームの定理を現代的にチェックコホモロジーを用いて証明するアプローチは 4), 7) や

8）R. Bott, L.W. Tu, "Differential Forms in Algebraic Topology", Graduate Texts in Mathematics, Springer-Verlag(1986)

に詳しい．また，上述の文献 8) や

9) 森田茂之，"微分形式の幾何学 2"，岩波書店 (1996)

は，多様体論をさらに進んでベクトル束の幾何学を勉強するのに適している．本書に引き続いて読むべき本としてお薦めである．また，多様体の微分幾何学やベクトル束の幾何学などの結果について "応用" する立場から，大変よくまとめられている書として

10) T. Eguchi, P. Gilkey and A. Hanson, "Gravitation, Gauge Theories and Differential Geometry", Physics Report 66 (1980) 213–393, North-Holland

11) C. Nash. " Differential Topology and Quantum Field Theory", Academic Press (1991)

などが有名である．特に，リーマン幾何学を重力理論に応用する立場からは，空間の具体的なリーマン計量やリーマン接続を扱うことが不可避である．この観点から，大変よくまとめられている良書 10) を読まれることをお薦めする．また，応用の立場から幾何学・位相幾何学に現れる概念が一通り要領よくまとめられた

12) 和達三樹，"微分・位相幾何学"，理工系の基礎数学 10, 岩波書店 (1996)

もよい．

第 3 章で少しだけ触れられたが，多様体の "よい" 例は群の構造を伴って現れることが多い．具体的なリー群（位相群）を丁寧に調べている

13) 横田一郎，"群と位相"，裳華房 (1971)

14) 横田一郎，"多様体とモース理論"，現代数学社 (1978)

などが読みやすく "役に立つ" と思われる．また，多様体の（コ）ホモロジーが多様体上の関数（モース関数）の臨界点と深く関わることが知られておりモース理論と呼ばれている．これに関しては，

15) 松本幸夫，"Morse 理論の基礎"，岩波書店 (1998)

がよい．モース理論をはじめ，多様体上の解析学を使って位相的性質を調べる幾何学は，微分位相幾何学と呼ばれている．微分幾何学と少し趣を異にするが，考え方のようすをざっと見るのにたとえば，

16) V. Guillemin, A. Pollack, "Differential Topology",(1974)（三村　護

訳：微分位相幾何学，現代数学社 (1998)）

などがよいと思われる．

また，リー群とリー環の関係については 7) の第 3 章や，以下に挙げる 18) の第 4 章のほかに

17）山内恭彦・杉浦光夫，“連続群論入門”，培風館 (1960)

が読みやすい．17) は，群の表現という体場から書かれたもので幾何学的な 7), 18) とは趣が異なる．

多様体の微分幾何学をさらに深く勉強するのには

18）松島与三，“多様体入門”，裳華房 (1965)

19）松本幸夫，“多様体の基礎”，東京大学出版会 (1989)

20）落合卓四郎，“微分幾何学入門”，東京大学出版会 (1991)

21）S.Kobayasi and K.Nomizu （小林昭七・野水克巳），“Foundations of Differential Geometry” Interscience, Wiley(1963)

などの本格的な書が挙げられるであろう．このような書を拾い読みできるようになることが本書の目的の 1 つであった．

索　引

著者略歴

細 野　　忍 (ほits の・しのぶ)

1962 年　岐阜県に生まれる
1989 年　名古屋大学大学院理学研究科博士課程（理論物理学）修了
現　在　東京大学大学院数理科学研究科助教授
　　　　理学博士

朝倉復刊セレクション
微　分　幾　何
応用数学基礎講座 9　　　　　　　　　　　定価はカバーに表示

2001年10月20日　初版第1刷
2019年12月 5 日　復刊第1刷
2021年 5 月25日　　　第2刷

著　者　細　　野　　　　忍
発行者　朝　倉　誠　造
発行所　株式会社　朝　倉　書　店
　　　　東京都新宿区新小川町 6-29
　　　　郵 便 番 号　162-8707
　　　　電　話　03(3260)0141
　　　　F A X　03(3260)0180
　　　　http://www.asakura.co.jp

〈検印省略〉

三美印刷・渡辺製本